高等学校物理教材系列丛书

应用物理

（第二版）

主　编　张晓军　　王安祥

参　编　张崇辉　　翟学军

　　　　朱长军　　王晓娟

U0379283

西安电子科技大学出版社

内 容 简 介

本书结合纺织类高校服装设计和工业设计专业的特点，以热学、静电学和颜色光学为主要内容，对纺织材料及其制成品在加工和后处理过程中所涉及的保暖、隔热、静电危害、静电防护、外观视觉效果等的内在原理进行了较为全面的阐述。

本书分为三篇，第一篇为热学基础，包括温度、气体动理论、热力学第一定律和热量传递；第二篇为静电防护技术理论与静电应用技术，包括静电起电理论、纺织静电的危害及防护、静电应用技术和静电的测量；第三篇为辐射度学、光度学和色度学基础，包括辐射度学与光度学基础、热辐射的基本定律和色度学基础。

本书可以作为纺织类高等学校服装设计、工业设计等相关专业的教材，也可供相关的工程技术人员参考和阅读。

图书在版编目(CIP)数据

应用物理 / 张晓军，王安祥主编. --2 版. --西安：西安电子科技大学出版社，2023.12
ISBN 978 - 7 - 5606 - 7069 - 0

Ⅰ. ①应… Ⅱ. ①张… ②王… Ⅲ. ①应用物理学—高等学校—教材 Ⅳ. ①O59

中国国家版本馆 CIP 数据核字(2023)第 200387 号

策　　划　戚文艳
责任编辑　戚文艳
出版发行　西安电子科技大学出版社(西安市太白南路 2 号)
电　　话　(029)88202421　88201467　　　邮　编　710071
网　　址　www.xduph.com　　　电子邮箱　xdupfxb001@163.com
经　　销　新华书店
印刷单位　陕西天意印务有限责任公司
版　　次　2023 年 12 月第 2 版　2023 年 12 月第 1 次印刷
开　　本　787 毫米×1092 毫米　1/16　印 张　17.5
字　　数　414 千字
定　　价　45.00 元
ISBN 978 - 7 - 5606 - 7069 - 0/O

XDUP 7371002 - 1
* * * 如有印装问题可调换 * * *

前　言

　　纺织品的发展趋势是纺织材料及其制成品的功能化、去害化和艺术化。基于这个发展趋势，本书针对纺织类高等学校服装设计和工业设计专业的特点，以纺织材料的热量传导、静电消除和视觉效果为主要内容，对纺织材料及其制成品的物理性能进行了较为全面的阐述，使读者对纺织品的物理性能有更深入的了解，为读者在设计纺织品时提供思路。

　　十几年来，由于本书针对性强，内容丰富，与实际应用联系紧密，读者既能学习到物理学中最基本的知识和概念，又能提升专业素养和技能，为学生踏上工作岗位提供指导和帮助，因此，本书受到了广大教师和学生的青睐。2014 年，该书曾获得校级优秀教材三等奖。

　　针对新时代下高等教育的变革，并结合读者提出的意见和建议，本书在第一版的基础上进行了修订，保持了第一版的基本框架和体系，更换和增添了部分例题。同时，编者对本书中的重点例题增加了视频讲解，学生可扫描例题旁的二维码观看，以更好地预习和复习。为了落实立德树人的根本任务，本书在课程思政融入教材建设方面进行了有益尝试，除第 8 章外，每一章后增加了阅读材料，这些阅读材料中融合了创造精神、奋斗精神、团结精神、梦想精神和工匠精神等思政元素，便于端正学生的价值观和人生观，强化教材在坚定理想信念、厚植爱国主义情怀、提升职业素养等方面的铸魂育人功能。这些阅读材料均以二维码的形式呈现，读者可扫描每章最后的二维码阅读。

　　张晓军、王安祥任本书主编，并负责统稿，张崇辉、翟学军、朱长军、王晓娟参与编写。

　　限于编者水平有限，书中难免会有疏漏和不妥之处，敬请各位读者批评指正！

编　者

2023 年 4 月

目 录

第二篇　静电防护技术理论与静电应用技术

第三篇　辐射度学、光度学和色度学基础

绪 论

1. 物理学的研究对象

自然界无限广阔，丰富多彩，形形色色的物质在其中不断地运动变化着。什么是物质？大至日月、星辰，小到分子、原子、电子，都是物质。固体、液体、气体和等离子体，这些实物是物质；电场、磁场、重力场和引力场，这些场也是物质。总之，自然界的无数实物，多种多样，包罗万象，都是运动着的物质的不同形态。

一切物质都是在不断地运动着、变化着的，绝对不运动的物质是不存在的。日月的运行、江河的奔流、生物的代谢，这些都是物质运动变化的例子。正如恩格斯所说："运动，就最一般的意义来说，就它被理解为存在的方式、被理解为物质的固有属性来说，它包括宇宙中发生的一切变化和过程，从单纯的位置移动直到思维。"自然科学，包括物理学在内，是以认识物质世界的基本属性、研究物质运动的基本规律为对象的。物质运动的形式复杂多样，它们既服从共同的普遍规律，又各自有其独特的规律。对各种不同的物质运动形式的研究，形成了自然科学的各个学科。

物理学研究的是物质运动最基本、最普遍的形式，包括机械运动、分子热运动、电磁运动、原子和原子核内的运动等，显然这些运动并非都是简单的。物理学所研究的运动普遍存在于其他高级的、复杂的物质运动形式中，因此，物理学所研究的物质运动规律具有极大的普遍性。

物理学研究的最大空间尺度是宇宙，约 10^{26} m（约 150 亿光年），最小空间尺度是夸克，约 10^{-20} m，跨度达 46 个数量级。按空间尺度的不同，物理学把物质世界分为宇观体系、宏观体系和微观体系。物理学研究的最长时间尺度是宇宙的年龄，约 10^{18} s（约 150 亿年），最短时间间隔是普朗克时间，约 10^{-44} s。

2. 物理学的地位

物理学是除数学以外的一切自然科学的基础，是现代科技的先导，也是当代工程技术的重要支柱。物理学课程不仅是理、工、农、医各专业重要的基础课程，而且是培养大学生科学精神、科学思维方法、创新能力的素质课程。它在培养学生树立科学的世界观，增强学生分析问题和解决问题的能力，培养学生的探索精神和创新意识等方面，具有其他课程不可替代的重要作用。对物理学的这个评价并不为过，因为物理学的新发现、它所产生的新概念及新理论常发展为新的学科或学科分支。它的基本概念、基本理论和实验方法向其他学科或技术领域的渗透总是毫无例外地促成该学科或技术领域发生革命性的变化，甚至是里程碑式的进步。回顾物理学发展的全过程，可以加深我们对物理学重要性的认识。

物理学的发展已经历了三次突破。在 17～18 世纪，牛顿力学的建立和热力学的发展不仅有力地推动了其他科学的发展，而且适应了研制蒸汽机和发展机械工业的社会需要，引起了第一次工业革命，极大地改变了工业生产的面貌。到了19世纪，在法拉第-麦克斯韦电磁场理论的推动下，人们成功地制造出了电机、电器和电信设备，引起了工业电气化，使人类进入了使用电的时代，这就是第二次工业革命。20世纪以来，由于相对论和量子力学的建立，人们对原子、原子核结构的认识日益深入，在此基础上，人们实现了原子核能和人工放射性同位素的利用，促成了半导体、核磁共振、激光、超导、红外遥感、信息技术等新兴科技的发明，许多边缘科学发展起来了。新兴工业犹如雨后春笋，现代科学技术经历了一场伟大的革命，人类进入了原子能、电子计算机、自动化、半导体、激光、空间科学等高新技术的时代。物理学是一切自然科学、技术科学、工程技术、现代物质文明的基础。

物理学课程的本质决定了物理学思想方法教育具有重要的地位和作用。物理学课程具有科学的品格，更具有教育意义上的文化品格，它既是一项掌握知识和技能的活动，又是一种价值活动或文化活动。因此，学生学习物理知识和技能，掌握物理学的方法，本质上都是在特定的物理情景中发生的文化行为和文化活动。在这种文化活动中，学生在学校学习物理学的过程是学生把自己作为主体与学习的内容融为一体的过程，它的价值目标最根本的取向是学生在物理世界中发展人的主体精神和展现人的生命价值。因此，从文化的意义上看，物理学课程作为文化主体的存在，承担着文化构建的使命。物理学课程以它特有的科学内容、科学思想方法和内在的科学精神以及情感动力赋予个体生命以价值、尊严、自由和创造力。

教育部高等学校大学物理课程教学指导委员会在《非物理类理工学科大学物理课程教学基本要求》中也写道："在人类追求真理、探索未知世界的过程中，物理学展现了一系列科学的世界观和方法论，深刻影响着人类对物质世界的基本认识、人类的思维方式和社会生活，是人类文明发展的基石，在人才的科学素质培养中具有重要的地位。"

3. 物理学的研究方法

物理学的研究方法遵从实践-理论-实践的认识法则。具体地说，物理学的理论是通过观察、实验、抽象、假说等研究方法，并通过实践的检验而建立起来的。观察和实验是科学研究的基本方法。

观察是指对自然界中所发生的某种现象，在不改变自然条件的情况下，按照它原来的样子加以观测研究。例如，对天体和大气中的现象一般采用观察的方法进行研究。而且随着科学技术的发展，观察的手段也更加先进和准确。

实验是在人工控制的条件下，使现象反复重演，进行观测研究。在实验中，常把复杂条件加以简化，突出主要因素，排除或降低次要因素的作用，这是一种非常重要的研究方法。例如，在利用单摆测定重力加速度的实验中，决定单摆振动周期的主要因素是摆长和重力加速度。摆线的质量和可延伸性、摆锤的大小和质量以及摆的幅度等对振动周期虽然也有影响，但都是次要因素。在实验中，我们必须选用适当的摆长，不宜太长也不宜太短，用轻而不易伸长的绳子做摆线，用直径较小的球做摆锤，并使摆锤做小幅度振动，这样就可以得到较准确的结果。

抽象方法是指根据问题的内容和性质，抓住主要因素，撇开次要的、局部的和偶然的因素，建立一个与实际情况差距不大的理想模型来进行研究。例如，"质点"和"刚体"都是物体的理想模型。当把物体看作"质点"时，"质量"和"点"是主要因素，物体的"形状"和"大小"是可以忽略不计的次要因素。当把物体看作"刚体"（即形状和大小均保持不变的物体）时，物体的"形状""大小"和"质量分布"是主要因素，物体的"变形"是可以忽略不计的次要因素。在物理学研究中，这种理想模型是十分重要的。

为了寻找事物的规律，在还没有理论能够解释的情况下，针对现象的本质所提出的一些说明方案或基本论点等统称为假说。假说是在一定的观察、实验的基础上提出来的，进一步的实验论据对提出的假说进行修改。在一定范围内经过不断地检验，经证明为正确的假说最后上升为定律，或成为理论的一部分。例如，安培提出的分子电流假说以及从它推出来的结果能够很好地解释磁现象的本质，且经大量实验证明是正确的，故成为电磁场理论的一部分。又例如，量子假说的建立和量子理论的演变发展成为量子力学理论。在科学认识的发展过程中，提出假说是很重要的甚至是必不可少的一个阶段。

物理定律一般指实验定律，是实验事实的总结，说明某些现象之间的相互联系，或说明某些物理量之间的关系，常用文字或数学公式的形式表述。由于实验条件、实验仪器精度等的限制，物理定律有其近似性和局限性，但在一定程度上能够反映客观实在的规律性。物理学理论是通过对许多不同的而相互有关的现象的研究，从一些已经建立起来的定律中，经过更为广泛的概括而得到的系统化的知识。体系完整的理论往往可以从几条比较简单的基本原理出发，说明一定范围内的现象，并且还能在一定程度上预言未知现象的存在，进一步指导新的实践。例如，麦克斯韦电磁场理论不仅能解释各种电现象和磁现象之间的关系，而且预言了电磁波的存在及其传播速度，并最终为实验所证实。

从观察、实验、抽象、假说到理论，物理学的研究并没有结束，理论将继续受到实践的检验。如果实践中所发现的事实与理论有矛盾，这个理论就必须修改，有时候甚至要放弃原有的理论，而建立更能反映客观实际的新理论。20 世纪以来，近代物理学中的许多重大成就，例如相对论时空观和物质的波粒二象性的确立、基本粒子相互转化的实验和理论等都是一些重要例子。

4. 物理量和量纲

物理量是通过描述自然规律的方程式或定义新量的方程式而相互联系的。为制定单位制和引入量纲的概念，国际单位制(SI)中通常把长度、质量、时间、电流、热力学温度、物质的量和发光强度 7 个量作为相互独立的基本量，将它们的单位作为基本单位。其他量则根据这些基本量定义或用方程式表示，称为导出量，导出量的单位称为导出单位。

任一量 Q 可以用其他量以方程式的形式表示，这一表达形式可以是若干项的和，每一项又可表示为所选定的一组基本量(如 A，B，C，$\cdots$)的乘方之积，有时还乘以数字系数 ξ，即

$$Q = \xi A^{\alpha} B^{\beta} C^{\gamma} \cdots$$

每一项中基本量的指数(α，β，γ，$\cdots$)各不相同。因此，导出量的单位也可以由基本单位(包括它的指数)的组合表示，其关系式就称为该量的量纲。量 Q 的量纲表示为基本量的量纲积，即

$$\dim Q = \mathrm{A}^{\alpha} \mathrm{B}^{\beta} \mathrm{C}^{\gamma} \cdots$$

式中，A，B，C，…表示基本量 A，B，C，…的量纲，而 α，β，γ，… 则称为量纲指数。

所有量纲指数都等于零的量称为无量纲量，其量纲积或量纲为 $A^0 B^0 C^0 \cdots = 1$。7 个基本量(长度、质量、时间、电流、热力学温度、物质的量和发光强度)的量纲分别用 L、M、T、I、Θ、N 和 J 表示，而量 Q 的量纲的一般形式为

$$\dim Q = L^\alpha M^\beta T^\gamma I^\delta \Theta^\varepsilon N^\xi J^\eta$$

表 0-1 列出了本书中常用的物理量的名称、符号及单位名称、单位符号。

表 0-1 物理量的名称、符号和单位名称、单位符号

物理量名称	物理量符号	单位名称	单位符号
长度	l，L	米	m
面积	$A(S)$	平方米	m^2
体积，容积	V	立方米	m^3
时间	t	秒	s
速度	v，u，c	米每秒	$m \cdot s^{-1}$
加速度	a	米每二次方秒	$m \cdot s^{-2}$
周期	T	秒	s
频率	f，ν	赫[兹]	Hz
波长	λ	米	m
振幅	A	米	m
质量	m	千克	kg
密度	ρ	千克每立方米	$kg \cdot m^{-3}$
动量	p	千克米每秒	$kg \cdot m \cdot s^{-1}$
冲量	I	牛[顿]秒	$N \cdot s$
力	F，f	牛[顿]	N
力矩	M	牛[顿]米	$N \cdot m$
压力，压强	p	帕[斯卡]	Pa
功	W，A	焦[耳]	J
能[量]	E，W	焦[耳]	J
功率	P	瓦[特]	W
热量	Q	焦[耳]	J
热力学温度	$T(\Theta)$	开[尔文]	K

物理量名称	物理量符号	单位名称	单位符号
摄氏温度	t	摄氏度	℃
热容[量]	C	焦[耳]每开[尔文]	$J \cdot K^{-1}$
摩尔质量	M	千克每摩[尔]	$kg \cdot mol^{-1}$
热导率(导热系数)	λ, κ	瓦[特]每米开[尔文]	$W \cdot m^{-1} \cdot K^{-1}$
电量	Q, q	库[仑]	C
电流	I, i	安[培]	A
电压,电势差	V, U	伏[特]	V
电荷密度	ρ	库[仑]每立方米	$C \cdot m^{-3}$
电场强度	E	伏[特]每米	$V \cdot m^{-1}$
电容	C	法[拉]	F
电容率(介电常数)	ε	法[拉]每米	$F \cdot m^{-1}$
电阻	R	欧[姆]	Ω
发光强度	I	坎[德拉]	cd
辐[射]出[射]度	M	瓦[特]每平方米	$W \cdot m^{-2}$
辐[射]照度	E	瓦[特]每平方米	$W \cdot m^{-2}$

5．物理学之美

物理学除了具有承载基本科学知识的"工具价值",更具有"理性价值"。一门课程就是一种文化,物理学就是一种科学文化,其具有科学的品格,更具有一种教育意义上的文化品格。大自然是美的,大自然的规律也是美的,物理学研究的是自然界最基本、最普遍的规律,因此,物理学应该是最美的。

培养创新型人才,开展现代新型人才的素质教育,国家提倡在理科、工科学生中渗透艺术教育和在艺术类学生、文科学生中贯穿科学教育,因为在人类文明的发展史上,艺术和科学同宗同源。正如诺贝尔物理学奖获得者李政道教授所说:"事实上,如同一个硬币的两面,科学和艺术源于人类活动最高尚的部分,都追求着深刻性、普遍性、永恒和富有意义。"艺术阐释视觉的世界,物理学描述其不可见的作品,物理学和艺术就像缠绕在同一棵树上的两根藤蔓,它们彼此相望,共同向上。科学和艺术对外部世界的探讨殊途同归,它们以各自相对独立而又相似的范式分别得到了在本质上相同(或相近)的结果。

爱因斯坦也曾指出:"音乐和物理学领域中的研究工作在起源上是不同的,可是被共同的目标联系着,这就是对表达未知的东西的企求。……这个世界可以由音乐的音符组成,也可以由数学的公式组成。"这就是说,科学和艺术都以各自的同构方式,从不同的侧面反映大千世界中无数现象背后的两种秩序:精确的、严格的秩序和混沌的、奔放的秩序,它们共同支撑着世界的运动。因此,科学与艺术无疑是人类文化世界中的两朵奇葩,是同一文化母体所孕育出的一对"孪生兄妹",它们有差异,就像天上的云和地上的冰。然而它们却拥有共同的根基,它们都生长在社会生活的土壤中,都从哲学的枝叶上吸收养分,摄取阳光,它们之间荣枯相依,兴衰与共。科学创造和艺术创造一样,它们都是为了在纷乱中找出秩序,在杂乱中理出统一,从现象中揭示本质,都是为了认识世界和改造世界。"功夫不负有心人",就像画家能把他的情感变成形状和颜色,诗人能把他所感受到的最深刻的东西用和谐的字句表达出来一样,"作为对决心献身科学研究事业的人们的奖赏,大自然将在你的眼前敞开自己深处的奥秘,展现出自己奇妙的匀称、和谐一致的结构,展示出无与伦比的瑰丽——用各式各样的现象组成一幅统一的宇宙的壮丽图画"。因此,"科学探索本身也充满了诗意",物理学同样处处展现着深层次的美。

由历代物理学艺术大师所精心雕琢的物理学大厦可谓是一座辉煌壮丽的科学殿堂。只要我们对它进行全面的审美观察和审美评价,就不难发现,物理科学中处处都有美的印迹。确实,物理学是很美丽的,在物理学的发展过程中和物理学家探索物理学规律的艰辛旅程中,总是伴随着对美的热烈追求。例如,哥白尼与托勒密地心说的决裂就有其执着追求美的因素,他深信完美的理论在数学上应该是"和谐和简单的"。托勒密为了解释天文观察的结果,引入了许多"均轮""本轮",使得天文学既复杂又失恰。因此,在极端困难的条件下,哥白尼苦心孤诣,研究了三十多年,最终建立了不朽的日心说。后来,开普勒深切感受到日心说的美,毅然抛弃了从他的老师第谷那儿接受的地心说观点,他说:"我从灵魂的最深处证明它是真实的,我以难以想象的心情去欣赏它的美。"

下面从五个方面分别阐述物理学中存在的美感。

(1)距离产生美感。人们喜欢秩序,厌恶混乱;喜欢简洁,厌恶繁杂。大千世界,千变万化盘根错节,如何理出头绪,显出框架呢?每当夜深人静独自遥望星空,深邃的天际布满了星星,它们是那么的遥远、神秘,而又那么的清晰、实在,人们会体验到一种无法替代的美感,这要归功于"遥望",因为"遥望"使人们能从总体上把握万物的真谛。正如苏东坡的名句:"不识庐山真面目,只缘身在此山中。"物理学就是要认识大自然的真面目,那么只有站在理性的高度"遥望"、鸟瞰宇宙万物,从中抽象出各种模型,如质点、刚体、黑体、谐振子、理想气体等,使人们感受到大千世界的颗颗"星星"在闪烁。在物理学的天地里,小到原子大到太阳都可以有同一名称——质点;帕瓦罗蒂的歌声和朦胧的月光可以有相同的称呼——波,这是何等的简练、何等的气魄,使人们想起八大山人的山水画,寥寥几笔,辽阔而幽深;想起林风眠的《鹭》,潇洒、大气;想起传统京剧,有形而又无形。

(2)对称、平衡、和谐乃是人类共通的审美标准。古希腊对匀称、丰满的人体美的仰慕,古罗马的建筑,哥德式的教堂,中国的宫殿和庙宇等都是对称的表现,图0-1体现了建筑中的对称美,图0-2体现了绘画中的对称美。物理学中的对称、平衡的理念更是处处可见,如作用力与反作用力,正、负电荷,S极与N极,粒子的左旋、右旋,微观世界的CPT对称,正物质与反物质(如图0-3所示),黑洞与白洞等,而最为典型的要数电磁场理论。电磁场理论的对称性如表0-2所示。就连为电磁场理论最后润笔的麦克斯韦在为变化的磁场假设了感应电场后,也没忘了为变化的电场假设一个位移电流,以求平衡。如此工整的对称就像一幅上乘的对联,难怪有人惊呼这样完美的规律究竟是物质世界所固有的,还是人类发明的?

图 0-1　故宫太和殿

图 0-2　埃舍尔的《骑士》(CPT 对称)

图 0-3　正物质与反物质

表 0 - 2　电磁场理论的对称性

电　场	磁　场
电场强度 $E = \dfrac{F}{q}$	磁感应强度 $B = \dfrac{M}{p_m}$
电位移 $D = \varepsilon E$	磁场强度 $H = \dfrac{B}{\mu}$
电通量 $\Phi_e = \iint\limits_S E \cdot dS$	磁通量 $\Phi_m = \iint\limits_S B \cdot dS$
电容 $C = \dfrac{q}{U}$	电感 $L = \dfrac{\Phi}{I}$
电场能量 $\dfrac{1}{2}CU^2$，$w_e = \dfrac{1}{2}DE$	磁场能量 $\dfrac{1}{2}LI^2$，$w_m = \dfrac{1}{2}BH$
电场高斯定理 $\oiint\limits_S D \cdot dS = \sum q_i$	稳恒磁场安环定律 $\oint\limits_L H \cdot dl = \sum I_{int}$
静电场环流定理 $\oint\limits_L E \cdot dl = 0$	磁场高斯定理 $\oiint\limits_S B \cdot dS = 0$

　　1927 年，魏格纳指出了宇称的守恒。1956 年，杨振宁和李政道指出，有些基本粒子在左右手系统中会有不对称行为。不久，他们用实验证实了这个预言。在李政道和杨振宁的震惊物理学界的论文中有一段富有浓厚哲理性的文字："If such asymmetry is indeed found, the question could still be raised whether there could not exist corresponding elementary particles exhibiting opposite symmetry such that in the broader sense there will still be overall right-left symmetry."（如果发现了这种不对称，那么我们又要问，是否相应地还存在着另一类表现相反不对称的基本粒子行为，从而在更广泛的意义上，仍旧保持着总的左右对称。）二位因发现某些不对称而一鸣惊人的物理学家，在他们的成名论文中所想到的、所追求的却仍然是对称和平衡，即更大范围内的对称、平衡，这种对大自然的和谐所怀有的坚定信念仅仅说是出自对实验数据的忠诚，恐怕是不够的。与二位怀有同样坚定信念的前辈们，如牛顿、莱布尼茨、麦克斯韦、爱因斯坦、普朗克、玻尔、海森伯等，如能读到这段文字，定会感到由衷的欣慰。

　　(3) 稳定感乃是人类审美心态中又一要素。稳定感表现为对封闭、独立系统的向往，对绝对客体的皈依和崇拜。也许是长期的农业文明在人类审美心态上留下了厚厚的积淀，一个独立、封闭且自给自足的系统比一个无边界、无制约的开放系统更有安全感、稳定感。莱茵河畔的古堡，北京的四合院，中国的长城乃至联合国宪章规定的一百多个大小国家的边界不可侵犯，互不干涉内政等都体现了这类心态。经典物理学所受到的影响也是明显的：在合外力为零的系统内，动量守恒；在合外力做功为零，非保守内力做功为零的系统内，机械能守恒；在合外力矩为零的系统内，角动量守恒。乃至在整个宇宙(有限)中，质量(能量)守恒，电荷守恒，却很少有人怀疑：为何宇宙的质量、电荷从一开始(如果有开始的话)就是恒定的？以后不可改变？而这个恒量又是谁定的呢？这恐怕已经不仅是个实验物理学的问题，而更是个信念问题：人们相信这一点，人们愿意相信这一点。"守恒"可使人们深感物质世界的实在、可知和稳定。因此让人们想起中国赠送给世界的礼物——世纪宝鼎，古朴、浑厚、可靠。

　　两千多年前孔子望着川流不息的江河感慨："逝者如斯夫，不舍昼夜。"每个人都被时空的急流裹卷着不息向前，每个人都渴望这川流中出现几块永恒的岩石可供攀附、依靠，于是"上帝"出现了，"真主""佛祖"出现了。因为人类太需要一个永恒的、绝对的权威供灵魂皈依，尽管这些"岩石"都只是幻想中的虚像，科学家、物理学家更喜欢实像。经过几代优秀物理学家的智慧和努力，一块块实在的"岩石"出现了，这就是真空中光速、普朗克常数、引力常数、电子电荷、电子静止质量、质子静止质量、中子静止质量、阿伏伽德罗常数、波尔半径、电子磁矩、核磁子、摩尔气体常数、玻尔兹曼常数、精细结构常数、里德伯常数等。这些自然常数是大自然有意无意泄露的最高机密，不过大自然只泄露给用全部生命与之拥抱的人，如玻尔兹曼、普朗克、爱因斯坦等。在爱因斯坦前，人们相信绝对参照系——"以太"，光就在其中传播，谁也没有真正怀疑过、寻找过它。直到 20 世纪初，迈克尔逊和德华·莫雷两位物理学家在著名实验——迈克尔逊-莫雷实验中没有得到预期的结果——没有"以太"，试图解释这一实验现象的人们绞尽脑汁、千方百计，但始终不肯放弃"绝对"的信念，其中包括爱因斯坦。他认为即便没有一个绝对惯性系，也该有个绝对的变化率——绝对速度——光速。爱因斯坦成功了，相对论诞生了，人们也接受了，因为人们觉得这只不过是以一个绝对的"最快"代替了原来心目中的绝对"最大"，而"绝对"依旧，"岩石"仍在，皈依没变！

　　（4）韵律与节奏。曾经有人问爱因斯坦"死亡意味着什么"？爱因斯坦脱口而出："死亡意味着再也听不到莫扎特的音乐了。"17、18 世纪，德意志不朽的节奏和旋律激励并哺育了这个时期西方几乎所有伟大的灵魂，并久久地震撼着整个世界。在东方，每当传来京剧唱腔，纳凉的老人们一个个摇头晃脑，用蒲扇拍着大腿，享受着韵味、韵律、节奏和层次感——全人类不可或缺的精神食粮，这也许是出于生命的律动——呼吸和脉搏。物理学要把握的是大自然的脉搏：宇宙的运行是平稳滑动的、无级变化的还是跳跃分立的？宇宙是否也有本身的节奏？天地是否也有其内在的节拍？1900 年 12 月 26 日，普朗克响亮地给出肯定的回答，他从黑体辐射的"紫外灾难"中找到一个"小精灵"——普朗克常数（h）。接着，爱因斯坦解释光效应，康普顿解释电子散射，玻尔解释氢原子结构，乃至整部量子理论、量子力学都离不开它（h），它告诉人们原来这个世界（能量、质量、电量、动量、角动量……）不是连续的，而是一节一节、一段一段、一级一级分立的、量子化的，最小的单元就是 h，它为谱写宇宙奏鸣曲立好了节奏，定好了基调。接着我们看到玻尔的氢原子谱线图：相对基态能级（$n=1$）有赖曼系，相对第二能级（$n=2$）有巴耳末系，相对第三能级（$n=3$）有帕邢系……它给人的层次感、韵律感简直就像《红楼梦》中丰富多彩的人物关系图。再看波函数，它把粒子的波动性（概率波）展现得如此完美，在定态一维势阱里的电子（$n=3$）在三个概率最大处有节奏地停顿，简直就是在跳华尔兹——蓬，擦，擦，于是一幅电子概率分布图出现了。普朗克常数问世近一个世纪了，但以它为序曲的宇宙奏鸣曲可能还只刚刚演奏了第一乐章，人们期待着物理学家们为 21 世纪谱写更壮丽的新乐章。

　　（5）"无限""无穷"——本能的想往。"落霞与孤鹜齐飞，秋水共长天一色"，唐代神童王勃的千年绝句把视野引向朦胧的天边，把思绪引向无穷、无尽、无限和无数。我们仿佛看到在一块无比光滑的无限大平板上，放着一钢球，伽利略一推，钢球保持初速度直线向前，向前，直到无边。"外力只能改变速度，而不能维持速度"。一个引向无限的"思想实验"

否定了近二千年来亚里士多德的经验结论,牛顿力学三大定律从这里开始了。将实验(经验)现象合乎逻辑地引向无限、无穷和无数,这是王勃带给我们的深远意境,也是伽利略带给我们的博大美感,可以说整个经典物理学就是从这里开始的:牛顿从苹果有引力,地球有引力,月亮有引力……引向无数——万有引力(他并没对万物做过实验);将辐射体的单色吸收比引向无限,我们得到了"黑体";将热循环分解为无限多个卡诺循环,我们得到了"熵";将子波数引向无数,我们得到了惠更斯原理等。所有这些究竟是我们看到的,还是我们想到的? 也许都是。"欲穷千里目,更上一层楼",直到看到的和想到的融为一体,直到人们的思想、观念和大自然的客观存在融为一体,直到"天、地、人"三者浑然一体!

追求简洁和秩序,喜爱匀称和谐,皈依"绝对"和"永恒",情系节奏和韵律,向往"无限"和"无穷",这些全人类真实的精神本性,共同的审美情感,在物理学家们全身心投入探索物质世界的真谛时,不可能无所流露。尽管物理学是一门实验性科学,实验为其出发点和归宿点,然而从起点至终点的漫长过程呢? 这不能不是个经受人们群体意志(共同审美标准)比较筛选的过程,不能不是个淘汰那些缺乏美感和时代感的学说的过程,不能不是个人们按自己的审美观从全部宇宙真理中挑选部分真理的过程。普朗克说:"所有物理学的真理都是可以商榷的。"谁来商榷? 当然是人(们)与人(们)商榷,那么商榷的结果就不能不带有群体审美意志的深深烙印。群体意志是意志,但又不是任何个人的意志,它对于任何一个人来说是客观存在的、物质的。从这个意义上说它也是物质世界的一部分。

中国传统山水画中常会出现两三个人的画面,比例很小,着墨不多,与山水融为一体,使人回味无穷。人(包括人们的意志)不是宇宙的主宰,而是宇宙的一部分,大自然的真谛乃是包括群体意志在内的所有客观存在的总和。人们总是按照美的原则认识世界、改造世界的。"判天地之美,析万物之理",这就是物理学。

第一篇 热学基础

热学是物理学中研究物质热现象和热运动规律的学科。一切实际发生的物理过程都伴随有热现象。例如，服装的防寒保暖和防暑散热以及机械电子产品机壳的散热或保温就是热现象的典型例子。

温度是描述物体热状态的最基本、最重要的物理量。因此，几乎所有的理论研究和实践都离不开对温度的讨论，例如温度范围的确定、温度的测量、温度的控制等。温度的概念起源于人对物体冷热程度的主观感觉。为了客观地表示温度，人们就把温度的变化同物体的某种性质的变化联系起来，建立了各种温标。后来，人们又把各种温标加以概括和抽象，在热力学定律的基础上建立了与具体的测温物质的性质无关的热力学温标。明确温度的定义，了解几个典型温标的建立过程，不仅是掌握热学基础知识的必要准备，而且对理解其他与人的主观感觉相联系的物理量的客观表示也是有帮助的。

气体动理论是研究热现象的微观理论，是从理论上研究材料的热学性质、界面两侧热量的交换以及小范围内热微气候的基础。气体动理论的研究方法(统计方法)也是科学研究中的一种基本方法。热力学是研究热现象的宏观理论，它以实验为基础，从能量转换的观点出发，研究系统的状态变化同系统与外界做功或交换能量的关系。热力学知识是用实验手段对服装的功能以及工业设计的热学效果进行研究的基础。更为重要，也更具根本意义的是，热力学第一定律和第二定律指出了自然界一切实际过程得以进行的必要条件和充分条件是指导我们在实际工作中节约能源，保护环境，实现可持续发展战略。

热传导、对流换热和辐射换热均涉及两种物体之间的热量交换。在许多换热现象中，互相交换热量的冷、热流体常常分别处于固体壁面的两侧，这就涉及三个物体间的换热，即传热过程。在实际生产中，许多换热设备中的热传递过程多属于传热过程。例如，锅炉中的热水通过锅炉壁和外界空气之间的换热，人体皮肤与服装之间的空气通过服装与服装外面的空气之间交换热量都是传热过程。通过对热传递的系统学习，学生可以逐步理解服装或机壳保温和散热的原理，在服装设计和工业设计时做到胸有成竹、游刃有余，并为更深层次的研究奠定坚实的基础。

第1章 温 度

1.1 热学基本概念

温度的通俗定义是：温度是物体的冷热程度。这种定义方式完全依赖于人的感官，缺乏实验基础，不具有科学性。温度是描述热力学系统状态的一个重要特征参量。在热力学系统的研究过程中，温度应有一个科学的定义。在热学中，人们以热力学系统为研究对象，以热力学第零定律为实验基础，重新定义了温度的概念，即一个系统的温度是决定该系统是否与其他系统处于热平衡的标志。温度的新定义给出了温度测量的依据。在定量测量系统的温度时，还需要确定温标。根据温标的发展历程，温标主要分为经验温标、理想气体温标和热力学温标。目前，各个国家在测量温度时仍以经验温标为主。例如，西方国家主要用经验温标中的华氏温标，而我国沿用经验温标中的摄氏温标。以温标为基础，可以制作出各种各样的温度计，这样就能进行具体的温度测量。

1.1.1 系统与外界

1. 系统和外界

热学是物理学的一个分支，是研究物质有关热现象规律的学科。实验表明，一切宏观物质都由大量微观粒子组成，这些微观粒子以各自的方式相互作用，并处于不停的无规则运动之中，而热现象是组成物质的大量微观粒子运动的集体表现。因此，热学所研究的对象是由大量微观粒子组成的宏观物质。它可以大到星球，小到一粒细沙。它可以是一个物体，也可以是几个物体组成的物体系。这种被研究的客体称为热力学系统，简称为系统。

热力学系统在宏观上具有一定尺度，但在微观上数目必须很大，即体积可以很小，但必须包含大量的微观粒子。只有少数微观粒子组成的系统不是热力学的研究对象，热力学不研究单个微观粒子的行为，而研究大量微观粒子运动的集体表现。

与热力学系统相互作用着的周围环境称为外界。例如，若把汽缸中的气体当作系统，则活塞、汽缸壁、汽缸外的空气就是外界。又如，对于处在磁场中的磁介质，若把磁介质看成系统，则外加磁场就是系统的外界。

2. 系统的分类

根据系统和外界之间有无能量和物质交换，可以把系统分为三类，即开放系统、封闭系统、孤立系统。

开放系统是指与外界既有物质交换，又有能量交换的系统。例如，放在空气中的一杯热水就是一个开放系统。与外界没有物质交换，但有能量交换的系统称为封闭系统。例如，封闭在汽缸中的气体便是封闭系统，由于汽缸是密闭的，使气体与外界没有物质交换，但可以有能量交换，如给系统加热或做功等。与外界既没有物质交换，也没有能量交换的系统称为孤立系统。孤立系统是一个理想模型，自然界中并不真正存在这种系统，但当系统与外界的相互作用小到可以忽略时，可近似地将其看成孤立系统。例如，把地球当作系统时，宇宙中其他星球就是外界，由于二者之间的相互作用很小，因此可将地球看作孤立系统。

1.1.2 平衡态与状态参量

1. 平衡态

在不受外界影响的条件下，一个热力学系统的宏观性质（如密度、温度和压强）不随时间变化的状态称为热力学平衡态，简称平衡态，反之称为非平衡态。实验表明，如果系统不受外界影响，则经过一定的时间后，系统的状态必定会达到热力学平衡态，达到了平衡态以后，系统将长时间保持这种状态。只有受到外界影响时，平衡态才会被破坏。热力学中的平衡与力学中的平衡不同，处于热力学平衡态的系统的分子和原子仍处在不断的运动之中，但分子和原子运动的平均效果不变，而这种平均效果就表现为系统达到了宏观的平衡态。因此，热力学平衡态是一种动态平衡。

所谓没有外界影响，是指外界对系统既不做功，又不传热。若外界对系统发生影响，则系统就不能保持在平衡态。不能把平衡态简单地说成是不随时间改变的状态，也不能将其简单地说成是外界处在条件不变的状态。没有外界影响和宏观性质不随时间变化是系统处于平衡态的两个缺一不可的条件。例如，取一根金属棒，一端与高温热源接触，另一端与低温热源（热源的特点是不论其吸收或放出多少热量，其温度不变）接触，如图 1-1

图 1-1 金属棒传热图

所示。此时金属棒的温度虽然各处不同，但不随时间改变，外界高、低温热源的温度也各自维持不变，但是这时却有热量不断地从金属棒的一端向另一端传递，因此金属棒不处在平衡态。

2. 状态参量

人们可以用位移、速度和加速度等物理量来描述一个运动物体的状态，那么如何描述一个系统的平衡态呢？

为了描述系统不同的状态，需选择若干个独立变化的、可以测量的宏观物理量，这些物理量叫作状态参量。假设我们所研究的系统是气体系统，它的质量是一定的。若将此气体封闭于体积一定的容器中，并对它加热，则气体的压强增加了。反之，若将此气体在一定的压强下加热，则气体的体积将会膨胀。由此可见，要描述这种气体的状态至少需要两个量，一个是体积，一个是压强。这两个量就是气体系统的状态参量。状态参量不同，系统的状态就不同。

1.1.3　系统与外界相互作用的方式

当系统处于平衡态时，如果没有外界的影响，系统不能改变自己的状态。只有当外界对系统施加作用与影响时，其状态才会发生变化。系统与外界之间的相互作用可以分为以下三类。

（1）力的相互作用。力的相互作用表现为系统对外界或外界对系统做功，其所产生的效果是通过做功来改变系统的能量，从而改变系统的状态。例如，汽缸中气体被活塞压缩就是力的相互作用。

（2）热的相互作用。热的相互作用表现为系统与外界直接进行热接触，其所产生的效果是通过热接触传递的热量来改变系统与外界的状态。例如，将一块被加热的金属放进一桶冷水中，经过一段时间后，可观察到金属的状态（温度）发生了变化。

（3）物质交换的相互作用。物质交换的相互作用表现为系统与外界发生物质交换，其所产生的效果是通过改变系统与外界的化学成分和含量来改变系统与外界的状态。例如，杯中的水蒸发为水蒸气就是物质交换的相互作用。

对于封闭系统，只有前两类相互作用，因为封闭系统与外界没有物质交换，但可能有能量交换。对于开放系统，三类相互作用都可以存在。

1.2　热力学第零定律

温度表示物体的冷热程度，即热的物体温度高，冷的物体温度低。这一概念来源于人们对冷热现象的经验感知，它只有相对的意义，无法用于客观的、定量的测量。这种建立在主观感觉之上的温度概念的随意性很大，不能定量地描述物体的冷热程度，有时还会产生错觉。大家可以做一个简单的实验：把左手浸在一盆热水中，把右手浸在一盆冷水中，几分钟后再把两只手同时浸入一盆温水中，则左手感觉到水是凉的，而右手感觉到水是热的。再例如，分别用双手触摸温度相同的铁块和木块，会感觉到铁块较"烫手"。因此，要准确、定量地表征物体的冷热程度，必须给温度以严格的科学定义，这要从热力学第零定律中寻找答案。在介绍热力学第零定律前，首先介绍绝热壁、透热壁、热接触和热平衡等概念。

1.2.1　基本概念

1. 绝热壁

能将两个系统 A 和 B 隔开，并使系统 A 和系统 B 之间没有物质和能量交换的器壁叫作绝热壁。由于绝热壁的存在，系统 A 的状态变化不影响系统 B 的状态变化，系统 A 和系统 B 之间没有能量交换，也一定没有热交换。这里所谓的壁，只是笼统地概括。例如，混凝土、石棉、毛毡等都是实验用的绝热材料。

2. 透热壁

能将两个系统 A 和 B 隔开，并使系统 A 和系统 B 之间只有热量交换的器壁叫作透热壁。由于透热壁的存在，系统 A 的状态发生变化时，系统 B 的状态也发生变化。金属片是常用的透热壁。

3. 热接触

两个系统通过透热壁相互接触称为热接触。若发生热接触，则两系统之间有热量交换，因此对应的状态也发生变化。

4. 热平衡

使各自处在平衡态的两个系统进行热接触，实验表明，两系统的平衡态均被打乱变为非平衡态，但经过一段时间后，这两个系统达到了一个共同的平衡态。由于这种平衡态是通过热接触达到的，故称之为热平衡。

1.2.2　热力学第零定律和温度的定义

1. 热力学第零定律

如图 1-2 所示，用绝热壁将系统 A 和 B 彼此隔开，它们又分别经透热壁与系统 C 接触，再用绝热壁把整个系统包围起来。

实验表明，开始时，系统 A、B、C 分别处于不同的热平衡（即状态参量各不相同），由于系统 A 和 C 之间、系统 B 和 C 之间有能量交换，三个系统原有的热平衡被打破。但是，过一段时间之后会发现，三个系统的状态参量均不再改变，即达到新的热平衡。显然，当系统 A、B 分别与系统 C 达到

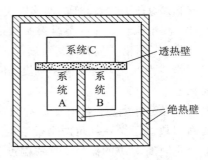

图 1-2　热力学第零定律

热平衡后，若将系统 A、B 之间的绝热壁换成透热壁，则系统 A、B 也不会再发生变化。

这些事实可简明叙述如下：与第三个系统处于热平衡的两个系统，它们彼此之间也处于热平衡。这个事实称为热力学第零定律，是福勒在 1939 年提出的。因为在提出热力学第零定律之前，热力学第一定律和热力学第二定律已经被提出并命名，而从热力学的逻辑性来说，它又应排在热力学第一定律和第二定律之前，所以将其命名为热力学第零定律。

热力学第零定律是实践经验的总结，不是逻辑推理的结果，不能认为它是理所当然的或显而易见的。例如，两块铁 A 和 B 都吸引磁体 C，但 A 和 B 不一定相互吸引。

2. 温度的定义

究竟什么性质决定两个系统是否处于热平衡呢？此问题导致我们把温度作为系统的一个新的性质来重新定义：一个系统的温度是决定该系统是否与其他系统处于热平衡的性质。当两个或更多的系统处于热平衡时，就说它们具有相同的温度。热力学第零定律不仅给出了温度的科学定义，而且还给出了温度测量的基本依据。比较两个物体的温度时，不需要使两个物体直接接触，只需要取一个标准的物体分别和这两个物体进行热接触，这个取为标准的物体就是温度计。

在研究服装的隔热性能和温度舒适性时，最基本的问题就是人体、服装以及外界环境三者之间的热平衡关系，因此理解温度这个新定义是非常必要的。

1.3　温　标

要比较温度的高低，就需要找出温度的测量方法并进行数值表示。温度的数值表示称为温标。温标的建立大致经历了三个阶段：经验温标、理想气体温标和热力学温标。

1.3.1　经验温标

对于任何一种物质的任何一种物理属性，只要它随温度的变化是单调的、显著的，都可以用来计量温度。以此为基础建立的温标称为经验温标。经验温标有以下三个基本要素。

（1）测温物质。制定温标首先要选定测温物质。通常的气体、液体和固体都可作为测温物质，如氢气、二氧化碳、水银、煤油、酒精、铜和铂等。

（2）测温属性。选定测温物质的某个物理量作为测温属性。例如，气体的压强或体积，水银、煤油、酒精柱的长度，金属导体的电阻等均可作为测温属性。一般地，规定测温属性随温度作线性变化，这样便于刻度。但不是必须这样规定，测量属性也可以随温度作非线性变化。

（3）固定标准点。仅有测温物质和测温属性只能确定物体温度的相对高低，为标定温度的确切数值还需要规定两个标准温度值（即固定标准点），它们是某些物质在规定条件下物态变化时所对应的温度，这些温度固定不变而且是可以复现的。由这两个固定标准点便可确定一个固定的温度间隔。

下面介绍两种常用的经验温标。

1. 摄氏温标

摄氏温标是瑞典天文学家摄尔修斯于 1742 年以水银为测温物质，以细玻璃管中水银的体积（或长度）为测温属性而制定的温标。摄氏温标的单位为℃。在摄氏温标下，规定水的冰点为 0℃，水的沸点为 100℃。测温属性随温度变化的关系为

$$t(x) = ax + b \tag{1-1}$$

式中，x 是水银柱长度；a、b 是两个待定常数，由固定标准点的条件可确定其数值大小。

2. 华氏温标

华氏温标是 1714 年德国物理学家华伦海特利用水银在玻璃管内的体积变化而建立的温标。华氏温标的单位为 1 ℉。在华氏温标下，规定冰和盐水的混合物的温度为 0 ℉，水的沸点为 212 ℉。在 0 ℉和 212 ℉之间，将一定量的水银柱的长度变化量等分为 212 格，每一格为 1 ℉，水银柱长度随温度作线性变化，用 $t_F(x)$ 表示温度，用 x 表示水银柱长度，则有

$$t_F(x) = ax + b \tag{1-2}$$

式中，a、b 是两个待定常数，由两个固定标准点的条件可以确定其数值大小。

1.3.2　理想气体温标和热力学温标

在经验温标下，用不同测温物质的温度计测量同一物体的温度，所得到的结果不同。

原因在于不同物质的相同属性或同一物质的不同属性随温度的变化关系不同，这正是经验温标的弱点——温度的测量依赖于测温物质及测温属性。为了使温度测量得到确定一致的结果，必须建立统一的温标作为标准。经过大量的实验人们发现，如果采用理想气体作为测温物质，由此建立的理想气体温标与气体的种类和测温属性无关，只与气体的共性有关。因此，在温度的计量工作中，采用理想气体温标作为标准温标。本书中理想气体温标使用较少，因此这里不做详细介绍。

理想气体温标仍然依赖测温物质(气体)，是否可建立一种温标，它完全不依赖于任何测温物质及测温属性？1848 年，英国物理学家开尔文解决了这个问题，建立了完全不依赖于测温物质、测温属性的温标——热力学温标。在热力学温标中，规定其单位为开尔文(简记为K)，规定水的三相点热力学温度为 273.15 K，而 1 K 为水的三相点热力学温度的 1/273.15。

1.3.3　各种温度间的换算关系

由热力学温标表示的热力学温度(T)是国际单位制中温度的基本单位。我们日常生活中使用的由摄氏温标表示的摄氏温度(t)也允许使用，两者的换算关系为

$$t = T - 273.15 \qquad (1-3)$$

在英、美等国的工程界和日常生活中，还使用华氏温标。按照我国颁布的《计量法》，已不允许使用华氏温标。然而由于华氏标温经常出现在许多有关服装研究的文献中，故下面对由华氏温标表示的华氏温度与热力学温度和摄氏温度的换算做一简单介绍。华氏温度与摄氏温度的换算关系为

$$t_F = \frac{9}{5}t + 32 \qquad (1-4)$$

式中，t_F 为华氏温度，单位为华氏度(℉)。利用式(1-3)和式(1-4)可以得到华氏温度和热力学温度之间的换算关系为

$$t_F = \frac{9}{5}T - 459.67 \qquad (1-5)$$

为了计算方便，通常把式(1-3)和式(1-5)中的常数 273.15 和 459.67 分别取 273 和460。图 1-3 列出了热力学温度、摄氏温度和华氏温度之间的部分对应关系。

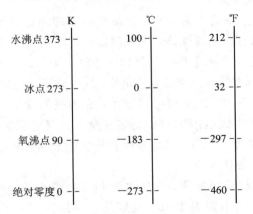

图 1-3　热力学温度、摄氏温度和华氏温度间的部分对应关系

1.4 实用温度计

原则上只要物质的任一物理性质随温度单调变化，那么它就可用来制作温度计，但在使用上要考虑多种因素，如物理量随温度变化要大，以提高测量精度等。随着有关温度测量理论的建立和逐渐完善，测温技术发展很快。目前，人们已经利用各种测温物质的不同测温属性制成了种类繁多的测温仪表，下面介绍若干实用的温度计。

1.4.1 热膨胀式温度计

热膨胀式温度计是根据物体受热膨胀的原理制成的，主要有玻璃管液体温度计和固体膨胀式温度计。

常见的水银温度计和酒精温度计就属于玻璃管液体温度计。水银温度计的测量范围为 $-30℃\sim300℃$，最高可达 $600℃$。酒精温度计多用于常温和低温的测量中，测量范围为 $-100℃\sim75℃$。玻璃管液体温度计的构造简单，使用方便，价格低廉，测量精度较高，因此在能够就地读数的场合应予优先考虑。

固体膨胀式温度计是指把两种线膨胀系数不同的金属或非金属组合在一起作为感温元件，它的一端固定在壳体上，另一端悬空。当感温元件的温度变化时，悬空的一端便产生一定的位移，此位移通过传动机构使指针指示位置变化，指出温度的数值。

1.4.2 电阻温度计

所有导电物质的电阻都随温度而变化。金属的电阻随温度的升高而升高，半导体材料的电阻随温度的升高而减小。电阻温度计是根据导体或半导体的电阻随温度变化的性质制成的温度计。电阻温度计的优点是灵敏度高，在 $500℃$ 以下测温时，电阻温度计输出的信号比热电偶温度计输出的信号大，测量精度高，容易实现信号的自动控制和远距离传送。常用的电阻温度计分别介绍如下。

(1) 铂电阻温度计。在氧化性介质中，金属铂的物理和化学性质都非常稳定。铂电阻温度计的精度高，可靠性强，复现性好，它是用得最广泛的电阻温度计。铂电阻温度计的不足之处是在高温条件下，其很容易被氢化物中还原出来的蒸气所污染。这种情况下必须用保护套管把铂电阻与有害气体隔离开来。此外，这种温度计的价格昂贵。

(2) 铜电阻温度计。铜的电阻温度系数较大，在液氧温度下比铂的稍高。铜的电阻与温度的关系几乎是线性的。铜电阻的缺点是容易氧化。铜电阻温度计适用于从液氢温度（约 20 K）到 $150℃$ 左右的温度测量。可将铜丝直接绕在被测装置上，这样既能更真实地反映被测物体的温度，又能加快响应。

(3) 锗电阻温度计。锗是半导体，它的电阻和温度的关系与金属电阻温度计的相反，即随温度的升高而减小。锗电阻温度计是较好的也是用得较多的低温温度计，一般用于 0.5 K~12 K 温度范围，在该温区锗电阻温度计的灵敏度高。

1.4.3　热电偶温度计

两个不同导体组成一个闭合回路，当两个接点温度（即接点处的温度）不同时，该回路中就产生电动势，这种现象称为温差电效应。如图 1-4 所示为两种不同导体 A 和 B 组成的回路，当其接点温度 t 和 t_0 不相同时，回路中就产生电动势。理论和实践证明，电动势是两个接点温度的函数差，即

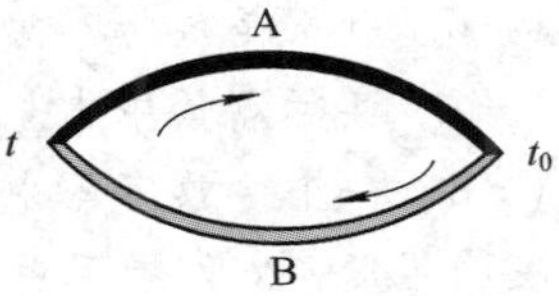

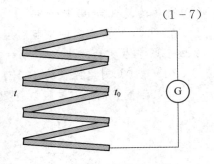

图 1-4　热电偶原理图

$$E = f(t) - f(t_0) \tag{1-6}$$

如果 t_0 为常数，则回路中的电动势为

$$E = f(t) - C \tag{1-7}$$

式(1-7)说明对于由两个物体组成的热电偶，如果其中一端的温度维持一定，则热电偶所产生的电动势将仅随其另一端的温度而变化，二者的关系为单值函数关系。热电偶温度计就是根据这一原理，设法维持其一端的温度不变，并测出回路中的电动势来定出热电偶的另一端的温度的。通常把热电偶测量温度的一端称为工作端、测量端或热端；把另一端，即维持固定温度的一端称为参考端、自由端或冷端。为了增加热电偶输出的电动

图 1-5　热电堆的原理图

势，将一系列热电偶串联起来，使奇数接点受热，而偶数接点受冷，这样可以增强温差电效应，这种器件称为温差电堆或热电堆。热电堆的原理如图 1-5 所示。

在实验室中，经常把冷端置于冰点槽内，以维持其温度为 0℃。在工业固定设备上，我国多采用冷端温度补偿器，它是一个不平衡电桥，可以自动补偿冷端温度变化而引起的温差电动势的变化。这样，经过补偿后的热电偶输出的电动势便与冷端温度无关。

热电偶温度计是目前使用较普遍的温度测量仪表。由于热电偶温度计具有结构简单、使用方便、测量准确等优点，因此它在温度测量中占有很重要的地位。热电偶在 300℃～1600℃的测量范围内使用较为广泛。对于接近室温的温度范围，热电偶温度计虽然也可以使用，但其输出电动势相对较小，冷端温度补偿引起的误差相对较大。现在工业上对 200℃以下的温度，较少使用热电偶温度计。特别值得指出的是，应用热电堆可以制成在服装研究中有重要用途的热流计测头。

思考题与习题一

1-1　什么是热力学系统？

1-2　热力学系统和宏观物体有何区别？

1-3　平衡态有何特征？气体处于平衡态时其分子还有热运动吗？这里所说的"平衡"与力学中的平衡有何不同？

1-4　两个系统处于热平衡指的是什么？试述热力学第零定律。

1-5 热力学第零定律在实际中应用很广,其中用体温计测体温就是一个例子,试用热力学第零定律解释该过程。

1-6 什么是温标?热力学温标是如何规定的?它与摄氏温标之间的关系是什么?

1-7 实际测量中常见的温度计有哪些?各有什么优点?

1-8 一个绝热容器中有一块铁和一块木头,经过相当长的时间后,铁块的温度高还是木块的温度高?如果用手去摸,哪个会更烫手?

1-9 华氏温标和摄氏温标在什么温度下两者的读数是相等的?

1-10 液态氧的正常沸点是-182.9℃,其在热力学温标和华氏温标中各为多少?

1-11 CO_2的冰点为195 K,其在华氏温标和摄氏温标中各为多少?

1-12 在日常生活中,对应于以下情况的摄氏温度是多少:(1)凉爽的房间为68℉;(2)炎热的夏天为95℉;(3)寒冷的冬天为5℉。

1-13 某些金属的电阻随温度变化的关系近似地为$R = R_0[1 + a(t - t_0)]$,式中R_0是该金属在温度t_0时的电阻,$a = 0.004^{-1}$℃,试求:

(1)若0℃时电阻值为100 Ω,则20℃时电阻值为多少?

(2)温度多高时,电阻值是200 Ω?

阅读材料

第 2 章　气体动理论

　　一切宏观物体都是由大量微观粒子组成的，这些微观粒子以各自的方式相互作用，并处于不停的无规则运动之中。人们把大量微观粒子的这种无规则运动称为物质的热运动。热学的研究对象就是由大量微观粒子组成的热力学系统。鉴于此，热学中常用的研究方法有宏观和微观两种。所谓宏观方法，就是从系统热现象的大量观测事实出发，通过逻辑推理和演绎，归纳总结出关于物质各种宏观性质之间的关系以及宏观过程进行的方向、限度的规律，这种方法又称为热力学方法，所得的结论称为热力学定律。由于宏观方法的基础是大量实验事实，因此所得的结论是可靠的、普适的，不论所研究的系统是天文的、化学的、生物的或其他系统，也不论其涉及的现象是力学的、电磁的、天体的或其他现象，只要与热运动有关，就应遵循热力学定律。然而，这种方法不能揭示宏观规律的微观本质。所谓微观方法，也称分子运动理论方法或统计力学方法，是指从系统由大量微观粒子组成这一前提出发，根据一些微观结构知识，把宏观性质视为大量微观粒子热运动的统计平均效果，运用统计的方法找出宏观量和微观量的关系，确定宏观规律的本质。比较这两种研究方法可知，宏观方法和微观方法分别从两个不同的角度研究物质的热运动性质和规律，它们彼此密切联系，相辅相成，使热学成为联系宏观世界与微观世界的一座桥梁。

2.1　宏观状态和微观状态

2.1.1　分子运动论的基本观点

　　无论是气体、液体还是固体，都是由数目十分巨大的微观粒子（分子或原子）组成的。这些分子的热运动是无序的，分子之间以及分子与器壁间不断随机地碰撞，以致单个分子运动的速度不断地随机变化。分子可以在任意方向上运动，也可以具有任意大小的速度，显得杂乱无章。人们通过大量实验事实，将对分子运动的认识归纳为如下的基本观点：

　　（1）宏观物体由大量的分子组成，分子间存在间隙。借助于实验仪器，人们发现宏观物体是由许多不连续的分子（或原子）组成的。对于宏观物体，其内部所包含的微观粒子的数目是很大的。例如，1 mol 气体含有的分子数为 $N_A = 6.02 \times 10^{23}$，其中 N_A 称为阿伏伽德罗常数，用标准状态下的体积来计算，每立方厘米内就有 2.69×10^{19} 个分子。分子之间存在间隙。例如，一体积的水和一体积的酒精相混合，总体积数小于两体积。

　　（2）分子在做永不停息的无规则运动。在室温下，气体分子运动的平均速度约为每秒数百米，甚至上千米。在气体分子运动的过程中，分子之间还发生着频繁的碰撞。标准状态下，气体分子的平均碰撞次数的数量级达每秒 10^9 次。1827 年，英国植物学家布朗用显微镜观察到悬浮在水中的花粉颗粒不停地做杂乱无定向运动，而且流体温度越高，花粉颗粒的运动越剧烈，这种运动称为布朗运动。图 2-1 给出了布朗运动的简图。从图中可以看出，花粉颗粒的运动是杂乱无章的。布朗运动是由杂乱运动的流体分子碰撞花粉颗粒引起的，而花粉颗粒的运动反映了流体分子运动的无规则性。

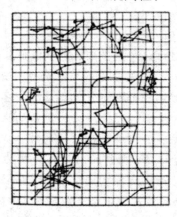

图 2-1　布朗运动简图

（3）分子之间存在相互作用力。分子之间的相互作用力主要表现为吸引力和斥力。例如，要把已经充气的气球压爆，需花费相当大的力，这就说明分子之间存在斥力。再例如，固体中的分子不会自动地飘散在空气中，说明分子之间存在吸引力。分子之间的相互作用力与分子间的距离密切相关，如图 2-2 中的曲线所示。

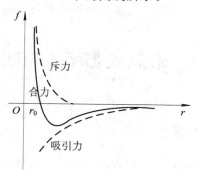

图 2-2　分子间的相互作用力与分子间的距离的关系

2.1.2　微观状态与微观量

为简单起见，设想一个由 4 个分子 a、b、c、d 构成的系统，如图 2-3 所示，分子在容器中不断地运动和碰撞。对任意一个分子而言，它可能出现在容器中的任何部位。如果把容器分为 A、B 两部分来考察分子的位置，则每个分子都可能在 A 半部或 B 半部中出现。人们将左右两边各有多少个分子的分布叫作一个宏观状态。从宏观看，有如下几种状态：

（1）第 I 种宏观状态：A 半部中有 4 个分子，B 半部中没有分子。

（2）第 II 种宏观状态：A 半部中有 3 个分子，B 半部中只有 1 个分子。

（3）第Ⅲ种宏观状态：A 半部中有 2 个分子，B 半部中也有 2 个分子。

（4）第Ⅳ种宏观状态：A 半部中有 1 个分子，B 半部中有 3 个分子。

（5）第Ⅴ种宏观状态：A 半部中没有分子，B 半部中有 4 个分子。

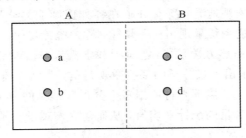

图 2-3　由 4 个分子构成的系统

但是，从微观的组合来看，对于第Ⅲ种宏观状态，A 半部中的两个分子可能是（a，b），也可能是（a，c）、（a，d）、（b，c）、（c，d）、（b，d）。由此可见，第Ⅲ种宏观状态中包含 6 种微观状态组合。人们把系统中分子在两半部的每一种微观组合称为一种微观状态。表 2-1 中列出了构成上述五种宏观状态的各种可能的微观状态。

表 2-1　4 个分子的宏观状态和微观状态

宏观状态编号	Ⅰ	Ⅱ	Ⅲ	Ⅳ	Ⅴ
A 半部	(a，b，c，d)	(a，b，c)、(a，b，d)、(a，c，d)、(b，c，d)	(a，b)、(a，c)、(a，d)、(b，c)、(b，d)、(c，d)	a、b、c、d	0
B 半部	0	d、c、b、a	(c，d)、(b，d)、(b，c)、(a，d)、(a，c)、(a，b)	(b，c，d)、(a，c，d)、(a，b，d)、(a，b，c)	(a，b，c，d)
微观状态数	1	4	6	4	1

根据上面的讨论，仅从每个分子在容器的哪一边来看，可以总结这样几条：

（1）由 4 个分子组成的系统，按照上面的区分方法，其微观状态的数目共有 16 个。如果是由 N 个分子组成的系统，则其微观状态的数目应该有 2^N 个。实际热力学系统中分子数很大，那么对应的微观状态的数目也巨大。

（2）因为分子都处于不停息的运动中，所以在任一时刻，4 个分子的状态只能是 16 个微观状态中的某一个，而 N 个分子的状态，则是 2^N 个微观状态中的一个。

前面讲过，描述一个气体系统的状态参量是压强、体积和温度，那么描述一个微观状态应该用哪些参量。上面的例子实际上是用系统中的分子在容器中的位置来描述系统的微观状态的，即分子在容器中的位置就是微观状态的状态参量。但把容器分为两部分，用指出分子在哪一部分的方法确定分子的位置，显得十分粗糙。如果要更细致地确定分子的位置，可以用位置坐标来精确地确定分子的位置，用分子的速度来描述分子的运动状态。因此，要描述一个系统的微观状态就要用到所有分子的坐标和速度，这些量就是微观量。

对数目巨大、杂乱无章地运动着的气体分子，取其中一个分子进行研究：起始时刻它在什么位置，具有怎样的速度，运动过程中它在什么地方与哪个分子做怎样的碰撞，然后又怎样运动。由于偶然性，这些问题无法回答。但是，一旦系统达到了平衡状态，尽管作为个体的分子仍在运动，而宏观地看，所有分子在各种速度上的分配比例却是固定不变的。也就是说，大量分子构成的系统呈现出一种规律，称为统计规律。

面对由大量分子组成的热力学系统，怎样寻找宏观量与微观量之间的关系？虽然微观量无法直接测量，但是，求出大量分子的某些微观量的统计平均值是可能的。宏观量实际上是微观量统计平均的结果。接下来将依据每个分子所遵循的力学规律，用统计的方法求出理想气体分子的某些微观量的统计平均值，从而建立宏观量和微观量之间的关系。

2.2 理想气体的压强

2.2.1 理想气体分子模型

在一般情况下，气体分子之间的间距是分子本身线度的上千倍。如果以分子为研究对象，则可以把分子看作没有体积的质点。同时由于分子之间的距离很大，分子之间的相互作用力是非常弱的，几乎可以忽略不计。由此可见，气体分子的间隔比分子本身的线度大得多，它们之间有相当大的空间，它们之间的相互作用力可忽略。此外，实验指出，实际的气体越稀薄，其越接近于理想气体。据此，人们认为，理想气体分子应该有如下的微观模型：

(1) 分子的大小比分子间的平均距离小得多，因而可以把理想气体的分子看作质点。

(2) 除碰撞的瞬间外，分子之间以及分子与容器壁之间都没有相互作用力。

(3) 分子之间以及分子与容器壁之间的碰撞是完全弹性碰撞。

气体处于平衡状态时，在没有外力的作用下，气体分子在空间的分布是均匀的，且由于平衡状态时分子向每一个方向运动的可能性是相同的，因此，人们对理想气体系统中的大量分子提出如下统计假定：

(1) 容器中任一位置处单位体积内的分子数相同。在忽略重力和其他外力作用的条件下，每一分子在容器中任意位置出现的概率都是相等的。就大量分子而言，任意时刻分布在任一位置单位体积内的分子数都相等。由此可得分子数密度为

$$n = \frac{\mathrm{d}N}{\mathrm{d}V} = \frac{N}{V} \tag{2-1}$$

式中，N 为总分子数，V 为体积。

(2) 对大量的分子而言，沿空间各个方向运动的分子数相等。在无外场情况下，处于平衡状态的、做无规则热运动的大量气体分子的密度处处是均匀的，气体分子沿各个方向运动的概率相等，即沿空间各个方向运动的分子数相等，分子的位置分布是均匀的。

由上面的统计假定可以推出，气体分子的速度沿各个方向的分量的各种统计平均值相等。例如，在直角坐标系中，因为沿各轴正方向的速度分量为正，沿各轴负向的速度分量为负，故得各分量的算术平均值相等，即

$$\bar{v}_x = \bar{v}_y = \bar{v}_z = 0 \tag{2-2}$$

各分量均方值相等，即

$$\overline{v_x^2} = \overline{v_y^2} = \overline{v_z^2} \tag{2-3}$$

式中，$\overline{v}_x$、$\overline{v}_y$、$\overline{v}_z$ 分别为速度在 x 方向、y 方向、z 方向的算术平均值。

2.2.2 理想气体的压强公式

容器中气体对器壁的压强是大量气体分子不断对器壁碰撞的结果。容器中每个分子都在做无规则运动，分子与器壁之间不断地发生碰撞。每个分子与器壁碰撞时，都给器壁以一定的冲量，使器壁受到冲力的作用。就某个分子来说，它每次与器壁碰撞时给予器壁的冲量有多大、碰在器壁的什么地方，这些都是断续的、偶然的。但对大量分子而言，每时每刻都有许多分子与器壁相碰，正是这种碰撞表现出一个恒定的、持续的作用力，对器壁产生一个恒定的压强。正如密集的雨点打到伞上，人们感受到的是一个平均的压力。下面对理想气体的压强公式做定量推导。

分子与器壁碰撞简图如图 2-4 所示，在边长为 L 的正方体容器中，有 N 个气体分子，每个分子的质量是 m。气体处于平衡状态时，容器内各处压强相同。故只需计算容器的某一器壁（如与 x 轴垂直的面）受到的压强，就可以得到容器内各处气体的压强。压强公式的推导示意图如图 2-5 所示。设第 i 个分子的速度为 v_i，它在直角坐标系中的分量分别为 v_{ix}、v_{iy}、v_{iz}，并且有 $v_i^2 = v_{ix}^2 + v_{iy}^2 + v_{iz}^2$。

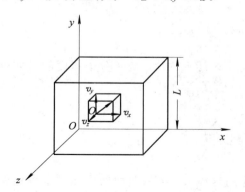
图 2-4 分子与器壁碰撞简图

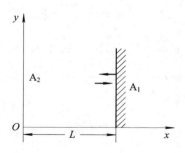
图 2-5 压强公式的推导示意图

根据理想气体分子模型可知，碰撞是完全弹性的，所以碰撞后第 i 个分子被 A_1 面弹回的速度分量为 $-v_{ix}$、v_{iy}、v_{iz}。因为后两个速度分量（v_{iy} 和 v_{iz}）没有发生变化，所以该分子的动量改变为

$$\Delta p_i = -mv_{ix} - mv_{ix} = -2mv_{ix} \tag{2-4}$$

由动量定理 $Ft = \Delta p$ 知，动量改变 Δp_i 等于此次碰撞中 A_1 面施于第 i 个分子的冲量，其方向指向 x 轴的负方向。根据牛顿第三定律，该分子在此次碰撞中施于 A_1 面的冲量为 $2mv_{ix}$，其方向指向 x 轴的正方向。

忽略分子间相互作用力的情况下，第 i 个分子与 A_1 面碰撞后被弹回，并以速度 $-v_{ix}$ 飞向 A_2 面。由于 x 轴方向速度分量的数值大小不变，分子与 A_2 面碰撞后又以速度 v_{ix} 飞向 A_1 面，再次对 A_1 面碰撞。由图 2-5 知，第 i 个分子与 A_1 面发生两次连续的碰撞，在 x 轴上运动的距离为 $2L$，所需时间是 $t = \dfrac{2L}{v_{ix}}$。根据动量定理 $Ft = \Delta p$ 得，在该段时间内第 i 个分子

作用于 A_1 面的平均冲力为

$$F_i = \frac{\Delta p_i}{t} = \frac{2mv_{ix}}{2L/v_{ix}} = \frac{mv_{ix}^2}{L} \qquad (2-5)$$

容器内有大量分子，这些分子不断地与 A_1 面碰撞，因而使 A_1 面受到一个持续的作用力。把容器中 N 个分子对器壁的作用都考虑进去，则 A_1 面受到各个分子的平均冲力之和为

$$F = F_1 + F_2 + \cdots + F_N = \sum_{i=1}^{N} F_i = \frac{mv_{1x}^2}{L} + \frac{mv_{2x}^2}{L} + \cdots + \frac{mv_{Nx}^2}{L}$$

$$= \sum_{i=1}^{N} \frac{mv_{ix}^2}{L} = \frac{m}{L} \sum_{i=1}^{N} v_{ix}^2 \qquad (2-6)$$

将式(2-6)变换一下，得

$$F = \frac{Nm}{L}\left(\sum_{i=1}^{N} \frac{v_{ix}^2}{N}\right) = \frac{Nm}{L}\overline{v_x^2} \qquad (2-7)$$

式中，$\overline{v_x^2}$ 表示容器中 N 个分子在 x 轴方向的速度分量平方的平均值(简称均方值)，它是统计平均值，且

$$\overline{v_x^2} = \sum_{i=1}^{N} \frac{v_{ix}^2}{N} = \frac{1}{N}\sum_{i=1}^{N} v_{ix}^2 \qquad (2-8)$$

根据压强的定义得 A_1 面受到的压强为

$$p = \frac{F}{S} = \frac{1}{L^2}\frac{N}{L}m\overline{v_x^2} = nm\overline{v_x^2} \qquad (2-9)$$

式中，n 表示单位体积内的分子数，$n = \dfrac{N}{L^3}$，它也是统计平均值。由于分子速度的平方可表示为 $v_i^2 = v_{ix}^2 + v_{iy}^2 + v_{iz}^2$，因此，$N$ 个分子的速度均方值为

$$\overline{v^2} = \frac{\sum_{i=1}^{N} v_i^2}{N} = \frac{\sum_{i=1}^{N} v_{ix}^2}{N} + \frac{\sum_{i=1}^{N} v_{iy}^2}{N} + \frac{\sum_{i=1}^{N} v_{iz}^2}{N} = \overline{v_x^2} + \overline{v_y^2} + \overline{v_z^2} \qquad (2-10)$$

根据统计假定有 $\overline{v_x^2} = \overline{v_y^2} = \overline{v_z^2}$，所以 $\overline{v_x^2} = \dfrac{1}{3}\overline{v^2}$，应用这一关系，从前面的压强关系得到理想气体的压强公式变为

$$p = \frac{1}{3}nm\overline{v^2} \quad \text{或} \quad p = \frac{2}{3}n\left(\frac{1}{2}m\overline{v^2}\right) = \frac{2}{3}n\overline{\varepsilon}_{kt} \qquad (2-11)$$

式中，$\overline{\varepsilon}_{kt}$ 是气体分子的平均平动动能，$\overline{\varepsilon}_{kt} = \dfrac{1}{2}m\overline{v^2}$。

从式(2-11)可知，理想气体的压强与单位体积内的分子数 n 和分子的平均平动动能 $\overline{\varepsilon}_{kt}$ 有关。n 和 $\overline{\varepsilon}_{kt}$ 越大，理想气体的压强 p 就越大。理想气体的压强 p 是系统中所有分子对器壁作用的平均效果，它具有统计意义，离开了大量分子，理想气体压强的概念就失去了意义。理想气体的压强公式揭示了宏观量和微观量的统计平均值之间的关系，它表明理想气体的压强由大量分子的两个统计平均值所决定。

上面推导理想气体的压强公式时，忽略了气体分子之间的碰撞。如果考虑气体分子间的碰撞，由于碰撞是完全弹性的，又由于所有分子的质量相等，因此可以证明仍将得到相同的结果。式(2-11)是气体分子运动论的一个重要结论，虽然不能直接用实验证明，但从

这个公式出发，可以很好地解释和推证许多实验事实。从上面的分析可以看出，虽然单个分子的运动服从力学规律，但是大量分子的运动呈现出了统计规律。

例 2-1　气罐中储有氧气且气体均匀分布，标准状况下每立方米内有 2.6×10^{25} 个氧气分子，试求氧气分子的平均平动动能。

例 2-1

解　在标准状况下气体压强 $p = 1.01 \times 10^5$ Pa，单位体积内的分子数 $n = 2.6 \times 10^{25}$，则根据理想气体的压强公式

$$p = \frac{2}{3} n \left(\frac{1}{2} m \bar{v}^2 \right) = \frac{2}{3} n \bar{\varepsilon}_{kt}$$

得

$$\bar{\varepsilon}_{kt} = \frac{3p}{2n} = \frac{3 \times 1.01 \times 10^5}{2 \times 2.6 \times 10^{25}} = 5.83 \times 10^{-21} \text{ J}$$

说明：本书中的约等号（$\approx$）均用等号代替。

2.3　理想气体的状态方程和温度公式

2.3.1　理想气体的状态方程

人们用压强、温度和体积三个状态参量来描述一个系统的宏观状态，那么这三个状态参量之间有没有联系呢？法国工程师克拉珀龙和俄国科学家门捷列夫在玻意耳-马略特定律、盖吕萨克定律和查理定律的基础上建立了三者的关系，即理想气体的状态方程，具体如下：对质量为 $m_{总}$、摩尔质量为 M 的理想气体系统，当其宏观状态改变时，描述其状态的宏观参量会发生相应的变化，但是，在状态变化过程中的每一个状态都遵从下面的方程

$$pV = \frac{m_{总}}{M} RT = \nu RT \tag{2-12}$$

式中，R 称为摩尔气体常数，与气体的种类和性质无关；ν 为气体摩尔数，$\nu = \dfrac{m_{总}}{M}$；T 为热力学温度。在国际单位制中，p、V 和 T 的单位分别为帕斯卡（Pa）、立方米（m^3）和开尔文（K），此时 $R = 8.31$ J·mol^{-1}·K^{-1}。

式（2-12）就是理想气体的状态方程。从理论上讲，只有理想气体才满足该方程。但人们通过实验发现，与通常状态的压强和温度相比，在压强不太大和温度不太低的情况下，各种常见的气体都能较好地服从这个方程，而且气体越稀薄，服从这个方程的精准度越高。

2.3.2　理想气体的温度公式

设容器中有 N 个气体分子，每个分子的质量为 m，气体的总质量为 $m_{总}$，摩尔质量为 M，则有 $m_{总} = Nm$ 以及 $M = N_A m$。代入理想气体的状态方程 $pV = \dfrac{m_{总}}{M} RT$ 可得

$$p = \frac{Nm}{V} \frac{RT}{N_A m} = \frac{N}{V} \frac{R}{N_A} T = nkT \tag{2-13}$$

式中，k 称为玻尔兹曼常数，$k=\dfrac{R}{N_A}$，在国际单位制中，$k=1.38\times10^{-23}$ J·K^{-1}；n 是单位体积内的分子数，$n=\dfrac{N}{V}$。

式(2-13)称为理想气体状态方程的分子式。它是理想气体的状态方程的另一种表示。将式(2-13)同式(2-11)比较，得理想气体分子的平均平动动能为

$$\bar{\varepsilon}_{kt}=\frac{1}{2}m\bar{v}^2=\frac{3}{2}kT \tag{2-14}$$

和理想气体的热力学温度公式为

$$T=\frac{2}{3k}\bar{\varepsilon}_{kt} \tag{2-15}$$

式(2-15)表明，理想气体的热力学温度与气体分子的平均平动动能成正比。T 是宏观量，$\bar{\varepsilon}_{kt}$ 是微观量的统计平均值，$\bar{\varepsilon}_{kt}$ 的大小表示分子热运动的剧烈程度，因而宏观量是标志分子热运动剧烈程度的物理量，分子无规则运动越剧烈，气体的温度就越高。显然温度也具有统计意义。和压强一样，对个别分子来说，温度失去意义。

2.3.3 方均根速率

根据理想气体分子的平均平动动能 $\bar{\varepsilon}_{kt}=\dfrac{1}{2}m\bar{v^2}=\dfrac{3}{2}kT$，可得到

$$\sqrt{\bar{v^2}}=\sqrt{\frac{3kT}{m}}=\sqrt{\frac{3RT}{M}} \tag{2-16}$$

式中，$\sqrt{\bar{v^2}}$ 表示大量气体分子速率平方平均值的平方根，称为气体分子的方均根速率，它表示气体分子微观量的统计平均值。式(2-16)说明，气体分子的方均根速率与气体的热力学温度的平方根成正比，而与气体分子的质量或摩尔质量的平方根成反比。气体的热力学温度越高或气体分子的质量及摩尔质量越小，气体分子的方均根速率越大。也就是说，气体分子的速率越大，分子运动越快。

例 2-2 容器内储有氧气，在一个大气压下，温度为 27℃时，试求：

(1) 单位体积内的分子数；

(2) 氧气的质量密度；

(3) 氧分子的方均根速率；

(4) 氧分子的平均平动动能。

例 2-2

解 (1) 由题知气体压强 $p=1.01\times10^5$ Pa，气体的热力学温度 $T=273+27=300$ K，根据式(2-13)可得单位体积内的分子数为

$$n=\frac{p}{kT}=\frac{1.01\times10^5}{1.38\times10^{-23}\times300}=2.44\times10^{25}\text{个}/\text{m}^3$$

(2) 质量密度可表示为

$$\rho=\frac{m_{\text{总}}}{V}=\frac{Nm}{V}=nm=n\frac{M}{N_A}=2.44\times10^{25}\times\frac{32}{6.02\times10^{23}}=1.30\times10^3 \text{ g/m}^3$$

式中，m 是氧气分子的质量。

(3) $\sqrt{\bar{v^2}}=\sqrt{\dfrac{3RT}{M}}=\sqrt{\dfrac{3\times8.31\times300}{32\times10^{-3}}}=4.83\times10^2 \text{ m/s}$

（4）$\bar{\varepsilon}_{kt} = \dfrac{1}{2}m\bar{v}^2 = \dfrac{3}{2}kT = 1.5 \times 1.38 \times 10^{-23} \times 300 = 6.21 \times 10^{-21}$ J

2.4　能量均分和理想气体的内能

2.4.1　气体分子的自由度

前面讨论理想气体热运动时，把分子假设为质点，只考虑分子的平动。实际上，对于双原子分子、三原子分子和其他结构复杂的多原子分子，除了平动，还有转动和振动。这些运动形式也都对应一定的能量，分子热运动的总能量应包括所有这些运动形式所产生的能量。为了比较仔细地研究分子的平动、转动和振动，先介绍分子自由度的概念。

确定分子的空间位置所需要的独立坐标的数目称为分子的自由度，用 i 表示。例如，质点做直线运动时，所需要的独立坐标为 x，所以质点做直线运动时有一个自由度，即 $i=1$；质点做平面运动时，所需要的独立坐标为 (x, y)，所以质点做平面运动时有两个自由度，即 $i=2$；质点做空间运动时，所需要的独立坐标为 (x, y, z)，所以质点做空间运动时有三个自由度，即 $i=3$。对于单原子分子气体，可以把它们看成质点，只要三个独立坐标便可确定分子的空间位置。因此，单原子分子有三个平动自由度（即 $i=3$），如图 2 - 6 所示。对于双原子分子气体，分子中的两个原子由一根化学键联系起来。双原子分子可看成两端各有一个质点的直线，分子整体除了平动，还有转动运动。双原子分子整体平动需要三个独立坐标描述，这三个独立坐标决定了双原子分子的平动自由度的数目。描述转动时，需要相应地增加独立坐标的数目。由两个原子组成的分子转动时，此双原子连线的方位发生变化。而确定一直线的方位需要两个独立坐标 α 和 β，如图 2 - 7 所示，所以双原子分子的自由度为五，其中有三个平动自由度和两个转动自由度。对于三原子以上的气体分子，还应该增加一个独立坐标，确定分子绕其中两个分子连线的转动位置。所以，当原子间的距离不变时，三原子以上的气体分子有六个自由度，其中有三个平动自由度和三个转动自由度。严格地说，双原子以上的气体分子还有振动运动，故还有相应的振动自由度。在经典理论中，一般不考虑振动自由度。综上所述，单原子分子有三个自由度，双原子分子有五个自由度，三原子以上的分子有六个自由度。

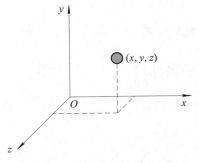

图 2 - 6　单原子分子的自由度

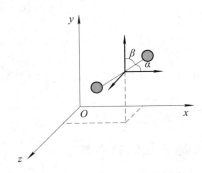

图 2 - 7　双原子分子的自由度

2.4.2　能量均分定理

理想气体分子的平均平动动能是

$$\bar{\varepsilon}_{kt} = \frac{1}{2}m\bar{v}^2 = \frac{3}{2}kT \tag{2-17}$$

式中，$\bar{v}^2 = 3\bar{v}_x^2$，即 $\bar{v}_x^2 = \dfrac{1}{3}\bar{v}^2$。根据理想气体的统计假定，在平衡态下 $\bar{v}_x^2 = \bar{v}_y^2 = \bar{v}_z^2$，由此得到

$$\frac{1}{2}m\bar{v}_x^2 = \frac{1}{2}m\bar{v}_y^2 = \frac{1}{2}m\bar{v}_z^2 = \frac{1}{3}\left(\frac{1}{2}m\bar{v}^2\right) = \frac{1}{2}kT \tag{2-18}$$

式(2-18)表明，气体分子沿三个轴的方向运动的平均平动动能皆相等，并且都等于 $\dfrac{1}{2}kT$。这个结论虽然是对平动而言的，但可以推广到多原子分子的转动自由度上。这是由于气体分子间不断地碰撞，在达到平衡状态后，任何一种运动都不会比另一种运动占优势，各种运动在各个自由度上的运动机会是均等的。因此，可以认为在分子的每个转动自由度上也和每个平动自由度一样，分配有相等的平均能量，即 $\dfrac{1}{2}kT$。这一结论在统计物理中可以得到理论上的证明。由此得到能量均分定理：在温度为 T 的平衡态下，物质分子的任何一个自由度上均分配有 $\dfrac{1}{2}kT$ 的平均能量。能量均分定理是一条统计规律，是大量分子统计平均的结果。对于个别分子，在某时刻，它的各种形式的动能(平动动能和转动动能)不一定按自由度均分。个别分子的总动能与按自由度均分所确定的平均值可能有很大的差别。但从大量分子平均来看，动能之所以能按自由度均分，是由于分子的无规则碰撞。在碰撞过程中，一个分子的能量可传递给另一个分子，一种形式的动能可以转化为另一种形式的动能，一个自由度上的动能可以转化为另一个自由度上的动能。从统计平均观点看，任何一个自由度都不占优势，动态平衡时实现能量均分。

当系统达到平衡态时，每个分子具有相同的平均动能。用 t 和 r 分别表示平动自由度和转动自由度，且 $r+t=i$，根据能量均分定理知，每个分子具有的平均平动动能、平均转动动能和平均动能分别为

$$\bar{\varepsilon}_{kt} = \frac{t}{2}kT$$

$$\bar{\varepsilon}_{kr} = \frac{r}{2}kT$$

$$\bar{\varepsilon}_k = \bar{\varepsilon}_{kt} + \bar{\varepsilon}_{kr} = \frac{1}{2}(t+r)kT = \frac{i}{2}kT$$

以双原子分子为例，其平动自由度和转动自由度分别为 $t=3$，$r=2$，则有 $\bar{\varepsilon}_{kt} = \dfrac{3}{2}kT$，$\bar{\varepsilon}_{kr} = \dfrac{2}{2}kT$，$\bar{\varepsilon}_k = \dfrac{5}{2}kT$。

2.4.3　理想气体的内能

实际气体的分子间存在相互作用力，因而气体分子间还具有与此作用力对应的势能。

因此，实际气体既具有动能，又具有势能。气体内部所有分子的动能和势能之和称为气体的内能。

对于理想气体，由于分子间的间距很大，分子间的相互作用力可以忽略不计，因此，理想气体的内能是所有分子的动能总和。其中分子的动能包括平动动能和转动动能。

设某种理想气体的分子自由度为 i，一个分子的平均动能为 $\frac{i}{2}kT$，1 mol 气体含有 N_A 个分子，故 1 mol 理想气体的内能为

$$E_0 = \frac{i}{2}kTN_A = \frac{i}{2}RT \tag{2-19}$$

由此可得，质量为 $m_{总}$、摩尔质量为 M 的理想气体的内能为

$$E = \frac{m_{总}}{M}\frac{i}{2}RT \tag{2-20}$$

由式(2-20)可知，一定量的理想气体的内能完全由分子的自由度和热力学温度决定，与气体的压强和体积无关。理想气体的内能是热力学温度的单值函数。热力学温度是气体的状态参量，所以内能也是理想气体状态的单值函数，它是描述气体系统宏观状态的物理量。

对一定量的理想气体，当温度改变时，由式(2-20)可知，内能的改变为

$$\Delta E = \frac{m_{总}}{M}\frac{i}{2}R\Delta T \tag{2-21}$$

式(2-21)表明，不论经历什么样的状态变化过程，只要热力学温度的改变一定，一定量的理想气体的内能的改变总是一定的，它与过程无关。这一点在讨论热力学系统状态变化过程中将用到。

例 2-3　在热力学温度为 273 K，压强为 1.0×10^{-2} 个大气压时，一种双原子理想气体的密度为 1.24×10^{-2} kg·m^{-3}，试求：

(1) 该气体的摩尔质量；

(2) 该气体分子的平均平动动能和平均转动动能；

(3) 1 mol 这种气体的内能。

例 2-3

解　(1) 根据理想气体的状态方程 $pV = \frac{m_{总}}{M}RT$ 得

$$M = \frac{m_{总}}{V}\frac{RT}{p} = \frac{\rho RT}{p} = \frac{1.24 \times 10^{-2} \times 8.31 \times 273}{1.0 \times 10^{-2} \times 1.01 \times 10^5} = 2.8 \times 10^{-2} \text{ kg/mol}$$

故该气体是 N_2 或 CO。

(2) N_2 或 CO 是双原子分子，其自由度 $i=5$，其中平动自由度为 3，转动自由度为 2，故根据能量均分定理有

$$\bar{\varepsilon}_{kt} = \frac{3}{2}kT = 1.5 \times 1.38 \times 10^{-23} \times 273 = 5.65 \times 10^{-21} \text{ J}$$

$$\bar{\varepsilon}_{kr} = \frac{2}{2}kT = 1.38 \times 10^{-23} \times 273 = 3.77 \times 10^{-21} \text{ J}$$

(3) 1 mol 这种气体的内能为

$$E = \frac{m_{总}}{M}\frac{i}{2}RT = 1 \times 2.5 \times 8.31 \times 273 = 5.67 \times 10^3 \text{ J}$$

思考题与习题二

2-1 怎样理解气体的压强、温度这些宏观量的统计意义?

2-2 在推导压强公式时,理想气体应满足哪些条件?

2-3 为什么对个别分子而言,压强和温度失去意义?

2-4 气体分子的平均平动动能 $\bar{\varepsilon}_{kt} = \frac{3}{2}kT$,应如何理解? 如果容器中只有一个或几个分子,能否根据 $\bar{\varepsilon}_{kt} = \frac{3}{2}kT$ 来计算它的平均平动动能? 此时,这个公式还有意义吗?

2-5 为什么对于理想气体,其势能为零?

2-6 内能是状态量,如何理解状态量和过程量?

2-7 试述下列各式的物理意义:

(1) $\frac{1}{2}kT$;　　　(2) $\frac{3}{2}kT$;　　　(3) $\frac{i}{2}kT$;

(4) $\frac{i}{2}RT$;　　　(5) $\frac{m_{总}}{M}\frac{3}{2}RT$;　　　(6) $\frac{m_{总}}{M}\frac{i}{2}RT$。

2-8 一个容器内储有 1 mol 氢气和 1 mol 氦气,若两种气体各自对器壁产生的压强分别为 p_1 和 p_2,则两者的大小关系是_____。

(A) $p_1 > p_2$　　　(B) $p_1 < p_2$　　　(C) $p_1 = p_2$　　　(D) 不确定

2-9 两容器内分别储有氢气和氦气,若它们的温度和质量分别相等,则_____。

(A) 两种气体分子的平均平动动能相等　　(B) 两种气体分子的平均动能相等

(C) 两种气体分子的平均速率相等　　　　(D) 两种气体的内能相等

2-10 一容器内装有 N_1 个单原子理想气体分子和 N_2 个刚性双原子理想气体分子,当该系统处在温度为 T 的平衡状态时,其内能为_____。

(A) $(N_1 + N_2)\left[\left(\frac{3}{2}\right)kT + \left(\frac{5}{2}\right)kT\right]$

(B) $\frac{1}{2}(N_1 + N_2)\left[\left(\frac{3}{2}\right)kT + \left(\frac{5}{2}\right)kT\right]$

(C) $N_1\left(\frac{3}{2}\right)kT + N_2\left(\frac{5}{2}\right)kT$

(D) $N_1\left(\frac{5}{2}\right)kT + N_2\left(\frac{3}{2}\right)kT$

2-11 压强为 p、体积为 V 的氢气(视为刚性分子理想气体)的内能为_____。

(A) $5pV/2$　　　(B) $3pV/2$　　　(C) $pV/2$　　　(D) pV

2-12 一瓶氦气和一瓶氮气的密度相同,分子的平均平动动能相同,而且它们都处于平衡状态,则_____。

(A) 它们的温度相同、压强相同

(B) 它们的温度、压强都不相同

(C) 它们的温度相同,但氦气的压强大于氮气的压强

(D) 它们的温度相同，但氢气的压强小于氮气的压强

2-13　在容积为 10^{-2} m^3 的容器中，装有质量为 100 g 的气体，若气体分子的方均根速率为 200 m/s，则气体的压强为_____。

2-14　在相同的温度和压强下，单位体积的氢气(视为刚性双原子分子气体)与氦气的内能之比为_____，单位质量的氢气与氦气的内能之比为_____。

2-15　若某种理想气体分子的方均根速率 $\sqrt{\overline{v^2}}=450$ m/s，气体压强为 $p=7\times10^4$ Pa，则该气体的密度 $\rho=$_____。

2-16　常温下(即将分子看作刚性分子)，单原子理想气体分子的自由度为_____，双原子理想气体分子的自由度为_____，多原子理想气体分子的自由度为_____。

2-17　自由度为 i 的一定量刚性分子理想气体，当其体积为 V、压强为 p 时，其内能 $E=$_____。

2-18　一瓶氢气和一瓶氧气的温度相同。若氢气分子的平均平动动能为 6.21×10^{-21} J，试求：

(1) 氧气分子的平均平动动能和方均根速率；

(2) 氧气的温度。

2-19　当氢气和氦气的压强、体积和温度都相等时，求它们的质量比 $m(\text{H}_2)/m(\text{He})$ 和内能比 $E(\text{H}_2)/E(\text{He})$(将氢气视为刚性双原子分子气体)。

2-20　一密封房间的体积为 5 m×3 m×3 m，室温为 20℃，室内空气分子热运动的平动动能的总和是多少？如果气体的温度升高 1.0 K，而体积不变，则气体的内能变化多少？气体分子的方均根速率增加多少？(已知空气的密度 $\rho=1.29$ kg/m^3，平均摩尔质量 $\overline{M}=29\times10^{-3}$ kg/mol，且空气分子可视为刚性双原子分子)

2-21　证明：压强和体积均为一定的理想气体的内能为 $E=\dfrac{i}{2}pV$。

2-22　温度为 273 K，压强为 1.01×10^3 Pa 时，某种气体的密度为 1.25×10^{-2} kg·m^{-3}。求：

(1) 气体分子的均方根速率；

(2) 气体的摩尔质量，并指出是哪一种气体。

2-23　质量为 2×10^{-3} kg 的氢气储于体积为 2×10^{-3} m^3 的容器中，当容器内的气体压强为 300 mmHg 时，氢气分子的平均平动动能是多少？总平动动能是多少？

2-24　目前实验室能获得的真空的压强为 10^{-10} mmHg，当温度为 27℃ 时，在此真空中每立方厘米内有多少气体分子？

2-25　体积为 10^{-3} m^3 的容器中包含有 1.01×10^{23} 个氢气分子，压强为 1.013×10^5 Pa，求气体的温度和分子的方均根速率。

2-26　在温度为 300 K 时，1 mol 氢气(H$_2$)分子的总平动动能、总转动动能和气体的内能各是多少？

阅读材料

第3章 热力学第一定律

气体动理论是指以组成热力学系统的微观粒子为对象,用统计规律方法研究热现象和热运动的规律,帮助人们了解热现象的本质。热力学与气体动理论研究的目标相同,但是,热力学的研究方法不同于气体动理论的研究方法。热力学是以实验事实为依据,从宏观角度出发,用能量转化的观点研究伴随着热现象的状态变化过程(称为热力学过程)。任何热力学过程都遵从热力学第一定律。把热力学第一定律应用于四个等值过程,即等容过程、等压过程、等温过程和绝热过程,可以得到各个等值过程中系统做功、传热、内能增量以及它们之间满足的规律。

3.1 功 和 热 量

3.1.1 热力学过程

前面已经说过,当热力学系统处于平衡态,且不受外界影响时,系统的状态不会改变,可以用一组状态参量(压强、温度和体积)描述此时气体系统的平衡态。从理想气体的状态方程可知,该组参量中只有两个是独立的。因此,描述质量一定的理想气体系统的平衡态时,只要知道其中任意两个参量即可。

当处于平衡态的热力学系统受到外界的影响时,该系统的平衡态就会遭到破坏。接着系统会经历一系列中间状态而达到另一个平衡态,这个过程称为热力学过程。如果控制外界条件,使状态变化的过程进行得非常缓慢,以致在每一个时刻系统所经历的中间状态都无限地接近于平衡态,这样的热力学过程可以看成由无穷多个近似于平衡态的状态组成,这种热力学过程叫作平衡过程或准静态过程。相反,如果在系统状态变化过程中,中间状态是一系列的非平衡态,那么这种过程称为非平衡过程。

以压强表示纵坐标、以体积表示横坐标的直角坐标称为 p-V 图。在 p-V 图上,一个点表示某气体系统的一个平衡态。对于非平衡态,由于气体系统各部分的压强和温度均不相同,因而无法在 p-V 图上表示。同理,一个平衡过程可以用 p-V 图上的一条曲线表示,该曲线叫作过程曲线,如图 3-1 所示,而非平衡过程无法在 p-V 图上表示。图 3-1 中曲线的箭头表示过程进行的方向。平衡过程是理想过程,对平衡过程进行讨论有助于探讨实际的非平

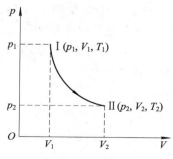

图 3-1 过程曲线

衡过程。热力学中主要研究各平衡过程中的能量转换关系。

3.1.2　气体系统做功的表达式

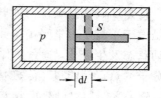

图 3-2　体积功

　　汽缸中密封有一定质量的气体，设气体的压强为 p，活塞的截面积为 S，如图 3-2 所示。如果气体做准静态膨胀，则当活塞移动微小距离 $\mathrm{d}l$ 时，气体对活塞所做的元功为

$$\mathrm{d}W = pS\,\mathrm{d}l = p\,\mathrm{d}V \tag{3-1}$$

从式(3-1)可看出，当 $\mathrm{d}V > 0$ 时，气体体积膨胀，$\mathrm{d}W > 0$，系统对外界做正功；当 $\mathrm{d}V < 0$ 时，气体体积缩小，$\mathrm{d}W < 0$，系统对外界做负功，或者说外界对系统做正功。在国际单位制中，功的单位是焦耳，符号是 J。

　　当系统经历一个准静态过程，体积从 V_1 变到 V_2 时，气体对活塞所做的总功为

$$W = \int_{V_1}^{V_2} p\,\mathrm{d}V \tag{3-2}$$

　　式(3-1)和式(3-2)是以活塞为例讨论得到的，但是，这个结论对任何形状的气体系统都适用。在一般情况下，压强是体积的函数，根据理想气体的状态方程和实际平衡过程的特征找出函数的数学表达式就可对式(3-2)进行积分计算。

　　过程曲线和功如图 3-3 所示，元功 $\mathrm{d}W$ 对应于 p-V 图中过程曲线下系统体积在 $V \rightarrow V+\mathrm{d}V$ 间的窄条面积，体积从 V_1 变到 V_2 时，气体做的总功就等于过程曲线下从 $V_1 \rightarrow V_2$ 的总面积。

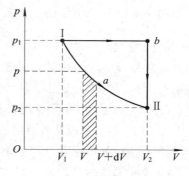

图 3-3　过程曲线和功

　　从图 3-3 中的 p-V 图中还可看出，功是一个与过程有关的量。系统从同一初态 Ⅰ 出发，经过两个不同的准静态过程 Ⅰ→b→Ⅱ 和 Ⅰ→a→Ⅱ，到达同一末态 Ⅱ，显然，两过程曲线下的面积不同，这表明在这两个不同的过程中，系统对外界做的功不同。

3.1.3　热量

　　要改变热力学系统的状态有两种方式：一是外界对系统做功，二是外界对系统传递热量。两种方式的本质不同，但都可以改变系统的状态。例如，汽缸中的气体系统可因吸热而升温，也可用外力推动活塞压缩气体做功使气体系统升高到同一温度。第一种方式是通过外界对系统传递热量来完成的，第二种方式是通过外界对系统做功来完成的，这两种方式都可以使系统发生相同的状态变化，这表明通过传热和做功使系统状态发生变化是等效的。由于系统的内能是状态的单值函数，且传热和做功在改变系统内能上是等效的，所以热量和功都是系统能量发生转化的量度。

　　当系统和外界的温度不同时，由于不满足热平衡条件，系统和外界之间将有能量的转移。系统和外界之间由于存在温度差而转移的能量称为热量，即热量是两个温度不同的系统相互接触所完成的能量转化的量度，它用来表示在热传递过程中传递能量的多少。大量实验结果表明，在一般情况下，对于给定的初态和末态，不同的过程传递的能量是不同的，

因此,热量也是过程量。

传热和做功是系统与外界交换能量的两种方式,产生这两种能量交换的原因不同。做功是由于不满足力学平衡条件而使系统产生了宏观位移,做功的结果是使系统内部的微观运动状态发生变化,通过物体的有规则运动和分子间的碰撞,使宏观的机械运动能量转换为分子的热运动能量。传热是由于不满足热平衡条件而引起的,在系统与外界接触边界处,分子之间通过频繁的相互碰撞,使系统外物体内部分子的无规则运动转化为系统内部分子的无规则运动,从而使系统的能量发生改变。

3.2 热力学第一定律及其应用

3.2.1 热力学第一定律

通过外界对系统做功可以使系统温度升高,内能增加,同样也可通过传热使系统温度升高,内能增加。那么做功、传热和内能之间有没有一定联系呢?实验证明,系统在状态变化的过程中,若从外界吸收热量 Q,内能从初状态的值 E_1 变化到末状态的值 E_2,同时对外做功 W,则三者满足如下关系:

$$Q = E_2 - E_1 + W \quad \text{或} \quad Q = E_2 - E_1 + \int_{V_1}^{V_2} p \, dV \qquad (3-3)$$

即系统从外界吸收的热量 Q 一部分使系统的内能增加,另一部分用于系统对外做功,这一关系称为热力学第一定律。显然,热力学第一定律是包括热现象在内的能量转化和守恒定律。在式(3-3)中,由于 Q 代表系统从外界吸收的热量,W 代表系统对外做的功。因此,当 Q 为正值时,表示系统从外界吸收热量;当 Q 为负值时,表示系统向外界放热。当 $W > 0$ 时,表示系统对外做功;当 $W < 0$ 时,表示外界对系统做功。式中的 $E_2 - E_1$ 可以写成 ΔE,$\Delta E > 0$ 表示系统内能增加;$\Delta E < 0$ 表示系统内能减小。

对于系统状态的微小变化过程,若用 dQ 表示系统从外界吸收的热量,dW 表示系统对外做的功,dE 表示内能的增加量,则热力学第一定律可表示为

$$dQ = dE + dW \quad \text{或} \quad dQ = dE + p \, dV \qquad (3-4)$$

热力学第一定律指出,要使系统对外做功,必须要消耗系统的内能,或由外界给系统传递热量,或者两者兼而有之。历史上,有人企图设计出一种机器,使系统不断地经历状态变化而仍然回到初状态,同时在这个过程中又无需外界提供任何热量,却可以不断地对外做功,人们称此类机器为第一类永动机。它违反了热力学第一定律,不可能实现。

3.2.2 热力学第一定律的应用

热力学第一定律可以应用于气体、液体和固体的系统,研究它们的状态变化过程。下面以理想气体为对象,讨论几个简单的过程。因为用热力学第一定律处理实际问题,所以要用到它的表达式 $Q = E_2 - E_1 + W$ 或 $dQ = dE + dW$。又因为研究对象是理想气体,所以要用到理想气体的状态方程或此状态方程的微分式。此外,计算气体做功还要用到公式

$$W = \int_{V_1}^{V_2} p \, \mathrm{d}V.$$

1. 等容过程

气体体积保持不变的过程叫作等容过程。在 p-V 图上，等容过程可以用一条平行于 p 轴的直线表示，这条直线叫作等容线，如图 3-4 所示。图中 Ⅰ、Ⅱ 分别是初态、末态，p_1、V_1、T_1 是初态的压强、体积、热力学温度；p_2、V_2、T_2 是末态的压强、体积、热力学温度。

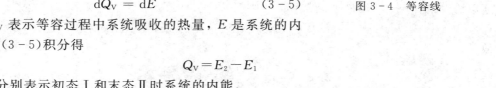

图 3-4　等容线

在等容过程中，由于 $\mathrm{d}V = 0$，所以 $\mathrm{d}W = 0$，气体不做功，热力学第一定律变成

$$\mathrm{d}Q_\mathrm{V} = \mathrm{d}E \qquad\qquad (3-5)$$

式中，Q_V 表示等容过程中系统吸收的热量，E 是系统的内能。将式(3-5)积分得

$$Q_\mathrm{V} = E_2 - E_1$$

E_1 和 E_2 分别表示初态 Ⅰ 和末态 Ⅱ 时系统的内能。

由式(3-5)可见，在等容过程中，系统从外界吸收的热量全部用于增加系统的内能；或者说，系统向外界放出热量时系统将减少同样多的内能。

在体积不变的条件下，温度升高或降低 1 K 时 1 mol 理想气体所吸收或放出的热量称为该气体的定容摩尔热容，用 $C_{\mathrm{V},m}$ 表示，则

$$C_{\mathrm{V},m} = \frac{\mathrm{d}Q_\mathrm{V}}{\mathrm{d}T} = \frac{\mathrm{d}E}{\mathrm{d}T} = \frac{iR}{2} \qquad\qquad (3-6)$$

$$Q_\mathrm{V} = E_2 - E_1 = \frac{m_\text{总}}{M} C_{\mathrm{V},m}(T_2 - T_1) \qquad\qquad (3-7)$$

在式(3-7)中，Q_V 表示等容过程中系统吸收的热量，与过程有关，而 $E_2 - E_1$ 表示系统从初态 Ⅰ 到末态 Ⅱ 过程中内能的改变量，与初、末状态有关。式(3-7)的物理意义是当理想气体的状态改变时，其内能的改变总可以用 T_1 和 T_2 两条等温线之间的一个等容过程中系统所吸收的热量 Q_V 来量度。因为 $Q_\mathrm{V} = \dfrac{m_\text{总}}{M} C_{\mathrm{V},m}(T_2 - T_1)$，所以可以用定容摩尔热容计算任何两个状态之间的内能的变化。

2. 等压过程

气体压强保持不变的过程叫作等压过程。在 p-V 图上，等压过程可以用一条平行于 V 轴的直线表示，这条直线叫作等压线，如图 3-5 所示。

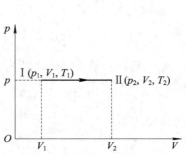

图 3-5　等压线

在等压过程中，热力学第一定律表示为

$$\mathrm{d}Q_\mathrm{p} = \mathrm{d}E + p \, \mathrm{d}V \qquad\qquad (3-8)$$

压强不变，气体从初态 Ⅰ 变动到末态 Ⅱ 的等压过程中，系统对外做的功为

$$W_\mathrm{p} = \int_{V_1}^{V_2} p \, \mathrm{d}V = p(V_2 - V_1) \qquad\qquad (3-9)$$

把内能公式和理想状态方程代入式(3-8)，经积分得等压过程中气体吸收的热量为

$$Q_p = E_2 - E_1 + W_p = \frac{m_{总}}{M} C_{V,m}(T_2 - T_1) + \frac{m_{总}}{M} R(T_2 - T_1)$$

$$= \frac{m_{总}}{M}(C_{V,m} + R)(T_2 - T_1) \tag{3-10}$$

在压强不变的条件下，温度升高或降低 1 K 时 1 mol 理想气体所吸收或放出的热量叫作该气体的定压摩尔热容，用 $C_{p,m}$ 表示，则

$$C_{p,m} = \frac{\mathrm{d}Q_p}{\mathrm{d}T} \tag{3-11}$$

压强 p 不变时，1 mol 理想气体的状态方程的微分形式变成 $p\,\mathrm{d}V = R\,\mathrm{d}T$，其内能公式为

$$\mathrm{d}E = \frac{i}{2} R\,\mathrm{d}T = C_{V,m}\mathrm{d}T$$

所以

$$\mathrm{d}Q_p = \mathrm{d}E + p\,\mathrm{d}V = (C_{V,m} + R)\mathrm{d}T$$

故

$$C_{p,m} = \frac{\mathrm{d}Q_p}{\mathrm{d}T} = C_{V,m} + R \tag{3-12}$$

从式(3-12)可看出，$C_{p,m} > C_{V,m}$，这是因为在等压膨胀过程中，除了气体温度升高使内能增加，系统还要对外做功，系统所吸收的热量多于等容过程中系统吸收的热量。对于 1 mol 理想气体，在等压过程中有 $p\,\mathrm{d}V = R\,\mathrm{d}T$。显然，$R$ 在数值上等于 1 mol 理想气体等压膨胀时，在温度升高的过程中系统对外做功的大小。有了物理量 $C_{p,m}$，等压过程中气体吸收或放出的热量就可以表示为

$$Q_p = \frac{m_{总}}{M} C_{p,m}(T_2 - T_1) \tag{3-13}$$

例 3-1 1 mol 单原子分子理想气体由 0℃ 分别经等容和等压过程变为 100℃，试求各过程中吸收的热量、做功和内能的改变。

解 (1)等容过程：由于等容过程中体积不变，则气体做功为零，即

$$W_V = 0$$

内能的改变为

例 3-1

$$\Delta E = \frac{m_{总}}{M} \frac{i}{2} R(T_2 - T_1) = 1 \times 1.5 \times 8.31 \times 100 = 1.25 \times 10^3 \text{ J}$$

吸收的热量为

$$Q_V = \frac{m_{总}}{M} C_{V,m}(T_2 - T_1) = \Delta E = 1.25 \times 10^3 \text{ J}$$

(2)等压过程：气体做功为

$$W_p = \int_{V_1}^{V_2} p\,\mathrm{d}V = p(V_2 - V_1) = \frac{m_{总}}{M} R(T_2 - T_1) = 1 \times 8.31 \times 100 = 831 \text{ J}$$

内能的改变为

$$\Delta E = \frac{m_{总}}{M} \frac{i}{2} R(T_2 - T_1) = 1 \times 1.5 \times 8.31 \times 100 = 1.25 \times 10^3 \text{ J}$$

吸收的热量

$$Q_p = \frac{m_{总}}{M} C_{p,m}(T_2 - T_1) = 1 \cdot \frac{2+i}{2} R(T_2 - T_1) = \frac{5}{2} \times 8.31 \times 100 = 2.08 \times 10^3 \text{ J}$$

3. 等温过程

气体温度保持不变的过程叫作等温过程。理想气体的等温线是 p-V 图上的一条双曲线，如图 3-6 所示。

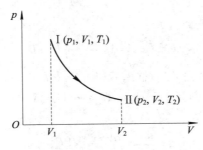

图 3-6 等温线

在等温过程中，温度不变，对理想气体系统有 $dE = C_{V,m} dT = 0$，即内能不发生变化，此时，热力学第一定律变为

$$dQ_T = p\,dV \tag{3-14}$$

下面计算从初态 I 沿等温线变到末态 II 的过程中，系统对外做的功。由理想气体的状态方程得

$$p = \frac{m_{总}}{M} RT \frac{1}{V}$$

压强 p 是体积 V 的函数，对 $p\,dV$ 积分得

$$W = \frac{m_{总}}{M} RT_1 \int_{V_1}^{V_2} \frac{dV}{V} = \frac{m_{总}}{M} RT_1 \ln \frac{V_2}{V_1} = p_1 V_1 \ln \frac{V_2}{V_1} \tag{3-15}$$

所以，等温过程中气体吸收的热量为

$$Q_T = W = p_1 V_1 \ln \frac{V_2}{V_1} \quad 或 \quad Q_T = W = p_1 V_1 \ln \frac{p_1}{p_2} \tag{3-16}$$

4. 绝热过程

系统与外界没有热量交换的过程叫作绝热过程。例如，在热水瓶内或者用绒毛毡、石棉等绝热材料包起来的容器内所经历的状态变化过程可以近似看成绝热过程。又例如，内燃机气缸的气体被迅速压缩的过程或者爆炸后急速膨胀的过程也可以近似地看成绝热过程，因为这些过程进行得很迅速，热量来不及和四周交换。在 p-V 图上，表示绝热过程的曲线叫作绝热线。

在绝热过程中，由于 $dQ = 0$，所以热力学第一定律变为

$$dW = -dE \tag{3-17}$$

气体从初态 I 经绝热过程变化到末态 II 时，气体所做的功为

$$W = -\int_{E_1}^{E_2} dE = -(E_2 - E_1) \tag{3-18}$$

可见，在绝热过程中，系统对外做的功 W 完全依靠自身内能的减少，或者说，外界对系统做的功 W 全部用于增加系统的内能 $(E_2 - E_1)$，由内能公式可以得到绝热过程中气体所做的功为

$$W = -\frac{m_{总}}{M} C_{V,m} (T_2 - T_1) \tag{3-19}$$

下面推导绝热过程中气体遵循的方程——绝热方程。由绝热过程的热力学第一定律

$dQ = -dE$ 和公式 $dW = \dfrac{m_{总}}{M} C_{V,m} dT$ 得该过程中元功的表达式为

$$dW = p\, dV = -\frac{m_{总}}{M} C_{V,m} dT \tag{3-20}$$

而理想气体状态方程的微分式为

$$p\, dV + V\, dp = \frac{m_{总}}{M} R\, dT \tag{3-21}$$

在式(3-20)和式(3-21)中消去 dT，整理后得

$$(C_{V,m} + R) p\, dV = -C_{V,m} V\, dp \tag{3-22}$$

对变量 p 和 V 加以分离，有

$$\frac{C_{p,m}}{C_{V,m}} \frac{dV}{V} = -\frac{dp}{p} \tag{3-23}$$

令 $\gamma = \dfrac{C_{p,m}}{C_{V,m}}$，式(3-23)可写成

$$\gamma \frac{dV}{V} + \frac{dp}{p} = 0 \tag{3-24}$$

对式(3-24)进行积分得

$$\gamma \ln V + \ln p = C' \quad \text{或} \quad pV^{\gamma} = C_1 \tag{3-25}$$

利用理想气体的状态方程，还可把式(3-25)变换为

$$V^{\gamma-1} T = C_2 \quad \text{或} \quad p^{\gamma-1} V^{-\gamma} = C_3 \tag{3-26}$$

式(3-25)和式(3-26)中的任意一个公式都称为理想气体的绝热方程，其中 γ 叫作比热容比，其值表示为

$$\gamma = \frac{C_{p,m}}{C_{V,m}} = \frac{i+2}{i} \tag{3-27}$$

对于单原子分子理想气体，由于 $i=3$，故 $\gamma = \dfrac{5}{3} \approx 1.67$；对于刚性双原子分子理想气体，由于 $i=5$，故 $\gamma = \dfrac{7}{5} = 1.4$。表3-1列出了一些气体的摩尔热容和比热容比的实验值和理论值。

表3-1 一些气体的摩尔热容和比热容比的实验值和理论值（$T=300$ K）

分子种类	气体	理 论 值			实 验 值		
		$C_{V,m}/R$	$C_{p,m}/R$	γ	$C_{p,m}/R$	$C_{V,m}/R$	γ
单原子	He	1.5	2.5	1.67	1.5	2.5	1.67
	Ar						
双原子	H_2	2.5	3.5	1.4	2.45	3.46	1.41
	N_2				2.49	3.50	1.41
	CO				2.53	3.53	1.40
多原子	CO_2	3	4	1.33	3.42	4.44	1.30
	H_2O				3.25	4.26	1.31
	CH_4				3.26	4.27	1.31

从表 3-1 可看出，对于单原子分子、双原子分子气体，摩尔热容和比热容比理论值与实验值吻合得较好，而对于多原子分子气体，摩尔热容和比热容比的理论值与实验值差别较大。这种差别表明，理想气体模型只能近似地模拟实际气体。

把式(3-25)中的函数关系画在 p-V 图上，所得曲线即绝热线，如图 3-7 所示。绝热线和等温线十分相似。为了区分它们，在图 3-7 中又画出了一条等温线，它们相交于点 A。在点 A 处比较这两条线，很明显，绝热线陡一些。两者的斜率不同，表明系统从相同的初态出发，作相同体积膨胀时，绝热过程中压强降低得快一些。这是因为等温膨胀过程中系统的内能不变，压强降低取决于分子数密度的减小，而绝热膨胀过程中，除了分子数密度减少，系统的内能也要减小。

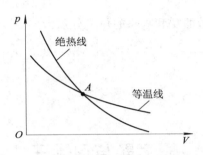

图 3-7 等温线和绝热线

例 3-2 有体积为 1×10^{-2} m^3 的 CO_2 气体，压强为 10^7 Pa，经绝热碰撞后，压强变为 10^5 Pa，求该过程中气体所做的功。

解 绝热过程中热力学第一定律满足 $0 = W + \Delta E$，则

$$W = -(E_2 - E_1) = -\frac{m_\text{总}}{M} \frac{i}{2} R(T_2 - T_1) = -\frac{i}{2}(p_2 V_2 - p_1 V_1)$$

$$(3-28)$$

例 3-2

根据绝热方程 $p_1 V_1^\gamma = p_2 V_2^\gamma$ 得 $V_2 = \left(\dfrac{p_1}{p_2}\right)^{-\gamma} V_1$，代入式(3-28)得

$$W = -\frac{i}{2}\left[p_2\left(\frac{p_1}{p_2}\right)^{-\gamma} - p_1 V_1\right]$$

$$= -2.5 \times (10^5 \times 10^{-2 \times 1.4} - 10^7 \times 10^{-2})$$

$$= 1.83 \times 10^5 \text{ J}$$

例 3-3 标准状态下，0.014 kg 的 N_2 气体经下列过程使其体积膨胀为原来的两倍：(1)等压过程；(2)等温过程；(3)绝热过程。试求每一过程中系统内能的增量、对外所做的功和吸收的热量。

解 (1)根据等压过程方程可求得末态温度为

$$T_2 = \left(\frac{V_2}{V_1}\right) T_1 = 2 \times 273 = 546 \text{ K}$$

例 3-3

则系统内能的增量、对外所做的功和吸收的热量分别为

$$\Delta E = \frac{i}{2}\nu R(T_2 - T_1) = \frac{5}{2} \times \frac{0.014}{0.028} \times 8.31 \times (546 - 273) = 2.86 \times 10^3 \text{ J}$$

$$W = p(V_2 - V_1) = p_1 V_1 = \nu R T_1 = \frac{0.014}{0.028} \times 8.31 \times 273 = 1.13 \times 10^3 \text{ J}$$

$$Q = \Delta E + W = 3.99 \times 10^3 \text{ J}$$

(2) 等温过程中内能增量 $\Delta E = 0$，系统对外所做的功和吸收的热量分别为

$$W = \nu R T_1 \ln \frac{V_2}{V_1} = \frac{0.014}{0.028} \times 8.31 \times 273 \times \ln 2 = 7.86 \times 10^2 \text{ J}$$

$$Q = W = 7.86 \times 10^2 \text{ J}$$

(3) $\gamma = (i+2)/i = 7/5$，根据绝热方程 $TV^{\gamma-1} = C$ 可得末态温度为

$$T_2 = \left(\frac{V_1}{V_2}\right)^{\gamma-1} T_1 = \frac{1}{2^{7/5-1}} \times 273 = 206.9 \text{ K}$$

则系统内能的增量、对外所做的功和吸收的热量分别为

$$\Delta E = \frac{i}{2} \nu R (T_2 - T_1) = \frac{5}{2} \times \frac{0.014}{0.028} \times 8.31 \times (206.9 - 273) = -6.87 \times 10^2 \text{ J}$$

$$W = -\Delta E = 6.87 \times 10^2 \text{ J}$$

$$Q = 0$$

思考题与习题三

3-1 有人认为热力学第一定律是热学中的能量守恒定律，这种说法是否正确？为什么？

3-2 在热力学第一定律数学表示式中，三个物理量的正负是怎么规定的？

3-3 一个平衡过程(准静态过程)可以用 p-V 图上的一条曲线表示，非平衡过程为什么不能？

3-4 分别阐述等容过程、等压过程、等温过程和绝热过程的特点，并推导各个过程中气体所吸收的热量、对外所做的功和内能变化的数学表达式。

3-5 摩尔数相同但分子的自由度不同的两种理想气体，从相同的温度开始作等温膨胀，且膨胀的体积相同，其对外做功是否相同？从外界吸收的热量是否相同？

3-6 同一种理想气体的定压摩尔热容 $C_{p, m}$ 大于定容摩尔热容 $C_{V, m}$，其原因是什么？

3-7 如图 3-8 所示，一定量的理想气体从相同的初态 A 分别经准静态过程 AB、AC(绝热过程)及 AD 到达温度相同的末态，则气体吸(放)热的情况是_____。

(A) AB 过程中吸热，AD 过程中吸热 　　(B) AB 过程中放热，AD 过程中吸热

(C) AB 过程中放热，AD 过程中放热 　　(D) AB 过程中吸热，AD 过程中放热

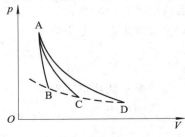

图 3-8 习题 3-7 图

3-8　关于热量 Q，以下说法正确的是_____。

(A) 同一物体，温度高时比温度低时含的热量多

(B) 温度升高时，一定吸热

(C) 温度不变时，一定与外界无热交换

(D) 温度升高时，有可能放热

3-9　用公式 $\Delta E = \nu C_{V,m} \Delta T$（式中 $C_{V,m}$ 为定容摩尔热容，ν 为气体摩尔数）计算理想气体内能增量时，此式_____。

(A) 只适用于准静态的等容过程

(B) 只适用于一切等容过程

(C) 只适用于一切准静态过程

(D) 适用于一切始末态为平衡状态的过程

3-10　一定量的理想气体经等容升压过程，设在此过程中气体内能增量为 ΔE，气体做功为 W，外界对气体传递的热量为 Q，则_____。

(A) $\Delta E < 0$，$W < 0$

(B) $\Delta E > 0$，$W > 0$

(C) $\Delta E < 0$，$W = 0$

(D) $\Delta E > 0$，$W = 0$

3-11　处于平衡态 A 的热力学系统，若经准静态等容过程变到平衡态 B，则从外界吸热 416 J，若经准静态等压过程变到与平衡态 B 有相同温度的平衡态 C，则从外界吸热 582 J，从平衡态 A 变到平衡态 C 的准静态等压过程中系统对外界所做的功为_____。

3-12　一定量的单原子理想气体在等压膨胀过程中对外做的功 W 与吸收的热量 Q 之比 $W/Q = $ _____，若气体为双原子理想气体，则比值 $W/Q = $ _____。

3-13　2 mol 氢气（视为理想气体）从状态参量为 p_0、V_0、T_0 的初态经等容过程到达末态，在此过程中，气体从外界吸收热量 Q，则氢气末态温度 $T = $ _____，末态压强 $p = $ _____。

3-14　一定量的理想气体的体积和压强依照 $V = \dfrac{a}{\sqrt{p}}$ 的规律变化，其中 a 为已知常数，试求：

(1) 气体从体积 V_1 膨胀到 V_2 所做的功；

(2) 体积为 V_1 时的温度 T_1 与体积为 V_2 时的温度 T_2 之比。

3-15　已知压强为 1.013×10^5 Pa，体积为 10^{-3} m³ 的氧气从 0℃ 加热到 160℃。

(1) 当压强不变时，需要多少热量？

(2) 当体积不变时，需要多少热量？

(3) 在等压和等容过程中，各做了多少功？

3-16　1 mol 质量的氢气的压强为 1.013×10^5 Pa，温度为 20℃，体积为 V_0，(1) 先保持体积不变，加热使其温度升高到 80℃，然后令其做等温膨胀，体积变为 $2V_0$；(2) 先使其做等温膨胀，体积变为 $2V_0$，然后保持体积不变，加热使其温度升高到 80℃。试分别计算以上两种过程中，气体吸收的热量、对外所做的功和内能增量。

3-17　质量为 6.4×10^{-2} kg 的氧气，在温度为 27℃ 时，体积为 3×10^{-3} m³，计算下

列各过程中气体所做的功：

(1) 气体绝热膨胀至体积为 3×10^{-2} m³；

(2) 气体等温膨胀至体积为 3×10^{-2} m³。

3-18 证明在绝热过程中，1 mol 质量的气体所做的功为

$$W = \frac{-R(T_2 - T_1)}{\gamma - 1}$$

阅读材料

第 4 章　热　量　传　递

　　热传导、热对流和热辐射是热量传递的三种基本方式。在工程应用中，由这三种传热方式引申出三种传热环节，包括固体导热、对流换热和辐射换热。一个传热过程包括多个传热环节，传热过程中总传热量与各传热环节相关。在简化传热过程中，把热流量与传导电流进行类比，引入了热阻的概念，并利用热阻、温压和热流量来表征传热过程。以人体所穿单层或多层衣服为实例，用热阻、温压和热流量等物理量来研究人体局部着装和整体着装的传热过程，以此来指导服装设计。

4.1　热量传递的三种基本方式

　　对于一个热力学系统而言，温度的高低反映了系统能量（主要指内能）的多少。能量的传递会发生在热力学温度高的系统和热力学温度低的系统之间，也就是热量总是从高温物体传向低温物体的。根据热量传递机理的不同，热量传递可分为热传导、热对流与热辐射三种基本方式。

4.1.1　热传导

　　热传导也称导热，它是指相互接触且温度不同的物体之间，或同一物体内部温度不同的各部分之间，依靠分子、原子等微观粒子热运动而引起的传热现象。在导热过程中，物体各部分之间不发生相对位移，也没有能量形式的转换。从微观角度来看，气体中的导热是气体分子不规则热运动时相互碰撞的结果。我们知道，气体的温度越高，其分子的运动动能越大。动能水平较高的分子与动能水平较低的分子相互碰撞后，热量就由高温处传递到低温处。金属导体中的导热主要靠自由电子的运动来完成。非导电固体中的导热是通过晶格结构的振动，即原子、分子在其平衡位置附近的振动来实现的。至于液体中的导热机理，还存在不同的观点。有一种观点认为液体中的导热在定性上与气体中的相类似，只是情况更复杂些，因为液体分子间的距离比较小，分子间的作用力对碰撞过程的影响也要比气体的大得多。另一种观点则认为液体中的导热机理类似于非导电固体中的，即主要靠晶格结构的振动作用进行导热。

　　1822 年，法国物理学家傅里叶通过大量实验总结出导热量和温度变化率之间的关系。单位时间内通过某一给定面积的热量称为热流量，记为 Q_x，单位为 W。通过平板的导热示意图如图 4-1 所示，一块厚度为 δ、表面积为 S 的平板，两个表面都维持在均匀的温度 t_{w1}

及 t_{w2}，单位时间内沿 x 方向从表面 1 传导到表面 2 的热流量为

$$Q_x = -\lambda S \frac{\mathrm{d}t}{\mathrm{d}x} \qquad (4-1)$$

式中，λ 称为导热系数（W/(m·℃)），$\frac{\mathrm{d}t}{\mathrm{d}x}$ 表示沿热量流动方向的温度增量，简称为温度梯度，负号表示热量传递的方向同温度升高的方向相反。式(4-1)是傅里叶定律的一维表达式。

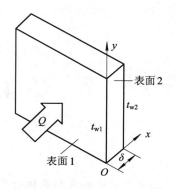

图 4-1 通过平板的导热示意图

单位时间内通过单位面积的热量称为热流密度，记为 q_x。傅里叶定律按热流密度的形式可写为

$$q_x = \frac{Q_x}{S} = -\lambda \frac{\mathrm{d}t}{\mathrm{d}x} \qquad (4-2)$$

傅里叶定律又称导热基本定律，式(4-1)及式(4-2)是一维稳态导热时傅里叶定律的数学表达式。

导热系数是表征材料导热性能的一个参数，其数值与材料的种类有关。对于同一种材料，导热系数还取决于温度。金属材料的导热系数最高，液体的次之，气体的最小。非金属固体的导热系数的变化范围较大，数值高的与液体的导热系数相接近，数值低的则与空气的导热系数具有同一数量级。表 4-1 中给出一些常见材料的导热系数。

表 4-1 常见材料的导热系数

材料名称	温度/℃	导热系数/(W·(m·℃)$^{-1}$)
铜	20	398
碳钢	20	36.7
黏土耐火砖	20	0.71~0.85
水	20	0.599
超细玻璃棉毡	20	0.037
干空气	20	0.0259
铝	20	236
铁	20	81.1
玻璃丝	20	0.058~0.07

在特殊情况下，物体的温度仅在一个坐标轴上有变化，这种情况下，傅里叶定律的一维表达式可简化为傅里叶公式：

$$Q_x = -\lambda S \frac{t_{w2} - t_{w1}}{\delta} = \lambda S \frac{\Delta t}{\delta} (\Delta t = t_{w1} - t_{w2} > 0) \qquad (4-3)$$

以及

$$q_x = -\lambda \frac{t_{w2} - t_{w1}}{\delta} = \lambda \frac{\Delta t}{\delta} (\Delta t = t_{w1} - t_{w2} > 0) \qquad (4-4)$$

式中，t_{w1} 和 t_{w2} 分别为图 4-1 中平板的表面 1 和表面 2 的温度。

4.1.2　热对流

　　热对流是指由于流体的宏观运动，流体各部分之间发生相对位移时冷热流体相互掺混所引起的热量传递过程。对流仅能发生在流体中，而且必然伴随着导热现象。在工程技术上大量遇到的是流体流过固体壁面时二者之间所发生的热交换过程，称之为对流换热。当流体流过某一固体表面时，流体内的温度按一定的规律变化着，除了流体各部分之间产生冷热流体相互掺混所引起的热量传递过程，相邻流体接触时也发生导热行为。因此，对流换热是对流与导热共同作用的热量传递过程。

　　根据引起流动的原因不同，对流换热可分为自然对流换热与强制对流换热两类。自然对流是由于流体冷热各部分的密度不同而引起的。例如，在无风的环境中，静止的人的服装或设备机壳内外表面附近的空气受热向上流动就是自然对流。生活在酷热的沙漠中的贝都因人穿着宽大的黑色长袍，就是在服装上利用自然对流换热的一个例子。如果流体的运动是由于水泵、风机或其他压差作用所造成的，则称为强制对流。例如，设备机壳或服装表面的空气由于风吹或人的活动形成的对流就是强制对流。

　　无论哪一种形式的对流换热，单位时间内、单位面积上所交换的热量均采用牛顿冷却公式来计算。

　　流体被加热时，

$$q = \alpha_c (t_w - t_f) \tag{4-5}$$

流体被冷却时

$$q = \alpha_c (t_f - t_w) \tag{4-6}$$

式中，q 为对流换热的热流密度；α_c 为比例系数，称为对流换热系数，其单位为 W/(m·℃)；t_w 和 t_f 分别为固体壁面温度与流体温度，如果把两者间的差值计为 Δt 并约定永远为正值，则牛顿冷却公式可表示为

$$q = \alpha_c \Delta t \tag{4-7}$$

　　在实际中经常遇到的流体与固体壁面间的对流换热问题中，流动方向上的流体温度与固体壁面一般都是变化的，不同地点上的对流换热系数值也常常随之而异，这种局部地点上的对流换热系数称为局部对流换热系数。局部对流换热系数在理论分析及深入的研究中经常用到，但对一般的传热计算来说，最主要的是某一给定表面的平均对流换热系数。设在一个面积为 S 的换热表面上，流体与固体壁面的温度差的平均值是 $\Delta \bar{t}$，平均换热系数为 $\bar{\alpha}_c$，则面积为 S 的换热表面上的换热量为

$$Q = S \bar{\alpha}_c \Delta \bar{t} \tag{4-8}$$

　　对流换热系数的大小与换热过程中的许多因素有关。它不仅取决于流体的物理性质、换热表面的形状与布置，而且还同流速有密切关系。式(4-7)或式(4-8)中并未具体揭示出影响对流换热系数的各种复杂因素，研究对流换热的基本目的就在于用理论分析或实验的方法来具体揭示各种场合下计算 α_c 或 $\bar{\alpha}_c$ 的关系式，但这已超出了本课程的讨论范围。

4.1.3　热辐射

　　物体通过电磁波来传递能量的过程称为辐射。物体会因为各种原因发出辐射能，其中

因热而发出辐射的过程称为热辐射。不同的辐射过程有不同的规律,本章中以后所提到的辐射一律指热辐射。

自然界中的任何物体都在不停地向四周发出热辐射,同时又不断地吸取其他物体发出的热辐射能。辐射与吸收过程的综合结果就造成了以辐射方式进行的物体间的能量转移,即辐射换热,所交换的热量称为辐射换热量。当物体与四周环境处于热平衡时,辐射换热量等于零,但这是动态平衡,辐射与吸收过程仍在不停地进行。

辐射能可以在真空中传播,而导热、热对流这两种传热方式只有当存在气体、液体或固体物质时才能进行。当两个温度不同的物体被真空隔开时,例如地球与太阳之间,导热与热对流都不会发生,只能通过辐射交换热量。这是热辐射区别于导热、热对流的一个根本特点。热辐射区别于导热、热对流的另一个特点是它不仅产生能量的转移,而且还伴随着能量形式的转化,即从热能转换为辐射能及从辐射能转换为热能。

实验证明,物体的辐射能力同温度有关,同一温度下不同物体的辐射与吸收本领也大不一样。一种理想的物体叫作黑体。它能吸收所有投射到其表面上的辐射能,而它所发出的辐射能则是同一温度下所有物体发出的辐射能中的最大值。

设一黑体的表面积为 S,则单位时间内其所发出的辐射能用斯特藩-玻尔兹曼定律揭示为

$$Q = S\sigma T^4 \tag{4-9}$$

式中,T 为黑体的热力学温度;σ 是黑体的辐射常数,其值为 5.67×10^{-8} W/(m² · K⁴)。

一切实际物体的辐射能都小于同一温度下的黑体的辐射能,实际物体的辐射能总可以表示成斯特藩-玻尔兹曼定律的经验修正形式,即

$$Q = \varepsilon S\sigma T^4 \tag{4-10}$$

式中,系数 ε 为该物体的发射率或黑度,其值小于 1 且与物体的种类及表面状态有关。

应该强调指出,式(4-9)和式(4-10)中的 Q 是物体向外辐射的能量,不是辐射换热量。要计算两个物体之间的辐射换热量,还必须考虑物体对投射于其上的辐射能量的吸收过程。在工程上,为计算方便,常常采用类似于对流换热的公式来表示辐射换热量,即

$$Q = S\alpha_r \Delta t \tag{4-11}$$

因此,热流密度为

$$q = \frac{Q}{S} = \alpha_r \Delta t \tag{4-12}$$

式中,α_r 为辐射换热系数;Δt 为辐射换热物体间的温差,并约定永远取正值。这样,在同时存在对流换热和辐射换热的情况下,总的换热量可方便地表示为

$$Q = S\alpha_c \Delta t + S\alpha_r \Delta t = S\alpha_t \Delta t \tag{4-13}$$

此时热流密度为

$$q = \frac{Q}{S} = (\alpha_c + \alpha_r) \Delta t \tag{4-14}$$

式中 α_t 为总换热系数。

以上我们分别讨论了热传导、热对流和热辐射三种热量传递方式。在大多实际问题中,这些方式往往是同时出现的。这不仅表现在相互串联的几个换热环节中,而且对同一环节也常是如此。

例 4-1 一块厚度 $\delta=50$ mm 的平板，其两侧表面的温度分别为 $t_{w1}=35℃$，$t_{w2}=20℃$，试求下列条件下的热流密度：

(1) 材料为铜，$\lambda=374$ W/(m·℃)；

(2) 材料为钢，$\lambda=36.3$ W/(m·℃)；

(3) 材料为玻璃，$\lambda=0.80$ W/(m·℃)；

(4) 材料为棉纤维，$\lambda=0.049$ W/(m·℃)。

例 4-1

解 根据傅里叶定律的一维表达式可得

$$q=-\lambda\frac{\mathrm{d}t}{\mathrm{d}x} \tag{4-15}$$

在稳态过程中，热流密度为常数，则对式(4-15)两边积分得

$$q\int_0^\delta \mathrm{d}x=-\lambda\int_{t_{w1}}^{t_{w2}}\mathrm{d}t$$

化简得

$$q=\lambda\frac{t_{w1}-t_{w2}}{\delta} \tag{4-16}$$

将已知数据代入式(4-16)得

(1) 材料为铜时

$$q=374\times\frac{35-20}{0.05}=1.12\times10^5 \text{ W·m}^{-2}$$

(2) 材料为钢时

$$q=36.4\times\frac{35-20}{0.05}=1.09\times10^4 \text{ W·m}^{-2}$$

(3) 材料为玻璃时

$$q=0.80\times\frac{35-20}{0.05}=2.40\times10^2 \text{ W·m}^{-2}$$

(4) 材料为棉纤维时

$$q=0.049\times\frac{35-20}{0.05}=14.7 \text{ W·m}^{-2}$$

例 4-2 有一根水平放置的蒸汽管道，其保温层外径 $d=583$ mm，实测外表面平均温度 $t_w=48℃$，空气温度 $t_f=23℃$，此时空气与外表面间的自然对流换热系数 $\alpha_c=3.42$ W/(m²·℃)。试计算每米管道长度上的自然对流换热量。

解 仅考虑自然对流时，每米管道长度上的换热量为

$$Q=S\alpha_c\Delta t=\pi d\alpha_c(t_w-t_f)$$
$$=3.14\times0.583\times3.42\times(48-23)$$
$$=156.5 \text{ W/m}$$

例 4-3 一块发射率 $\varepsilon=0.8$ 的钢板，温度为 27℃。试计算单位面积上每小时内钢板所发出的辐射能。

解 单位时间、单位面积上钢板所发出的辐射能为

$$Q=\varepsilon\sigma T^4=0.8\times5.67\times10^{-8}\times(273+27)^4=367.4 \text{ W/m}^2$$

则单位面积上每小时内钢板所发出的辐射能为

$$367.4\times3600=1.32\times10^6 \text{ J/m}^2$$

4.2 传热过程和传热系数

4.2.1 传热过程

热传导、对流换热和辐射换热均涉及两种物体之间的热量交换。在许多换热现象中，互相交换热量的冷、热流体常常分别处于固体壁面的两侧，这就涉及三个物体间的换热，即热量先从热流体传递到固体壁面，再从固体壁面传到冷流体中。这种热量由壁面一侧的流体通过壁面传到另一侧的流体中的过程称为传热过程。在实际生产中，许多换热设备中就采用这种传热过程。例如，锅炉中的热水通过锅炉壁和外界空气之间的换热，人体皮肤与服装之间的空气通过服装与服装外面的空气之间交换热量都是传热过程。

传热过程中所传递的热量(简称传热量)与冷、热流体间的温差以及传热面积成正比，用公式表示为

$$Q = Sk\Delta t \tag{4-17}$$

式中，S 是传热面积；Δt 是热流体与冷流体间的温差，又叫温压；k 是比例系数，称为传热系数，单位为 $W/(m^2 \cdot ℃)$。

式(4-17)称为传热方程式。在该式中，当 $\Delta t = 1℃$，$S = 1\ m^2$ 时，在数值上 $Q = k$，即传热系数表示了温差为 $1\ ℃$、面积为 $1\ m^2$ 条件下传热量数值的大小，它是反映传热过程强烈程度的标尺。对不同的传热过程进行比较时，应当以传热系数为指标，传热系数越大，传热过程就越强烈，反之则越微弱。

式(4-17)表示成热流密度的形式为

$$q = \frac{Q}{S} = k\Delta t \quad (W/m^2) \tag{4-18}$$

4.2.2 传热系数

传热系数同哪些因素有关呢？为了说明这一问题，我们以服装为例来分析。假设把某人穿着的多层衣服看成一个整体，取一定面积，当作平壁看待。设传热面积为 S，壁厚为 δ，皮肤与服装内表面之间的空气温度为 t_{f1}，服装外表面附近空气温度为 t_{f2}，服装内、外表面的温度为 t_{w1} 及 t_{w2}，多层衣服的整体导热系数为 λ。

传热过程环节图如图 4-2 所示。整个传热过程可分为三个基本的换热环节，换热量分别为：

(1) 皮肤附近的空气通过辐射把热量传给服装内表面(导热和对流的作用很小，可忽略)，设辐射换热系数为 α_r，则有

$$Q_1 = S\alpha_r(t_{f1} - t_{w1}) \tag{4-19}$$

(2) 通过热传导使热量从服装的内表面传到外表面，设导热系数为 λ，则有

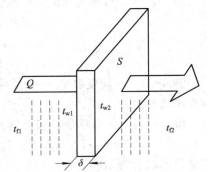

图 4-2 传热过程环节图

$$Q_2 = \frac{S\lambda}{\delta}(t_{w1} - t_{w2}) \tag{4-20}$$

（3）热量从服装外表面经对流换热传递到外部空气，设对流换热系数为 α_c，则有

$$Q_3 = S\alpha_c(t_{w2} - t_{f2}) \tag{4-21}$$

在稳态的传热过程中，热流体所放出的热量等于冷流体所吸收的热量，即此时各串联环节中所传递的热量应当相等，因此有

$$Q_1 = Q_2 = Q_3 = Q \tag{4-22}$$

现在将式(4-19)~式(4-21)改写成为温差的表达式，即

$$t_{f1} - t_{w1} = \frac{Q_1}{S\alpha_r} \tag{4-23}$$

$$t_{w1} - t_{w2} = \frac{Q_2}{S\lambda/\delta} \tag{4-24}$$

$$t_{w2} - t_{f2} = \frac{Q_3}{S\alpha_c} \tag{4-25}$$

将式(4-23)~式(4-25)相加得

$$t_{f1} - t_{f2} = \frac{Q}{S}\left(\frac{1}{\alpha_r} + \frac{1}{\lambda/\delta} + \frac{1}{\alpha_c}\right) \tag{4-26}$$

即

$$Q = \frac{S(t_{f1} - t_{f2})}{\left(\frac{1}{\alpha_r} + \frac{\delta}{\lambda} + \frac{1}{\alpha_c}\right)} \tag{4-27}$$

式(4-27)中的 $t_{f1} - t_{f2}$ 就是式(4-17)中的 Δt，将这两式相比后发现

$$\frac{1}{k} = \frac{1}{\alpha_r} + \frac{\delta}{\lambda} + \frac{1}{\alpha_c} \tag{4-28}$$

一个传热过程至少包含三个串联环节，而且其中两个环节有流体参与换热，因而传热系数也是一个与传热过程有关的物理量，它的大小取决于两种流体的物理性质与流速、固体表面的形状与布置、材料的导热系数等因素。实践中一个传热过程可能由更多串联环节组成。

在传热过程中，冷、热流体的温度是不断变化的。因此，当利用传热方程式来计算整个传热面上的传热量时，必须使用整个传热面上的平均温差，记为 Δt_m。因此，传热方程式的一般形式应为

$$Q = Sk\Delta t_m \tag{4-29}$$

既然传热过程是由几个换热环节串联组成的，那么就可根据各个环节的计算式来求出传热量，为什么还必须引出传热方程式呢？这是因为从组成传热过程的每个环节入手来计算传热量时，就不可避免地要知道壁面的温度，而其值往往是不易准确知道的。但如果采用传热方程式，则只要知道壁面两侧流体的温度，就可利用传热方程式来计算传热过程中的传热量，从而避开了求壁面温度这一困难。而且在传热过程中的传热量被计算出来后，反过来可得到壁面两侧的温度。因此一般用传热方程式来计算传热过程中的传热量。

例 4-4　一块窗玻璃的大小为 1800 cm²，厚度为 4 mm。冬天，室内和室外温度分别为 20℃和−15℃，室内空气的辐射换热系数为 5 W/(m²·℃)，室外空气的对流换热系数为 50 W/(m²·℃)，玻璃的平均导热系数为 0.7 W/(m·℃)，试求一秒内通过玻璃的传热量。

解 该传热过程中的传热系数为

$$k = \left(\frac{1}{\alpha_r} + \frac{\delta}{\lambda} + \frac{1}{\alpha_c} \right)^{-1} = \left(\frac{1}{5} + \frac{4 \times 10^{-3}}{0.7} + \frac{1}{50} \right)^{-1}$$

$$= 4.43 \text{ W/(m}^2 \cdot ℃)$$

例 4－4

根据传热方程式 $Q = Sk\Delta t$ 得

$$Q = 0.18 \times 4.43 \times (20 + 15) = 27.91 \text{ W}$$

所以一秒内通过该玻璃的传热量为 27.91 J。

4.3 热 阻

与电流在导体中要受到导体对它的阻碍作用一样，热量在传递的过程中要受到载体（如空气和壁面）的阻碍作用，形成热阻。本节中把热量的转移同电量的转移进行对比，得出在热传导、对流换热、辐射换热以及传热过程中热阻的具体表达式，并进一步讨论一个传热过程包含三个串联环节的总热阻和分热阻之间的关系。

将式(4-17)和式(4-18)改写为

$$Q = \frac{\Delta t}{\frac{1}{Sk}} \tag{4-30}$$

$$q = \frac{\Delta t}{\frac{1}{k}} \tag{4-31}$$

把式(4-30)与式(4-31)和电学中的欧姆定律 $I = \dfrac{U}{R}$ 作比较，可以看出它们在形式上是类似的：传热量或热流密度对应于电流强度；传热温度差对应于电势差（即电压）。在传热学中，常把温差叫作温压，电学中相应地把电势差叫作电压。不难看出式(4-30)中的 $\dfrac{1}{Sk}$ 和式(4-31)中的 $\dfrac{1}{k}$ 有类似于电阻的作用，它们表示了热量传递路径上的阻力，称为热阻。其中，$\dfrac{1}{Sk}$ 表示整个传热面积上的热阻，而 $\dfrac{1}{k}$ 表示单位面积上的热阻，其单位分别为℃/W 和 $\text{m}^2 \cdot ℃/\text{W}$。

根据上述讨论，可以把热流密度或传热量同温压、热阻之间的关系仿照欧姆定律表示成为

$$Q = \frac{\Delta t}{R_{tt}} \tag{4-32}$$

$$q = \frac{\Delta t}{R_t} \tag{4-33}$$

式中 R_{tt} 和 R_t 分别表示总面积上和单位面积上的热阻。

式(4-32)、式(4-33)无论对一个总的传热过程或是对其中的一个或几个环节都是成立的，正像欧姆定律既可用于一段电路也可用于由多段电路组成的复杂电路一样。

下面从式(4-33)出发来分别导出导热、对流换热及辐射换热过程中热阻的表达式。据式(4-4)、式(4-7)、式(4-12)和式(4-14)可得：

平板导热时，

$$q = \frac{\Delta t}{\delta/\lambda}$$

对流换热时，

$$q = \frac{\Delta t}{1/\alpha_c}$$

辐射换热时，

$$q = \frac{\Delta t}{1/\alpha_r}$$

对流换热与辐换热射联合作用时，

$$q = \frac{\Delta t}{1/(\alpha_c + \alpha_r)}$$

显然 $\frac{\delta}{\lambda}$、$\frac{1}{\alpha_c}$、$\frac{1}{\alpha_r}$ 和 $\frac{1}{\alpha_c + \alpha_r}$ 就是上述四个传热过程中的相应热阻。

对于一个传热过程而言，至少包括三个以上串联的环节，每个环节都对应有热阻，那么传热过程的总热阻和各个环节的分热阻有什么关系呢？假设一个传热过程由对流换热、热传导和辐射换热组成，则传热系数可写成：

$$\frac{1}{k} = \frac{1}{\alpha_c} + \frac{\delta}{\lambda} + \frac{1}{\alpha_r} \tag{4-34}$$

式(4-34)表示一个传热过程的总热阻等于组成该过程的各串联环节的分热阻之和。该式虽然是对单位面积的热阻而引出的，但可以证明对于以总面积而言的热阻，这一结论也同样正确。如果采用类似于电路中的符号来表示热阻，则可以用热阻分析图来表示传热过程，如图 4-3 所示。

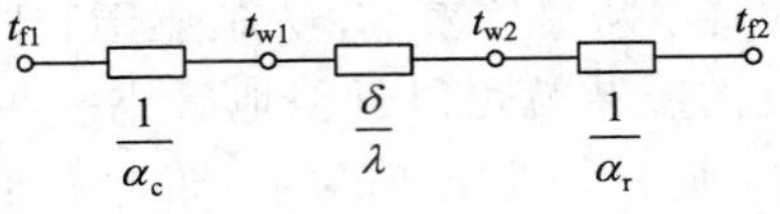

图 4-3　热阻分析图

串联热阻叠加原理和电学中的串联电阻相加的原则相同。同样，当在同一个换热环节中有几种传热方式同时存在时，并联电阻的计算原则也适用于并联热阻的计算，这里不再具体推导。当传热过程由 n 个串联环节组成时，设第 i 个环节的热阻为 R_{ti}，则传热系数的计算式为

$$k = \frac{1}{\sum_{i=1}^{n} R_{ti}} \tag{4-35}$$

热阻是传热学中的一个基本概念，热阻分析的方法在解决各种传热问题时应用较广。例如，对于由多个环节串联组成的传热过程，分析其热阻的组成，弄清各个环节的分热阻在总热阻中所占的地位，能使人们有效地抓住过程的主要矛盾。在某些传热问题的数值解法中，采用热阻概念来分析，不仅能使公式的物理概念清晰，而且适用的范围也很广。

例 4-5 设暖气管的传热过程为稳态过程，管内水的对流换热系数为 8000 W/(m² · ℃)，管外空气的对流换热系数为 1000 W/(m² · ℃)，暖气管壁厚为 3 mm，暖气管的材料是导热系数为383 W/(m · ℃)的铜。试计算三个环节中单位面积上的热阻以及总传热系数。

解 将圆管按厚度等于壁厚的平板处理，则水和管内壁之间对流换热时单位面积上的热阻为

$$\frac{1}{\alpha_{c1}} = \frac{1}{8000} = 1.25 \times 10^{-4} \ \text{m}^2 \cdot ℃/W$$

暖气管壁导热时单位面积上的热阻为

$$\frac{\delta}{\lambda} = \frac{3 \times 10^{-3}}{383} = 7.8 \times 10^{-6} \ \text{m}^2 \cdot ℃/W$$

例 4-5

管外壁和空气间对流换热时单位面积上的热阻为

$$\frac{1}{\alpha_{c2}} = \frac{1}{1000} = 1.0 \times 10^{-3} \ \text{m}^2 \cdot ℃/W$$

于是整个传热过程的传热系数为

$$k = \left(\frac{1}{\alpha_{c1}} + \frac{\delta}{\lambda} + \frac{1}{\alpha_{c2}} \right)^{-1} = \left(\frac{1}{8000} + \frac{3 \times 10^{-3}}{383} + \frac{1}{1000} \right)^{-1}$$
$$= 890 \ \text{W}/(\text{m}^2 \cdot ℃)$$

可以看出管外壁和空气间的对流换热热阻占主要地位。因此要增强暖气管的换热量，应先从这一环节入手，设法降低这一环节的热阻值。

4.4 服装壁面的导热

衣服可以改善人的外观，同时可起到保暖的作用。不同的季节，不同的天气，人们会通过增减衣服来调整身体的冷暖。从整体来看，人的躯干和四肢可以粗略地看成一些直径不同的圆柱，与这些部分对应的服装就可以近似地看成一些直径不同的圆筒。从局部来看，服装又可以看成一个平壁。此外，机械产品的外形轮廓也多由平面或圆弧面组成。因此，可以把服装或机械产品外壳的导热抽象成平壁和圆筒壁的导热问题来研究。

4.4.1 平壁的导热

1. 单层平壁的导热

单层平壁的导热图如图 4-4 所示。已知壁厚为 δ 的平壁，其两个表面分别维持在均匀恒定的温度 t_1 和 t_2，边界条件为：$x=0$ 时，$t=t_1$；$x=\delta$ 时，$t=t_2$。

设温度只沿与平壁表面垂直的 x 方向发生一维变化，导热系数看作常数。此时，$\frac{\mathrm{d}t}{\mathrm{d}x}$ 恒等于 $\frac{\Delta t}{\Delta x}$，而不随 x 变化。于是，傅里叶定律的表达式可以简化为傅里叶公式。由傅里叶公式可得

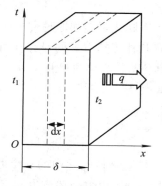

图 4-4 单层平壁导热图

$$q = \lambda \frac{(t_1 - t_2)}{\delta} = \frac{\lambda}{\delta} \Delta t \qquad (4-36)$$

式(4-36)是通过单层平壁导热的计算公式,它揭示了 q、λ、δ 和 Δt 四个物理量间的内在联系。已知其中三个量,就可以求出第四个量。把式(4-36)改写成下列形式:

$$q = \frac{\Delta t}{\dfrac{\delta}{\lambda}}$$

不难看出,分母 $\dfrac{\delta}{\lambda}$ 就是热阻。

2. 多层平壁的导热

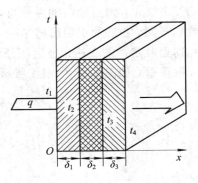

图 4-5　多层平壁导热图

应用热阻的概念可以很方便地推导出通过多层平壁导热的计算公式。所谓的多层平壁,就是由几层不同的材料叠在一起组成的复合壁。例如,一个人穿着衬衣、毛衣和外套,这三件衣服以及相邻两层间的空气层就可以看成一种多层平壁。为了讨论方便,以如图 4-5 所示的一个三层平壁作为研究对象。假定层与层之间接触良好,没有引入附加热阻,那么通过接触分界面就不会发生温度下降。已知各层平壁的厚度分别为 δ_1、δ_2 和 δ_3,各层平壁的导热系数分别为 λ_1、λ_2 和 λ_3,并且已知多层平壁两表面的温度 t_1 和 t_4(中间层的温度 t_2 和 t_3 未知)。现确定通过这个多层平壁的热流密度的计算公式。

应用串联过程的总热阻等于其各组成部分的分热阻的总和,即所谓的串联热阻叠加原理,可按式(4-36)写出各层的热阻表达式分别为

$$\begin{cases} \dfrac{t_1 - t_2}{q} = \dfrac{\delta_1}{\lambda_1} \\[2mm] \dfrac{t_2 - t_3}{q} = \dfrac{\delta_2}{\lambda_2} \\[2mm] \dfrac{t_3 - t_4}{q} = \dfrac{\delta_3}{\lambda_3} \end{cases} \qquad (4-37)$$

各层热阻叠加就可得到多层平壁的总热阻为

$$\frac{t_1 - t_4}{q} = \frac{\delta_1}{\lambda_1} + \frac{\delta_2}{\lambda_2} + \frac{\delta_3}{\lambda_3} \qquad (4-38)$$

于是,可直接导出热流密度的计算公式为

$$q = \frac{t_1 - t_4}{\dfrac{\delta_1}{\lambda_1} + \dfrac{\delta_2}{\lambda_2} + \dfrac{\delta_3}{\lambda_3}} \qquad (4-39)$$

以此类推,n 层平壁的热流密度的计算公式是

$$q = \frac{t_1 - t_{n+1}}{\displaystyle\sum_{i=1}^{n} \frac{\delta_i}{\lambda_i}} \qquad (4-40)$$

如果知道了热流密度,则反过来可求出接触分界面上的未知温度,计算公式如下:

$$t_2 = t_1 - q \frac{\delta_1}{\lambda_1} \tag{4-41}$$

当导热系数是温度的函数时,计算过程过于复杂且难以理解,这里不再说明。

4.4.2　圆筒壁的导热

与平壁的导热相比,圆筒壁的导热更为复杂。首先研究单层圆筒壁的导热。单层圆筒壁的导热图如图 4-6 所示,一个内半径和外半径分别为 r_1 和 r_2、高为 l 的圆筒壁,其内、外表面温度分别维持在均匀恒定的温度 t_1 和 t_2。设材料的导热系数等于常数 λ,圆筒壁的高度 l 很大,则沿轴向的导热可略去不计,而温度只沿半径方向发生一维变化。与平壁的导热不同,在圆筒里温度随半径 r 的变化不是线性的,因此傅里叶公式不再适用,必须应用傅里叶定律的表达式通过积分求解。想象在圆筒壁内划出一个半径为 r、厚度为 dr 的微元圆筒壁,如图 4-6 中虚线所示。对于这个微元圆筒壁,按式(4-1)可写为

$$Q = -\lambda S \frac{dt}{dr} = -\lambda 2\pi r l \frac{dt}{dr} \tag{4-42}$$

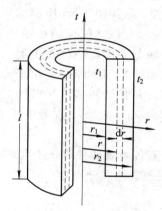

图 4-6　单层圆筒壁导热图

式(4-42)中总热量在稳态导热条件下是个不变的常量,导热系数 λ 和高度 l 也都是常数,变量仅是半径 r 和温度 t。对式(4-42)采用数学中的分离变量法得

$$dt = -\frac{Q}{2\pi\lambda l} \frac{dr}{r} \tag{4-43}$$

对式(4-43)积分得

$$t = -\frac{Q}{2\pi\lambda l} \ln r + C \tag{4-44}$$

式中,C 是积分常数,它由边界条件确定。把本问题的边界条件代入式(4-44),化简可得式(4-43)的解为

$$Q = \frac{2\pi\lambda l (t_1 - t_2)}{\ln(r_2/r_1)} \tag{4-45}$$

换成常用对数的表达式为

$$Q = \frac{2\pi\lambda l (t_1 - t_2)}{2.3 \lg(r_2/r_1)} \tag{4-46}$$

圆筒壁总面积上的热阻为

$$R_{tt} = \frac{\Delta t}{Q} = \frac{\ln(r_2/r_1)}{2\pi\lambda l}$$

与分析多层平壁一样，运用串联热阻叠加原理，对于图 4-7 所示的多层圆筒壁，通过它的导热总热量为

$$Q = \frac{2\pi l(t_1 - t_4)}{\ln(r_2/r_1)/\lambda_1 + \ln(r_3/r_2)/\lambda_2 + \ln(r_4/r_3)/\lambda_3} \tag{4-47}$$

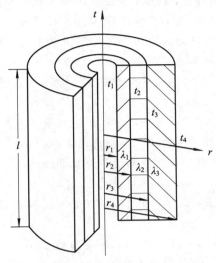

图 4-7 多层圆筒壁导热图

例 4-6 某长方体军用物品用三层面料围裹。设最里边是棉布，厚约 115 mm；中间是涤纶，厚约 125 mm；最外层是羊毛料，厚约 70 mm。三层材料的导热系数分别为 $\lambda_1 = 1.2$ W/(m·℃)，$\lambda_2 = 0.2$ W/(m·℃)，$\lambda_3 = 0.3$ W/(m·℃)。已知三层面料内、外表面温度分别为 50℃ 和 10℃，求通过三层面料的热流密度以及棉布和涤纶分界面上的温度。

解 该传热过程可看作一维稳态多层平壁导热，则通过三层面料的热流密度为

$$q = \frac{t_1 - t_2}{\frac{\delta_1}{\lambda_1} + \frac{\delta_2}{\lambda_2} + \frac{\delta_3}{\lambda_3}} = \frac{50 - 10}{\frac{0.115}{1.2} + \frac{0.125}{0.2} + \frac{0.07}{0.3}} = 41.93 \text{ W/m}^2$$

例 4-6

将 q 值代入公式(4-41)，可求得棉布和涤纶分界面上的温度为

$$t_2 = t_1 - q\frac{\delta_1}{\lambda_1} = 50 - 41.93 \times \frac{0.115}{1.2} = 45.98 \text{ ℃}$$

思考题与习题四

4-1 试说明热传导、热对流和热辐射之间的区别和联系。

4-2 试说明导热系数、对流换热系数、辐射换热系数及传热系数的物理意义、单位。

4-3 热对流和对流换热有何区别？

4-4 有人说黑色的物体就是黑体，这种说法对吗？为什么？

4-5 传热过程最少应包含几个环节?

4-6 和电阻相类比,说明热阻的作用。

4-7 有一个空调教室,在夏季,温度维持在 72℉ 时,学生穿短裤、凉鞋和短袖感觉到很舒适;而在冬季,温度维持在 72℉ 时,原来的学生要穿羊毛裤、厚运动衣才感到舒适。试解释这种反常的"舒适温度"现象。

4-8 对于一平板的稳态导热,已知平板面积 $S=3.0$ m²,导热系数 $\lambda=0.03$ W/(m·℃),通过平板的热流量 $Q=1.3\times10^2$ W,平板厚 $\delta=4.0\times10^{-3}$ m,试计算平板两侧的温度差。

4-9 测得服装外表面的平均温度为 28℃,周围空气的平均温度为 22℃,对流换热系数 $\alpha_c=5$ W/(m·℃),试求服装表面 1 小时内单位面积上通过对流向外界散发的热量。

4-10 太阳可以看成一个表面温度为 6000K 的黑体,试计算单位时间内太阳表面单位面积上发出的辐射能。

4-11 一设备机壳内装有发热器件,每秒产生热量 600 J。为保证设备正常工作,机壳内温度不得超过 80℃,环境温度为 20℃,拟选用 $\lambda=0.05$ W/(m·℃)的材料做外壳,试估算机壳厚度的最大值(设机壳的有效散热面积为 0.60 m²)。

4-12 某人用厚度为 2.5 cm、导热系数为 1.4 W/(m·℃)的面料紧裹身体,面料内壁温度为 36℃,环境温度为 5℃,为了保证面料外表面温度不低于 10℃,对流换热系数应当是多少?

4-13 为一发热元件设计一个散热板,板两侧的温度差为 60℃,要求通过散热板的热流密度不小于 2.0×10^6 W/m²,板的厚度不得小于 1.5 mm,试确定该散热板材料导热系数的最小值。

4-14 一个面料由复合材料制成,基体材料厚 1.0 mm,其上覆盖厚 0.5 mm 的另一种材料,两种材料的导热系数分别为 $\lambda_1=169$ W/(m·℃)和 $\lambda_2=0.045$ W/(m·℃),设该种面料两侧的温度差为 100℃,试计算通过该面料的热流密度。

4-15 一个安静坐着的人,他的代谢产热量约为 58.13 W/m²,其中 75% 通过服装传递给外界。当代谢产热量与散热量基本相等时,人就感觉到舒适。试计算此时让人感觉舒适的服装的总热阻(设人体皮肤平均温度为 33℃,气温为 21℃)。

4-16 某次测量中,测得人的皮肤平均温度为 34℃,环境温度为 18℃,通过服装的平均热流密度为 44 W/m²。

(1)计算传热过程的总热阻。

(2)若测得服装表面边界空气的热阻为 0.12 (m²·℃)/W,试求服装本身的热阻(服装的总热阻等于服装本身的热阻与边界空气的热阻之和)。

阅读材料

第二篇　静电防护技术理论与静电应用技术

　　静电是自然界普遍存在的一种物理现象。早在公元前 600 年，古希腊人就发现摩擦过的琥珀能吸引诸如麦秆、羽毛等轻小物体。我国东汉时期的王充在《论衡·乱龙篇》里有"顿牟掇芥"的记载，这与古希腊人的发现不谋而合。明代的都卬在《三余赘笔》中也记述了丝绸的摩擦起电现象："吴绫为裳，暗室中力持曳，擦手摩之良久，火星直出。"

　　虽然静电是人类认识比较早的一种物理现象，也是在生产和生活中普遍存在的现象，但在相当长的时期内，静电问题并未引起人们的广泛重视。不过这种情况到了 20 世纪中期后却发生了很大的变化。

　　一方面，由于石油化工行业的高速发展，诸如塑料、合成橡胶、化纤、涂料这些高绝缘材料相继问世，并越来越广泛地被应用于日常生活和工业生产中，使人体、工装和设备上的静电量积累到很高的程度。另一方面，随着科学技术的发展进步，人们开发和使用的对静电敏感的材料和产品不断增多，如轻质油品、高效火炸药、电火工品（起爆器、电雷管等）、微电子器件直至包括电子计算机在内的各种信息化装备等。

　　这两方面情况结合在一起就使静电危害的问题日益凸现出来。这不仅表现为静电力的吸引和排斥作用会严重干扰诸如纤维、粉尘等轻小物体的正常运动规律，带来诸多生产障碍，而且表现在静电放电所产生的热、光和电磁等效应，会形成易燃易爆的点火源及信息化设备的电磁干扰源，从而引发一系列重大危害。

　　这种危害同样出现在纺织行业，随着合成纤维在纺织材料中的比重不断增加，纺织静电现象越来越引起人们的注意。在纺纱、织造、染整等工序中，静电都会造成不同程度的生产障碍，从而影响产品的产量和质量。同样织物在使用过程中产生的静电也会给人们带来诸多烦恼。

　　任何事物都不是单方面的，静电现象也是一样。虽然静电现象带来了一定的危害，但随着人们认识水平和科技水平的进一步提高，围绕静电现象也产生了很多应用技术，例如静电纺纱、静电植绒、静电印花、静电复印等。本篇就是以静电防护与应用技术为核心展开的。

第 5 章　静电起电理论

　　使物体产生静电的过程称为静电起电。静电起电包括使正、负电荷发生分离的一切过程。根据电荷守恒定律，电荷既不能创生，也不能消失，只能是电荷的载体(电子或离子)从一个物体转移到另一个物体，或者从物体的某一部分转移到另一部分。研究起电过程就是从微观角度出发，研究这些电荷载体在物体之间或同一物体各部分之间运动的原因、条件、结果以及运动规律，了解静电起电过程的机制和规律。这对于防止静电危害具有根本的意义。但应指出，静电起电的物理本质和数学描述人们还没有认识得很清楚，仍是目前该领域的疑难问题。

　　任何物质的静电带电量都不是无限的，这是因为伴随着静电荷的产生还存在着与之相反的过程——静电荷的流散(或衰减)。当这两个相反的过程达到动态平衡时，物体上的静电量就维持某一稳定值。

　　本章将讨论各种静电起电过程，并结合静电荷的产生讨论静电荷的流散和积累规律。

5.1　金属之间的接触起电

5.1.1　金属之间的接触

　　早在 1794 年，Volta 就发现，任何两种不同的金属 A 和 B 发生紧密接触时(指接触面间的距离小于 2.5 nm)，其间会产生数值为零点几伏至几伏的电势差，称为接触电势差，用 U_{AB} 表示。他还将各种不同的金属排成一个序列：铝(Al)，锌(Zn)，锡(Sn)，铅(Pb)，……，金(Au)，铂(Pt)，钯(Pd)。这个序列中任何两种金属接触时，总是排在前面的金属带正电，排在后面的金属带负电，而且两种金属在序列中相隔越远，其间的接触电势差越大。该序列叫作金属材料的静电起电序列。此后人们又发现了其他固体材料间也存在类似的序列，下面还要述及。

　　1932 年，Kullarth 将铁的粉末从一个对地绝缘的铜管内吹出，如图 5-1 所示，结果在铜管上测出了 26 万伏的静电压，从而证实了两种金属紧密接触后再分离会带上很强的静电，但是他并未把如此之高的电势差同两种金属接触时产生的极微小的接触电势差联系起来。

　　直到 1951 年，Harpper 才用实验证实了两种金属

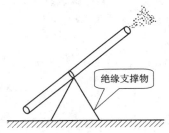

绝缘支撑物

图 5-1　金属之间的接触起电

紧密接触后再分离形成很高的电势差正是因为它们之间极微小的接触电势差。Harpper 实验本身相当烦琐，现用简化模型对其说明。

金属的接触起电原理图如图 5-2 所示，当金属 A 与 B 发生紧密接触时，由于量子力学的隧道效应，两种金属内的电子将会穿过界面而相互交换，当达到平衡时，界面两侧形成了带有等量异号电荷的电荷层，而金属之间就产生了一定的电势差（图中暂假定金属 A 带正电，金属 B 带负电）。这时界面上形成了非常薄的带有等量异号电荷的电荷层，称为偶电层。偶电层最早是 Helmhots 于 1879 年提出的一个概念。接触电势差 U_{AB}

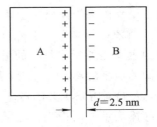

图 5-2　金属的接触起电原理图

就是因偶电层的形成而产生的。1917 年，Frankel 又将偶电层的概念引申到电介质材料，即电介质发生紧密接触时，也会由于电荷的转移形成偶电层。但在那种情况下，通过界面转移电荷的载体（载流子）不再是电子，而是离子。现能测出，金属中的偶电层厚度为几个纳米，而电介质的偶电层厚度则可达到微米级。

设块状金属 A、B 之间间隔为 $d=2.5$ nm，产生的接触电势差为 U_{AB}（大约为零点几伏到几伏），接触面积为 S，则可把两接触面视作一平行板电容器，其电容 $C=\varepsilon_0\varepsilon_r S/d$（其中，$\varepsilon_0$ 为真空介电常数，$\varepsilon_0=8.85\times10^{-12}$ F/m；ε_r 为相对介电常数）。由于 d 非常小，因此这个等效平行板电容器的电容 C 非常大，据此推算出每个表面带电量 $Q=CU_{AB}$ 也是相当可观的。

现将偶电层的两个表面全面分开到距离为 d'，我们暂时假定分开时两个表面所带电量不变，则因两面之间的电容减小为 $C'=\varepsilon_0\varepsilon_r S/d'$，相应的两面之间的电势差增大为

$$U'_{AB}=\frac{d'}{d}U_{AB} \tag{5-1}$$

不妨用数字估算一下 U'_{AB} 的大小，取 $d=2.5$ nm，$d'=1$ mm，$U_{AB}=1$ V，则有 $U'_{AB}=400$ kV，即两接触面只需分开 1 mm，其间电势差就增大为原接触电势差的四十万倍。这就是极小的接触电势差会形成很高的电势差的原因。

综上所述，不同金属材料之间的接触起电过程可概括为如图 5-3 所示的过程。

图 5-3　不同金属材料之间的接触起电过程

一般来说，上述起电过程的基本模式也适合任何两种物质结构不同的固体材料之间的接触起电，如金属与介质、介质与介质。同时，偶电层理论不仅是固体接触的基本理论，而且也是研究液体起电和气体起电的基础。只不过对于不同的物质形态来说，偶电层形成的机制也不同。

5.1.2　接触电势差的产生与计算

1. 功函数

因为固体（金属）分离后形成的很高的电势差是起源于它们之间紧密接触时产生的微

小接触电势差，所以有必要了解接触电势差形成的机制和规律。先说明金属功函数的概念。在常温下，金属内虽有大量自由电子做热运动，但不会从金属内部逸出，这主要是因为电子受到内部结晶格子上正电荷的吸引作用。所以，电子要从金属内部逸出，必须要做一定的功来克服这个吸引力，也就是说必须具有一定的能量。人们把一个电子从金属内部逸出到表面之外所需具有的最小能量，也就是说，把一个电子从金属内部迁移到表面之外所需做的最小的功，叫作该金属的功函数（或叫逸出功），以符号 ϕ 表示，其单位为 eV。近年来，人们又将功函数的概念扩展到电介质。

固体能带理论指出，电子能量是按能级分布的，且在常温下，电子在金属界面内的能量都是负的，其所占的最高能级称为费米能级，用 E_f 表示；而在界面外部，电子的能量变为零。这种能量分布可以形象地用电子势阱图表示，如图 5-4 所示。显然，电子由势阱逸出时必须要做功以升高自己的势能，才能跳出势阱，并且电子逸出势阱时能量的增加至少应为 $\Delta E = 0 - E_f = \phi$，亦即

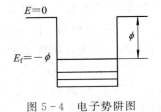

图 5-4 电子势阱图

$$\phi = -E_f \tag{5-2}$$

因此，势阱图中 $E=0$ 与 $E=E_f$ 之间的差就等于该金属的功函数。功函数可采用热电子发射法、光电法和标准金属法测量，一般为 2～5 eV。应当注意，同一种金属用不同方法测量所得的功函数的数值略有不同；同一种金属用同一种方法测量，当表面状态不同时，所得的功函数的数值也不同。

典型金属的功函数如表 5-1 所示。

表 5-1 典型金属的功函数

名 称	功函数/eV	名 称	功函数/eV
铅(Pb)	4.25	金(Au)	5.10
银(Ag)	4.26	锡(Sn)	4.42
铝(Al)	4.28(或 4.10)	汞(Hg)	4.50(或 4.04)
钛(Ti)	4.33	铂(Rt)	4.49
锌(Zn)	4.33	铁(Fe)	4.65(或 4.50)
锰(Mn)	4.10	铜(Cu)	5.65

2. 偶电层的形成及接触电势差的计算

现在考虑两种金属 A 和 B，它们相应的功函数是 ϕ_A、ϕ_B，且 $\phi_A < \phi_B$，如图 5-5(a)所示。当两种金属紧密接触（$d \leqslant 2.5 \times 10^{-9}$ m）时，由于隧道效应而发生电子的交换，这时费米能级较高（即功函数较小）的金属 A 中的电子将流向费米能级较低（即功函数较大）的金属 B 中，从而使金属 A 带正电，金属 B 带负电。随着电子的转移，金属 A 中的电子将减少，而金属 B 中的电子将增加，也使得金属 A、B 中的费米能级趋向相同，这时在金属界面上形成了稳定的空间电荷层，称之为偶电层。偶电层的存在使得电子的定向移动形成了稳定的动态平衡。此时，金属 A 由于失去了电子而带正电，金属 B 由于得到了电子而带负电，其间形成稳定的电势差，即接触电势差。

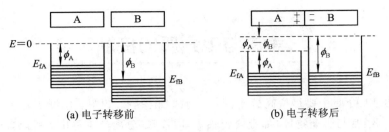

(a) 电子转移前　　　　　　(b) 电子转移后

图 5 - 5　接触电势差的形成

应当注意，在电子转移达到平衡后，金属 A、B 的功函数仍保持接触前的大小。因为功函数是金属的固有性质，并不因与其他物质接触而改变。这样在动态平衡时，一方面要求金属 A 和金属 B 的费米能级相同，另一方面又要求金属 A 和金属 B 的功函数 ϕ_A 和 ϕ_B 的大小不变，这就只能是金属 A 的势阱降低，而金属 B 的势阱升高，如图 5 - 5(b)所示，势阱移动后，金属 A 和 B 的功函数之差 $\phi_B - \phi_A$ 就等于电子由金属 A 流入金属 B 时的电势能的改变，即这时电势能改变为

$$eU_{AB} = \phi_B - \phi_A \tag{5-3}$$

因此，

$$U_{AB} = \frac{\phi_B - \phi_A}{e} \tag{5-4}$$

说明：(1) 求 U_{AB} 时，应是金属 B 在前，金属 A 在后。若 $\phi_A < \phi_B$，则 $U_{AB} > 0$，即金属 A 带正电，金属 B 带负电。亦即两种金属发生紧密接触时，总是功函数小的金属带正电，功函数大的金属带负电。这也同时解释了金属的静电起电序列。在该序列中，偏"＋"端的金属的功函数小，所以接触时带正电；偏"－"端的金属的功函数大，所以接触时带负电。可见，材料的静电起电序列实质上就是按照各种材料的功函数从小到大的顺序排列而成的。

(2) 使用式(5-4)计算 U_{AB} 时，ϕ_A 和 ϕ_B 的单位都采用 eV（不再转换成焦耳），这样计算的结果直接为"V"。

前已述及，两种金属接触时，所形成的偶电层可视为平行板电容器，因而偶电层间隙内的电场可视为均匀的，且电场强度大小为

$$E = \frac{U_{AB}}{d} \tag{5-5}$$

式中

$$E = \frac{\sigma_m}{\varepsilon_0 \varepsilon_r} \tag{5-6}$$

其中 σ_m 是金属的面电荷密度。将式(5-4)、式(5-5)与式(5-6)合并后得

$$\sigma_m = \frac{\varepsilon_0 \varepsilon_r (\phi_B - \phi_A)}{ed} \tag{5-7}$$

再结合式 $U'_{AB} = \frac{d'}{d} U_{AB}$ 和 $U_{AB} = \frac{\phi_B - \phi_A}{e}$ 可得

$$U'_{AB} = \frac{d'}{d} \left(\frac{\phi_B - \phi_A}{e} \right) \tag{5-8}$$

式(5-8)是两种金属接触再分离后的电势差计算公式。

5.2　金属与电介质的接触起电

此处所说的电介质主要是指高分子固体介质，如橡胶、塑料、化纤等。这些材料在制造或使用过程中，经常与金属物体(如金属辊轴等)因接触-分离产生静电。所以，研究聚合物介质与金属的接触起电具有重要意义。有关实验表明，厚度为 1 mm 的聚合物薄膜与金属紧密接触时，偶电层上的面电荷密度可达 $10^{-9} \sim 10^{-8}$ C/cm², 即 $1 \sim 10$ nC/cm²。

5.2.1　电介质等效功函数和离子偶电层

虽然从原则上说，前面介绍的紧密接触形成偶电层，电荷分离而带电这一过程适用于任何固体材料的接触起电，但对于介质来说，偶电层的形成，特别是功函数的概念都要比金属的复杂得多。因为金属之间的接触起电是因为金属内有大量自由电子，当两种金属紧密接触时，由于它们功函数的不同而发生电子的转移，从而形成偶电层。但是对于高分子固体介质来说，其内部很少有可供单独转移的电子，那么其偶电层是如何形成的？为此，人们提出了高分子固体介质的理想能级模型、缺陷能级模型和表面能级模型等三种假说，但前两种假说的计算结果与前述的偶电层面电荷密度的实验数据相差甚远，而只有表面能级模型这一假说的计算结果与实验的结果一致。

表面能级模型的基本思想是，由于高分子固体介质化学成分不纯、氧化及吸附分子等引起的表面缺陷因素，使高分子固体介质表面层的性质与其内部的性质有很大的不同，而高分子固体介质表面层很像一个薄的金属片，并因此具有等效的功函数。这样当金属与介质或介质之间发生紧密接触时，就会因功函数的不同而发生载流子漂移，当达到平衡时，界面两侧形成偶电层，所产生的接触电势差也完全可用式(5-8)进行计算。

应当指出的是，高分子固体介质接触起电时，通过界面转移的载流子不是自由电子，而是带电离子。聚合物表面离子的主要来源有：介质表面吸附水分可离解成 H^+ 和 OH^-，某些聚合物表面在吸附水层作用下也会离解出离子，大气中能电离的杂质在聚合物表面吸附的水层中电离。上述离子载流子在镜像力的作用下移动，并在由离子浓度差所引起的扩散作用下穿过接触面迁移，当达到动态平衡时，界面两侧形成稳定的偶电层。人们已可用实验的方法测出介质的功函数，一般在 $4 \sim 6$ eV 之间，而偶电层的厚度可达 10^{-6} m 量级。典型介质的功函数如表 5-2 所示。

表 5-2　典型介质的功函数

名　　称	功函数/eV	名　　称	功函数/eV
二氧化硅(SiO_2)	5.00	聚四氟乙烯(PTFE)	4.26
聚氯乙烯(PVC)	4.85	聚苯乙烯(PS)	4.22
聚乙烯(PE)	4.25	聚酰亚胺	4.36
聚酰胺 66(PA66)	4.08	聚酯纤维(涤纶)	4.86
聚碳酸酯(PC)	4.26		

5.2.2　接触起电量的计算

金属与高分子固体介质接触，形成偶电层。根据介质性质的不同，电荷的分布可能是体分布，也可能是体分布与面分布同时存在。为简单起见，暂不考虑介质表面可能出现的电荷，而认为全部电荷分布在具有一定深度的表层内，该深度称为介质的电荷穿入深度，以 λ 表示。一方面，介质表层内电荷作体分布，则介质的接触起电量可用体电荷密度 ρ_p 表征。另一方面，与介质接触的金属的电荷都集中于其表面上，介质的接触起电量可用面电荷密度 σ_p 表征。以下将导出表征接触起电量的 ρ_p 或 σ_p 与哪些因素有关。

金属与电介质接触起电原理图如图 5-6 所示。设功函数为 ϕ 的金属 A 与功函数为 ϕ_p 的高分子固体介质 B 紧密接触，并且 $\phi < \phi_p$。取界面上一点 O 为坐标原点，与界面垂直且指向介质内部的方向为 x 轴，建立坐标系，现从两个不同角度计算其间的接触电势差 U_{AB}。

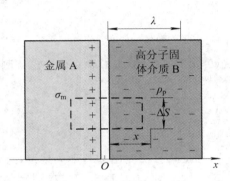

图 5-6　金属与电介质接触起电原理图

一方面，按对称性分析，介质带电表层内各处的场强 E 均沿 x 轴方向，且 x 坐标相等的那些点处的 E 的大小相等。为此可做一端面为 ΔS、在介质带电层内长为 x 的柱面，如图 5-6 所示。按 Gauss 定理有

$$\oiint_S \boldsymbol{E} \cdot \mathrm{d}\boldsymbol{S} = \frac{1}{\varepsilon_0 \varepsilon_r} \sum q_i$$

式中，$\boldsymbol{E}$ 为电场强度，$\mathrm{d}\boldsymbol{S}$ 为面元，q_i 为高斯面内所包含的电荷量，S 为高斯面。由此得

$$\sum q_i = \sigma_m \Delta S + \rho_p \Delta S x = \rho_p \Delta S(x - \lambda)$$

这里应用了 $\sigma_m = -\rho_p \lambda$。于是由高斯定理求出介质带电表层内的场强分布为

$$E(x) = \frac{\rho_p(x - \lambda)}{\varepsilon_0 \varepsilon_r} \tag{5-9}$$

由于金属表面与介质表面之间的距离极小，形成的电势差可忽略不计，所以金属与介质之间的电势差，即介质带电层内长度为 λ 的距离上的电势差为

$$U_{Ap} = \int_0^\lambda E(x)\mathrm{d}x = \int_0^\lambda \frac{\rho_p(x - \lambda)}{\varepsilon_0 \varepsilon_r}\mathrm{d}x = -\frac{\rho_p \lambda^2}{2\varepsilon_0 \varepsilon_r} \tag{5-10}$$

另一方面，按 5.1 节所述，金属与介质间的接触电势差又可按下式计算

$$U_{Ap} = \frac{\phi_p - \phi}{e} \tag{5-11}$$

将式(5-10)与式(5-11)比较可得，介质带电表层内的体电荷密度为

$$\rho_p = -\frac{2\varepsilon_0 \varepsilon_r (\phi_p - \phi)}{e\lambda^2} \tag{5-12}$$

由式(5-12)可得介质带电表层上每单位面积所带电量 σ_p 为

$$\sigma_p = \rho_p \lambda = -\frac{2\varepsilon_0 \varepsilon_r (\phi_p - \phi)}{e\lambda} \tag{5-13}$$

而与介质接触后的金属表面上的面电荷密度为

$$\sigma_m = -\sigma_p = \frac{2\varepsilon_0\varepsilon_r(\phi_p - \phi)}{e\lambda} \tag{5-14}$$

根据式(5-14)可知,若已知金属、介质的功函数及介质的电荷穿入深度,即可求出金属和介质的面电荷密度。反之也可用式(5-14)求介质的功函数及电荷穿入深度。

将某种待测介质(设功函数为 ϕ_p,电荷穿入深度为 λ)先与功函数为 ϕ 的金属接触,测出金属的面电荷密度为 σ_m;再使待测介质与另一种功函数为 ϕ' 的金属接触,测出这种金属的面电荷密度为 σ'_m,则根据式(5-14)可得

$$\phi_p - \phi = \frac{\sigma_m e\lambda}{2\varepsilon_0\varepsilon_r} \tag{5-15}$$

$$\phi_p - \phi' = \frac{\sigma'_m e\lambda}{2\varepsilon_0\varepsilon_r} \tag{5-16}$$

式(5-15)、式(5-16)联立可求出待测介质的功函数 ϕ_p 及电荷穿入深度 λ 分别为

$$\phi_p = \frac{\phi\sigma'_m - \phi'\sigma_m}{\sigma'_m - \sigma_m} \tag{5-17}$$

$$\lambda = \frac{2\varepsilon_0\varepsilon_r(\phi_p - \phi)}{e\sigma_m} \tag{5-18}$$

用上述方法测出的若干典型聚合物材料的功函数和电荷穿入深度如表5-3所示。

表5-3 典型聚合物材料的功函数和电荷穿入深度

名　称	功函数/eV	电荷穿入深度/μm
聚氯乙烯(PVC)	4.85	4.80
聚乙烯(PE)	4.25	2.40
聚碳酸酯(PC)	4.26	4.60
聚四氟乙烯(PTFE)	4.26	1.30
聚苯乙烯(PS)	4.22	4.20
聚酰胺66(PA66)	4.08	5.10

例5-1 要防止带电导体在空气中发生静电放电,就要控制空气中的电场强度不能超过其击穿场强 $E_b = 3.0 \times 10^6$ V/m,为此,应使金属表面的面电荷密度的最大值为多少?

解　　　$\sigma_{mmax} = \varepsilon_0 E_b = 8.85 \times 10^{-12} \times 3 \times 10^6 = 26.5$ μC/m²

5.3　介质与介质的接触起电

5.3.1　接触起电量的计算

当两种高分子固体介质紧密接触时,引用以上所述介质等效功函数的概念,两介质的带电表层可视作两个电荷穿入深度分别为 λ_1 和 λ_2 的带有等量异号电荷的无限大平板。可以证明,在两带电表层以外,空间的合场强为零。而在两带电表层内各处,合场强的方向均

为沿 x 轴方向，如图 5-7 所示，且 x 坐标相等的那些点处的场强大小都相等。在正电区做一底面为 S_1 的柱面，则有

$$E_1(x) = \frac{\rho_{p1}(\lambda_1 + x)}{\varepsilon_0\varepsilon_{r1}} \quad (\lambda_1 \leqslant x \leqslant 0) \tag{5-19}$$

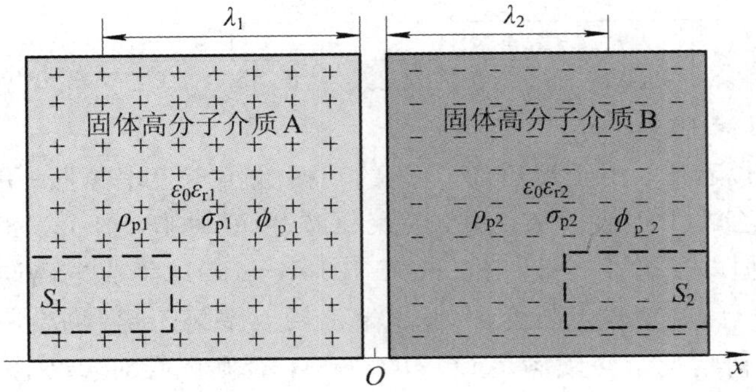

图 5-7　介质与介质接触起电原理

在负电区做一底面为 S_2 的柱面，则有

$$E_2(x) = \frac{\rho_{p2}(x - \lambda_2)}{\varepsilon_0\varepsilon_{r2}} \quad (0 \leqslant x \leqslant \lambda_2) \tag{5-20}$$

式中，ρ_{p1}、ρ_{p2} 分别为固体高分子介质 A、B 的电荷体密度，ε_{r1}、ε_{r2} 分别为介质 A、B 的相对介电常数，λ_1、λ_2 分别为介质 A、B 的电荷穿入深度。

在忽略两介质间隙之间的电势差后，可得固体高分子介质 A 和 B 之间的接触电势差为

$$
\begin{aligned}
U_{AB} &= \int_{-\lambda_1}^{\lambda_2} E(x)\,\mathrm{d}x = \int_{-\lambda_1}^{0} E_1(x)\,\mathrm{d}x + \int_0^{\lambda_2} E_2(x)\,\mathrm{d}x \\
&= \int_{-\lambda_1}^{0} \frac{\rho_{p1}(\lambda_1 + x)}{\varepsilon_0\varepsilon_{r1}}\,\mathrm{d}x + \int_0^{\lambda_2} \frac{\rho_{p2}(x - \lambda_2)}{\varepsilon_0\varepsilon_{r2}}\,\mathrm{d}x \\
&= \frac{\rho_{p1}\lambda_1^2}{2\varepsilon_0\varepsilon_{r1}} - \frac{\rho_{p2}\lambda_2^2}{2\varepsilon_0\varepsilon_{r2}}
\end{aligned}
\tag{5-21}
$$

固体高分子介质 A 和 B 之间的接触电势差又可按功函数计算为

$$U_{AB} = \frac{\phi_{p2} - \phi_{p1}}{e} \tag{5-22}$$

式中，ϕ_{p1}、ϕ_{p2} 分别为固体高分子介质 A、B 的功函数。将式（5-21）与式（5-22）相比较并利用关系 $\sigma_{p1} = \rho_{p1}\lambda_1$、$\sigma_{p2} = \rho_{p2}\lambda_2$ 及 $\sigma_{p1} = -\sigma_{p2}$，得介质 A、B 带电表面层上每单位面积所带电量为

$$\sigma_{p1} = -\sigma_{p2} = -\frac{2(\phi_{p1} - \phi_{p2})}{e\left(\dfrac{\lambda_1}{\varepsilon_0\varepsilon_{r1}} + \dfrac{\lambda_2}{\varepsilon_0\varepsilon_{r2}}\right)} \tag{5-23}$$

例 5-2　在电子产品装联车间，常使用聚乙烯（PE）制成的包装管盛放集成电路类的元器件，将其固定在以三聚氰胺-甲醛树脂（MF）贴面作挡板层的元器件箱内，两者紧密接触，使用时将包装管抽出，求它们带电表层上单位面积所带的静电量。已知聚乙烯的相对介电常数 $\varepsilon_{r1} = 2.3$，功函数 $\phi_{p1} = 4.25$ eV，电荷穿入深度 $\lambda_1 = 2.4 \times 10^{-6}$ m，而三聚氰胺-甲醛树脂（MF）的相对介电常数 $\varepsilon_{r2} = 3.0$，功函数 $\phi_{p2} = 4.86$ eV，电荷穿入深度 $\lambda_2 = 4.9 \times 10^{-6}$ m。

解 由式(5 - 23)得

$$\sigma_{p1} = -\sigma_{p2} = -\frac{2(\phi_{p1} - \phi_{p2})}{e\left(\frac{\lambda_1}{\varepsilon_0 \varepsilon_{r1}} + \frac{\lambda_2}{\varepsilon_0 \varepsilon_{r2}}\right)}$$

例 5 - 2

$$= \frac{2(4.86 - 4.25)}{1.6 \times 10^{-19}\left(\frac{2.4 \times 10^{-6}}{8.85 \times 10^{-12} \times 2.3} + \frac{4.9 \times 10^{-6}}{8.85 \times 10^{-12} \times 3.0}\right)}$$

$$= 4.1 \times 10^{-6} \text{ C/m}^2$$

由上面结果可以看出，由于聚乙烯(PE)的功函数小于三聚氰胺-甲醛树脂(MF)的功函数，所以此时聚乙烯(PE)表面带正电，三聚氰胺-甲醛树脂(MF)表面带负电。

说明 (1) 根据电子工业行业标准 SJ/T 10147－1991《集成电路防静电包装管》的规定，对于盛放集成电路的塑料包装管(一般用聚乙烯或聚氯乙烯制成)，在使用过程中，其上所带电荷量在任何情况下必须满足 $Q \leqslant 0.05$ nC，否则就会对包装管内的元器件产生静电放电(ESD)击穿损害。集成电路包装管一般为细长条状(细长的长方体状)，设其长度为 0.5 m，截面为正方形，边长为 0.01 m(1 cm)，则其表面积为 $S = 4 \times 0.01 \times 0.5 = 0.02$ m²，由此可求出包装管允许单位面积所带电量 $\sigma_p = 2.5 \times 10^{-9}$ C/m² $= 2.5 \times 10^{-3}$ μC/m²。由此可见，若不对聚乙烯包装管采取任何防静电措施，则其在使用过程中所产生的静电量远远大于不致引起 ESD 击穿损害的规定值。当然这里没有考虑二者分开时电荷的倒流量。但即使假定倒流系数 $K = 0.01$，二者分开后包装管单位面积所带电量 $\sigma'_p = 0.01 \times 4.1 \times 10^{-6}$ C/m² $= 0.041$ μC/m²仍远远大于标准要求。

(2) 聚乙烯塑料包装管与 MF 隔板紧密接触时的接触电势差为

$$U_{12} = \frac{\phi_{p2} - \phi_{p1}}{e} = \frac{4.86 - 4.25}{1.6 \times 10^{-19}} = 0.61 \text{ V}$$

可见接触电势差极小。

(3) 将包装管表面与 MF 隔板的距离分开为 $d' = 1$ mm，则理论上两者之间的电势差为

$$U'_{12} = \frac{d'}{d}U_{12} = \frac{1 \times 10^{-3}}{2.5 \times 10^{-9}} \times 0.61 = 2.44 \times 10^5 \text{ V}$$

(4) 若包装管与 MF 隔板分离时的倒流系数 $K = 0.01$，则实际电势差为

$$U''_{12} = KU'_{12} = 2.44 \times 10^5 \times 10^{-2} = 2.44 \times 10^3 \text{ V}$$

此电势差仍足以对集成电路(IC)造成严重的击穿损害。

5.3.2 介质材料的静电起电序列

1. 静电起电序列

前面介绍了金属材料的静电起电序列，该序列实质上是按照各种金属的功函数从小到大的顺序排列而成的。现已引入介质材料等效功函数的概念，故将各种介质材料的等效功函数按照从小到大的顺序排列起来所得到的序列就是介质材料的静电起电序列。

从 18 世纪末到现在，许多科学家进行过介质材料静电起电序列的研究，并发表了相应的静电起电序列。近年来，有关标准和资料中公布的介质材料的静电起电序列如表 5 - 4 所示。

表 5 - 4　有关标准和资料中公布的介质材料的静电起电序列

IEC/15D/48/CD (1995)	MIL-HDBK-263A (1991)	AT&T 静电放电计划管理 (1992)	IEEE Std. C62.47 (1992)
＋人手	＋人手	＋石棉	＋石棉
玻璃	兔毛	醋酸酯	醋酸酯
云母	玻璃	玻璃	玻璃
聚酰胺	云母	人头发	人头发
毛皮	人头发	尼龙	尼龙
羊毛	尼龙	羊毛	羊毛
丝绸	羊毛	毛皮	毛皮
铝	毛皮	铅	铅
纸	铅	丝绸	丝绸
棉花	丝绸	铝	铝
钢	铝	纸	纸
木材	纸	聚氨酯	聚氨酯
硬橡胶	棉花	棉花	棉花
聚酯	钢	木材	木材
聚乙烯	木材	钢	钢
聚氯乙烯	琥珀	封腊	封腊
－聚四氟乙烯	封腊	硬橡胶	硬橡胶
	硬橡胶	醋酸酯纤维	聚酯薄膜
	镍、铜	聚酯薄膜	环氧玻璃
	黄铜、银	环氧玻璃	镍、铜、银
	金、白金	镍、铜、银	黄铜、不锈钢
	硫黄	紫外保护膜	合成橡胶
	醋酸酯纤维素	黄铜、不锈钢	聚丙烯树脂
	聚酯	合成橡胶	聚苯乙烯塑料
	赛璐珞	聚丙烯树脂	聚氨酯塑料
	奥纶	聚苯乙烯塑料	聚酯
	聚氨酯	聚氨酯塑料	萨冉树脂
	聚乙烯	萨冉树脂	聚乙烯
	聚丙烯	聚酯	聚丙烯
	聚氯乙烯(乙烯树脂)	聚乙烯、聚丙烯	聚氯乙烯(乙烯树脂)
	聚三氟氯乙烯聚合物	聚氯乙烯(乙烯树脂)	聚四氟乙烯
	硅	聚四氟乙烯	－硅橡胶
	－聚四氟乙烯	－硅橡胶	

2. 静电起电序列的特点与应用

在介质材料的静电起电序列中,任何两种物质发生接触起电时,总是位于序列前面的介质材料带正电,位于后面的介质材料带负电;且两种介质材料在序列中相距越远,其接触电量越大,因此根据介质材料的静电起电序列,不仅可判断介质材料的起电极性,而且还能估计起电程度的强弱。因此在生产工艺中,为减小静电,应尽量选择静电起电序列中相距较近的介质材料参与接触和摩擦,同时可以使某种介质材料在先后与不同介质材料的接触和摩擦中带上异号电荷,并基于静电中和的原理消除或减少静电产生量。例如,在纺织工业中,在纺制尼龙(聚酰胺纤维)条子时可先使其通过玻璃导纱器(尼龙条子带负电),再使其通过钢制导纱管(尼龙条子带正电),以中和条子上的静电荷。总之,静电起电序列在描述起电机理、指导静电防护方面有很大的应用价值。

3. 按介电常数的排序

许多研究还发现，介质材料的静电起电序列也可按照介质材料的介电常数从大到小的顺序排列而成。Ballou 于 1954 年指出，任何两种介质材料接触摩擦时，总是介电常数大的带正电，介电常数小的带负电。介质材料带电量可按柯恩(Corn)法则确定，即

$$Q = K(\varepsilon_1 - \varepsilon_2) \tag{5-24}$$

式中，K 为比例系数，其单位是 N·m^2/C，它与参与摩擦的介质材料本身的性质有关；ε_1、ε_2 分别是参与摩擦的两种材料的介电常数。

对于同一组介质材料，按照介电常数从大到小顺序与按功函数从小到大排序，所得到的静电起电序列基本是一致的。但由于介质材料的介电常数比功函数更容易测量，故按介电常数排序更方便。

4. 静电起电序列受各种因素的影响

由于介质材料的功函数或介电常数除与介质材料本身的性质有关，在很大程度上还与介质材料表面的状态(如吸附、氧化、污染、含杂)、环境条件(如温度、湿度、外界电磁场)等有关。故即使同一种介质材料，因实验条件的差异所得到的排序结果往往也会有所差异，故静电起电序列不是绝对的，但介质材料排列的顺序基本是一致的。

5.4 影响固体接触起电的因素

5.4.1 摩擦的影响

在前面介绍的固体起电方式中，并未提及我们经常遇到的摩擦起电，这是因为严格说来摩擦并不是一种单一的起电方式。摩擦实际上是沿两固体接触面上不同接触点之间连续不断地接触-分离过程。由于接触电势差只发生在相互紧密接触的固体间，而看起来很平的物体表面实际上却是凹凸不平的，它们即使靠得很近，但实际上在凹处并未达到紧密接触，因此单纯的接触起电效应比较弱。但若使两个靠近的表面发生摩擦，则可使接触距离为 2.5 nm 以下的接触点(或接触面积)大大增多。而且摩擦正好相当于一系列的接触-分离过程，所以摩擦可使起电效果变得非常明显。由此可以看出，摩擦起电的主要机理仍是接触起电。但因为摩擦时有机械力作用于物体而使物体发生形变，所以摩擦起电会包含压电效应起电。又因为摩擦还可能引起界面凸起部分断裂，所以摩擦起电还包含断裂起电。摩擦还会产生热量，引起温度的变化，所以磨擦起电还可能包含热电效应起电。总之摩擦起电一般不是一种单一机理的起电方式，而包含多种起电机理，但毫无疑问接触起电在其中起着主要作用。

1. 摩擦速度的影响

摩擦速度是摩擦距离与摩擦时间之比。一次摩擦时间是指两个物体从刚开始接触那一时刻到分离之间所经历的时间，在这段时间内，两个物体一直发生相对运动。两个物体摩擦时的起电量 Q 可按下式计算：

$$Q = f(v) \sqrt{A} \tag{5-25}$$

式中，$f(v)$ 是关于摩擦速度的函数，A 是摩擦功。

从式(5-25)中虽不能直接看出 Q 与 v 的关系，但实验表明，在一定速度范围内（即 $v < 10 \text{ cm/s}$），Q 随 v 的增大而增大，当速度达到某一值时，物体带电量达到理论饱和值。图 5-8 所示是铝块与丁腈橡胶摩擦时橡胶带电量 Q 随速度 v 和压力的变化情况，其中虚线 ab 平行于纵轴，交横轴于 7.5 cm/s 处。当速度达到某一值时，物体带电量出现饱和值。由图看出，当 $v < 7.5 \text{ cm/s}$ 时，丁腈橡胶带电量随速度 v 的增大而急剧增大；当 $v > 7.5 \text{ cm/s}$ 后，丁腈橡胶带电量的增加趋缓；当 $v \approx 10 \text{ cm/s}$ 时，丁腈橡胶带电量基本不再增加。

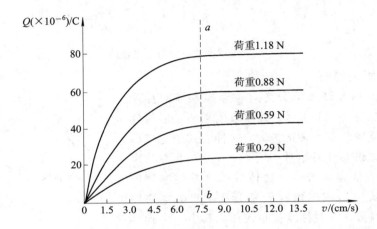

图 5-8　铝块与丁腈橡胶摩擦时橡胶带电量 Q 随速度 v 和压力的变化情况

2. 摩擦力的影响

式(5-25)还表明，摩擦起电量还与摩擦功有关，因而也与摩擦力有关。由图 5-8 进一步可以看出，摩擦起电量随压力的增大而增大。这是因为压力增大时使相互摩擦的物体的实际接触面积增大了。同时压力还可以引起物体变形，从而使物体表面电极化，由于压电效应而引起物体带电量变化。

还应注意，当金属和介质摩擦时，接触压力的变化还会引起介质带电极性符号的改变，例如图 5-9 所示，人造纤维带电极性由正向负发生反转。因而前述的静电起电序列也是在一定情况下的实验规律。这种极性反转现象只对于某些介质才会出现，即介质表面能级上有少数电子时才会如此。若介质表面能级上无电子，则会使介质带负电，金属带正电，与接触压力无关。

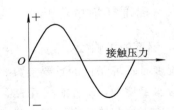

图 5-9　人造纤维带电极性的反转

3. 摩擦次数的影响

实验表明，对于多数材料而言，当摩擦次数达到几十次时，材料带电量即达到最大值。若继续摩擦到上千次，则材料带电量反而会逐渐下降，直到摩擦次数又达到数千次时材料带电量保持稳定，并在以后增加摩擦次数的过程中基本保持不变。摩擦次数与材料带电量的关系如图 5-10 所示。人们对于这一现象的机理还不够清楚。

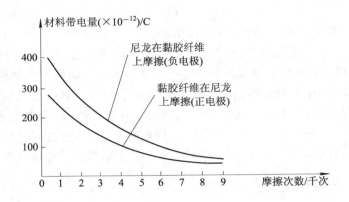

图 5-10 摩擦次数与材料带电量的关系

4. 摩擦方式的影响

固体材料的相互摩擦可分为对称摩擦和非对称摩擦两种形式,如图 5-11 所示。对称摩擦是两接触物体从整体上相互受到均匀摩擦的方式,这种方式所造成的电荷转移量小,起电效果相对不明显。反之,非对称摩擦是一个物体的整体与另一个物体的局部发生摩擦的方式,这种方式所造成的电荷转移量大,起电效果明显。这主要是因为在非对称摩擦情况下,其中一个物体

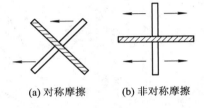

(a) 对称摩擦   (b) 非对称摩擦

图 5-11 两种摩擦方式

的某个位置经常被摩擦,这里的温度就会相对很高,形成所谓的热点,而该物体的其余部分基本不被摩擦,温度基本不变。与之相摩擦的另一物体,受摩擦均匀,温度变化也不大。这样高温热点与另一物体的温度差就比较大,有利于载流子从高温热点向温度较低的另一物体转移,从而使起电量增大。而在对称性摩擦中,两个物体所受摩擦基本均衡,很难形成高温热点和温度差,不利于载流子的转移,故起电量小。此时,温度升高容易使分子发生热分解,也使物体带电量有所增加。

5.4.2　周围环境的影响

1. 湿度的影响

湿度是环境条件的重要参数。一般来说,当空气相对湿度提高时,固体材料通过吸湿使其含水量增加,还可能在其表面形成一层极薄的水膜。由于水是良导体,因此导致固体的表面电阻率和体积电阻率下降,使静电荷容易分散和泄漏,从而减小了固体带电量。

对于亲水性纺织纤维、塑料等高分子材料来说,其体积电阻率随含水量变化的经验公式为

$$\frac{\mathrm{d}\rho_{\mathrm{V}}}{\rho_{\mathrm{V}}} = -n\frac{\mathrm{d}M}{M} \tag{5-26}$$

式中,ρ_{V} 表示体积电阻率,M 表示材料含水量,n 是与材料的实验条件有关的常数。

对于棉花,$n=11.4$,而对于蚕丝,$n=17.6$。由于 n 远大于 1,因此由式(5-26)可知,当棉花和蚕丝的含水量有很小的变化时,即可引起体积电阻率很大的变化;由负号可知,

含水量增大，体积电阻率减小。很多实验也表明，材料的体积电阻率随含水量的增大而呈现急剧下降的态势。大量实验数据证明，当空气的相对湿度达到 80% 以上时，绝大部分物体所带静电电量都很小；反之当空气的相对湿度低至 30% 时，绝大部分物体会带上很强的静电。

2. 温度的影响

当测试温度变化时也会引起固体电阻率的变化，从而引起固体泄漏静电程度的变化，进而使固体带电量受到影响。但温度对固体带电量的影响远小于湿度的影响。

对于高分子固体介质，当其相对介电常数小于 3.0（称为弱极性材料）时，温度对固体带电量的影响很小，可以忽略。而对于相对介电常数大于 3.0 的聚合物（称为强极性材料），随着环境温度的上升，一般固体带电量减小，有时也会引起带电极性的反转。

对于某些聚合物材料（主要是极性和强极性纤维、树脂），其体积电阻率随环境温度的变化符合如下经验公式：

$$\ln\rho_{\mathrm{v}} = \frac{c}{2}T^2 - (a - bM)T + d \qquad (5-27)$$

式中，a、b、c、d 是与聚合物种类和极化有关的常数，M 是材料含水量，ρ_{v} 是体积电阻率，T 是环境温度。

5.5　固体起电的其他方式

固体静电起电的方式除以上介绍的接触-分离起电，还有多种其他方式，现予以简单介绍。

1. 剥离起电

互相密切结合的物体剥离时引起电荷分离而产生静电的现象称为剥离起电，如图 5-12 所示。剥离起电实际上是一种接触-分离起电。通常条件下，由于被剥离的物体在剥离前紧密接触，在剥离起电过程中实际的接触面积比发生摩擦起电时的接触面积大得多，所以在一般情况下剥离起电比摩擦起电产生的静电量要大。因此，剥离起电会产生很高的静电位。剥离起电的起电量与接触面积、接触面上的黏着力和剥离速度的大小有关。剥离起电的起电量与剥离速度的关系如图 5-13 所示。

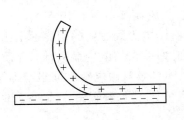

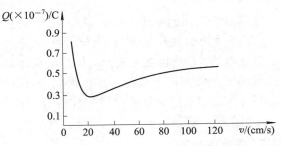

图 5-12　剥离起电示意图　　　　　　　图 5-13　剥离起电的起电量与剥离速度的关系

2. 断裂起电

当物体遭到破坏而断裂时,断裂后的物体会出现正、负电荷分布不均匀的现象,称为断裂起电,如图 5-14 所示。断裂起电除了在断裂过程中因摩擦而产生,有的则是在破裂之前就存在着电荷分布不均匀的情况。断裂起电的起电量的大小与裂块的数量、裂块的大小、断裂速度、断裂前电荷分布的不均匀程度等因素有关。

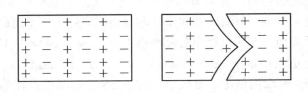

图 5-14 断裂起电示意图

3. 压电效应起电

压电效应起电是指某些晶体材料在机械力作用下产生电荷的现象,其本质是一种极化现象。只不过这种极化不是由外电场引起的,而是在机械力(如压力或拉伸力)作用下,引起晶体材料内部的极性分子——等效电偶极子在其表面做定向排列的结果。

4. 热电效应起电

热电效应起电是指某些晶体材料在受到热作用时显示带电的现象。例如,将石英晶体加热时,其一端带正电,另一端带负电,而其在冷却时,两端所带电极与加热时的正好相反。热电效应起电本质上也是一种电极化现象,它是晶体材料中的极性分子——等效电偶极子在热应力作用下,沿晶体材料表面做定向排列的结果。

5. 电解起电

当固体接触液体(主要是电解质溶液)时,固体中的离子会向液体中移动,于是在固、液分界面处形成一个阻碍固体离子继续向液体内移动的电场,离子的浓度达到平衡时就在固、液界面处形成稳定的偶电层。若在一定条件下,和固体相接触的液体被移走,固体就留下一定量的某种电荷,这就是固、液接触情况下的电解起电。当两种固体接触时,原来存在于固体表面上极薄的水膜会使两种固体分别与水膜发生电解起电并形成偶电层。若水膜在某种情况下被移走,则在界面两侧的固体上分别留下一定量的电荷,这就是两种固体接触情况下的电解起电。

6. 感应起电

除了众所周知的导体在外电场作用下会感应起电,介质在外电场作用下也会感应起电。当介质在外电场作用下发生极化时,电介质将在垂直于电力线方向的两界面上出现异号的极化电荷,当外电场撤去后,极化电荷也将消失。但如果在外电场撤去前,介质中某种符号的极化电荷由于某种原因已消失,例如把周围空间异号自由电荷吸向自身而中和,那么当外电场撤去后,介质中另一种符号的极化电荷将被保留下来而使介质处于带电状态,此即介质的感应起电。

7. 驻极体起电

自然界存在一类电介质,它们在极化后能将极化电荷"冻结"起来,即使撤去外电场,在相当长的时间内，介质内的正负极化电荷仍处于分离状态，这种现象叫作驻极体起电，相应的介质称为驻极体。例如，松香、聚四氟乙烯都是典型的驻极体。有些驻极体的电荷弛豫时间(电荷减少到初始电量的 $1/e$ 所用的时间)可长达 3～10 年。

8. 电晕放电起电

当原来不带电的物体处在高压的带电体或高压电源附近时，由于带电体(特别是尖端)附近的空气被击穿，出现大量带电粒子，使原来不带电的物体带上了与带电体具有相同符号的电荷，这种现象叫作电晕放电起电或喷电起电。

9. 吸附起电

多数物质的分子是极性分子，即具有偶极矩，偶极子在界面上是定向排列的。由于空间电场、各种放电、宇宙射线等因素的作用，空气中总会漂浮着一些带正电荷或负电荷的粒子。当这些漂浮着的带电粒子被物体表面的偶极子吸引且附着在物体上时，整个物体就会因有某种符号的过剩电荷而带电。如果物体表面定向排列的偶极子的负电荷位于空气一侧，则物体表面吸附空气中带正电荷的粒子，使整个物体带正电。反之，如果物体表面定向排列的偶极子的正电荷位于空气一侧，则物体表面吸附空气中带负电荷的粒子，使整个物体带负电。吸附起电的起电量的大小与极性分子偶极矩的大小、偶极子的排列状况、物体表面的整洁度、空气中悬浮着的带电粒子的种类等因素有关。

5.6 固体静电荷的流散与积累

5.6.1 流散和积累的一般概念

1. 流散的概念

无论是介质还是导体，当以某些方式起电后，若起电过程不再继续，则经过足够长的时间后，物体上的静电荷总会自行消散，这种现象叫作静电荷的流散或衰减。研究表明，静电荷流散的途径主要是中和和泄漏。

1) 中和

中和是指带等量异种电荷的两个物体相互接触时，两个物体整体上无净余电荷的现象。根据电荷中和的快慢不同，中和可分为自然中和和快速中和。

(1) 自然中和。由于自然界中的宇宙射线、紫外线和地球上放射性元素发射的射线的共同作用，空气会发生自然电离，电离后又会复合，空气中的正、负离子达到平衡时，导致在常温常压下，每立方厘米的空气中约有数百对到数千对带电粒子(电子或离子)。由于空气中带电粒子的存在，带电体在同空气的接触中所带电荷会逐渐被异号带电粒子所中和，这种现象称为自然中和。由于空气的自然电离程度太低(即离子浓度太低)，因此这种自然中和作用极为缓慢。

(2) 快速中和。若带电体与大地的电势差很高(激发场强很大)，则可造成气体局部高度电离而发生静电放电，此时会形成大量的带电粒子，从而使带电体上的电荷被迅速中和,这种现象称为快速中和。

2)泄漏

泄漏即通过带电体自身与大地相连接的物体的传导作用,使静电荷向大地泄漏,与大地中的异号电荷相中和。

对于带电导体而言,当导体未被绝缘时,所带电荷会直接、迅速地通过导体支撑物向大地泄漏,实际上观察不到导体的带电现象。而当导体被绝缘时,导体上的静电荷则通过绝缘支撑物缓慢泄漏。

对于介质而言,泄漏又分为表面泄漏和体积泄漏。

(1)表面泄漏。在环境湿度较大且介质又具有一定吸湿能力的情况下,介质表面会形成一层薄水膜而使其表面电阻率降低。水分还会溶解空气中的二氧化碳或其他杂质,析出电解质,这也使介质的表面电阻率降低。当介质的表面电阻率较低时,电荷就容易在其上分散并沿接地体向大地泄漏。同时,高湿度的空气也是表面泄漏的通道。

(2)体积泄漏,或叫作内部泄漏。这种泄漏的程度取决于体积电阻率的大小及是否存在向大地泄漏的接地通道。

2. 积累的概念

在生产实践和科学实验中,一切实际的静电带电过程都包含着静电荷的产生和静电荷的流散两个相反的过程。如果起电速率(单位时间内静电荷的产生量)小于流散速率(单位时间内静电荷的流散量),则虽然发生起电过程,但物体上不会出现静电荷的积累,亦即观察不到带电现象。如果情况正相反,则物体上会出现静电荷的积累而使物体带电量增加,但这种增加并不是无限制的。在经过一定时间后,静电荷的产生和流散这两个相反的过程会达到动态平衡,从而使物体处于稳定的带电状态。此时物体带有确定的电量。

以下分别介绍固体介质和导体上静电荷的流散和积累的规律,所得结论从原则上讲也适用于粉体和流体。

5.6.2 介质内静电荷的流散与积累

1. 介质内静电荷的流散

设介质以某些方式带电后,电荷产生的过程不再继续。在介质内部任取一封闭曲面,则该曲面内包含的电量 Q 将不断地流散而逐渐减小。根据 Gauss 定理、电流与电荷的关系及欧姆定律的微分形式等可以导出 Q 随时间 t 的变化规律为

$$Q(t) = Q_0 e^{-\frac{t}{\varepsilon_0 \varepsilon_r \rho_V}} \qquad (5-28)$$

式中,Q_0 是起始电量,ρ_V 是体积电阻率。

式(5-28)反映了介质内的静电荷随时间按指数的规律衰减。对式(5-28)作图可以更清楚地看到这一点。静电荷流散过程中 Q-t 曲线如图 5-15 所示。

(1)由图 5-15 可以看出,当时间 $t \to \infty$ 时(应理解为 $t \gg \varepsilon_0 \varepsilon_r \rho_V$),$Q \to 0$,这表明介质带电后若起电过程不再持续,则经过足够长的时间后介质内的静电荷总会自行消散殆尽,这正是一开始介绍过的静电荷流散的概念。

(2)特别地,当 $t = \varepsilon_0 \varepsilon_r \rho_V$ 时,有 $Q = Q_0/e$,即经过 $\varepsilon_0 \varepsilon_r \rho_V$ 这么长一段时间后介质内静电荷将衰减到起始值的 $1/e$,所用的时间称为介质的静电放电时间常数,也叫作逸散时间,以

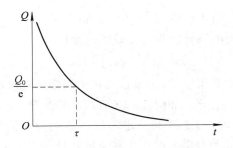

图 5-15　静电荷流散过程中 Q-t 曲线

τ 表示，即

$$\tau = \varepsilon_0 \varepsilon_r \rho_V \tag{5-29}$$

显然 τ 越小，表明介质带电后，静电荷衰减得越快，反之亦然。

在科研和生产中，也常用所谓的静电半衰期 $t_{1/2}$ 来表示介质内部静电荷的流散性能，它是指介质内静电荷衰减为起始值一半时所用的时间。该量从本质上与 τ 是一样的，并且容易证明二者之间的关系为

$$t_{1/2} = \tau \ln 2 = 0.069\tau = 0.069\varepsilon_0 \varepsilon_r \rho_V \tag{5-30}$$

（3）介质的静电放电时间常数（或静电半衰期）只取决于介质本身的电学性质，即介质的介电常数和体积电阻率。在决定静电放电时间常数的两个因素中，体积电阻率要比介电常数起着更重要的作用。因为从数值上看，体积电阻率比介电常数大得多，而从对温湿度的敏感程度看，体积电阻率比介电常数敏感得多，因此，要减小静电放电时间常数，必须设法减小体积电阻率。例如，橡胶、塑料、化纤等聚合物材料的体积电阻率高达 $10^{16} \sim 10^{17}\ \Omega \cdot m$，故它们的静电放电时间常数长达数小时，甚至几天。

在引入 τ 后，介质内静电荷的误差规律又可表示为

$$Q(t) = Q_0 e^{-\frac{t}{\tau}} \tag{5-31}$$

（4）对于金属之类的静电导体，其体积电阻率很小，介电常数可近似地认为与真空介电常数相同，由此算出其静电放电时间常数近似等于零。因此，导体内不可能有体电荷分布。

2. 起电过程中介质内静电荷的积累

在同时考虑静电荷的产生和流散这两个相反的过程时，一般情况下开始时静电荷的产生量大于流散量，静电荷逐渐积累；到一定程度后，静电荷的产生与流散达到动态平衡，静电荷的积累量保持某一动态稳定值。静电荷积累过程中 Q-t 曲线如图 5-16 所示。因此，在达到动态平衡前，微小时间 dt 内静电荷的净积累量 dQ 可表示为

$$dQ = I_0\, dt - \frac{Q}{\tau} dt \tag{5-32}$$

式（5-32）中，第一项 $I_0 dt$ 是介质内在 dt 时间内产生的静电量，这是为简单起见，假定介质起电是均匀的，即单位时间内的起电量（又叫起电电流）I_0 为常数；第二项是对式（5-31）进行微分的结果，表示介质在 dt 时间内静电荷的流散量，两者之差就表示 dt 时间内介质内静电荷的净积累量。

解微分方程（5-32），并设初始条件为 $Q|_{t=0}=0$，得

$$Q(t) = I_0\tau(1 - e^{-\frac{t}{\tau}}) \tag{5-33}$$

并可推出起电过程中，介质的质量电荷密度随时间变化为

$$\rho'(t) = i_0\tau(1 - e^{-\frac{t}{\tau}}) \tag{5-34}$$

式中，$\rho'(t)$ 为介质的质量电荷密度，i_0 为单位质量的介质的起电电流，亦设为常数。

说明：(1) 由式(5-33)作图，如图 5-16 所示。可以看出，一开始时介质内部静电荷随时间迅速增加。当 $t \to \infty$ 时，Q 趋于某一定值 Q_s，Q_s 为介质的饱和电量。即使 t 再增加，介质带电量 Q 不再增加，表明静电荷的产生和流散达到动态平衡。

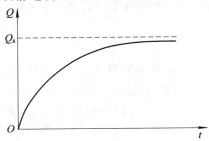

图 5-16 静电荷积累过程中 Q-t 曲线

(2) 介质的饱和电量为 $Q_s = I_0\tau = I_0\varepsilon_0\varepsilon_r\rho_V$，饱和电量 Q_s 既与静电荷的产生过程有关，又与静电荷的流散过程有关。人们通常所说的介质带电量实际上就是指静电荷的产生与流散达到动态平衡后的饱和电量。因此，为减小介质带电量，防止静电危害，就应设法减小 Q_s。而这可以从静电荷的产生和流散这两个过程来采取措施。

5.6.3 导体上静电荷的流散与积累

1. 导体上静电荷的流散

设导体置于绝缘支撑物上，如图 5-17 所示，并设导体对地电阻为 R，对地电容为 C。导体以某种方式带电后，若起电过程不再持续，则其上静电荷将不断地通过支撑物向大地流散(泄漏)，其等效电路如图 5-18 所示。

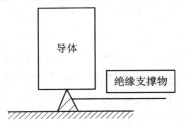

图 5-17 导体示意图

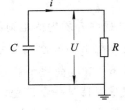

图 5-18 导体上静电荷流散的等效电路图

设通过对地电阻的放电电流为 i，则

$$i = -\frac{dQ}{dt} \tag{5-35}$$

流散电流可表示

$$i' = \frac{U}{R} \tag{5-36}$$

式中，U 是对地电容两端的电势差，也是电容板间的电势差，故又有

$$U = \frac{Q(t)}{C} \qquad (5-37)$$

将式(5-35)、式(5-36)、式(5-37)联立(假设流散电流等于放电电流)即得导体上任一时刻 t 的静电量 $Q(t)$ 所满足的微分方程为

$$\frac{\mathrm{d}Q}{Q} = -\frac{\mathrm{d}t}{RC} \qquad (5-38)$$

解此方程并设初始条件为 $Q|_{t=0} = Q_0$，则有

$$Q(t) = Q_0 \mathrm{e}^{-\frac{t}{RC}} \qquad (5-39)$$

也可得到导体上的静电位表达式为

$$U(t) = U_0 \mathrm{e}^{-\frac{t}{RC}} \qquad (5-40)$$

式中 U_0 为 $t=0$ 时导体上的初始静电位。

式(5-39)和式(5-40)反映了导体上静电荷(或静电位)随时间按指数规律的衰减，这种规律与介质内静电荷的流散规律是类似的。

说明：(1) 由式(5-39)看出，当 $t=RC$ 时有 $Q=Q_0/\mathrm{e}$。同样，把导体上静电荷衰减为起始值的(或电位的)1/e 所用的时间称为导体的静电放电时间常数，也用 τ 表示，即 $\tau = RC$，或用静电半衰期表示为

$$t_{1/2} = \tau \ln 2 = 0.069\tau = 0.069RC \qquad (5-41)$$

与介质类似，τ 也表征了导体带电后静电荷衰减的快慢与难易程度。

(2) 由式(5-39)看出，导体的静电放电时间常数取决于其对地电阻和对地电容。对地电阻 R 越小，则导体的静电放电时间常数越小，越容易使导体上的静电荷流散或泄漏。但也要适当控制对地电阻，否则有可能导致火花放电。举例来说，假如人站在电阻值 $R=10^{12}\ \Omega$ 的橡胶地垫上，人对地电容取 $C=200\ \mathrm{pF}$，则按式(5-41)算出人的静电放电时间常数 $\tau = RC = 200\ \mathrm{s}$；若人站在电阻值 $R'=10^8\ \Omega$ 的防静电地坪上，则人的静电放电时间常数 $\tau' = RC = 0.02\ \mathrm{s}$；若人直接与地面接触，则静电放电时间常数更小。由于在极短时间内通过较大的电量，因此有可能导致火花放电。由此可见，对于带电的导体，可采用接地方法，以有效地将静电荷导走，但应适当控制对地电阻。

2．起电过程中导体上静电荷的积累

现在同时考虑导体上静电荷的产生和流散两个相反的过程。设导体单位时间内静电荷的产生量为常数，即 I_0 为常数，则在 $\mathrm{d}t$ 时间内静电荷的产生量为 $I_0\mathrm{d}t$，而在相同时间内导体通过对地电阻对地流散的电量为 $-\frac{Q}{RC}\mathrm{d}t$，所以在 $\mathrm{d}t$ 时间内导体上静电荷的净积累量为

$$\mathrm{d}Q = I_0\mathrm{d}t - \frac{Q}{RC}\mathrm{d}t \qquad (5-42)$$

解微分方程(5-42)，并设初始条件为 $Q|_{t=0}=0$，得

$$Q(t) = I_0 RC (1 - \mathrm{e}^{-\frac{t}{RC}}) \qquad (5-43)$$

也可以用导体上的静电位表示为

$$U = I_0 R (1 - \mathrm{e}^{-\frac{t}{RC}}) \qquad (5-44)$$

式(5-44)说明起电过程中导体上静电荷的积累规律与介质内静电荷的积累规律类似。

当 $t \to \infty$，即 $t \gg RC$ 时，导体上的静电量 $Q \to I_0 RC = I_0 \tau$，记为 Q_s；导体上的静电位 $U \to I_0 R$，记为 U_s，称 Q_s 为导体的饱和电量，U_s 为导体的饱和静电位。

说明：导体上静电荷流散和积累的推导公式与实际情况符合得相当好，但介质内静电荷流散和积累的推导公式与实际情况之间有较大的偏差。虽然以上导出的介质内的静电荷都按指数规律衰减，但这些规律都只是近似成立的，与实验结果存在一定的偏差。这主要因为建立上述规律的理论基础是包括欧姆定律在内的一些经典静电学的理论。按照欧姆定律，电压和电流之间具有恒定的比例关系，即电路中的电阻值应是一个不变的常数。但在高压静电场中，介质的电阻值是电场强度的函数，随着电场强度的升高，电阻值变小，介质的电阻值不再是常量。因此，欧姆定律对于介质在高场强度下是不适用的。

5.7　人体起电

人是生产活动和科学实践的主体，同时也非常容易产生、积累静电，所以研究人体静电起电的规律非常重要。但由于人体起电受衣装、周围环境的影响，且人体的活动方式具有复杂性，因而对人体起电的定量描述目前还很不成熟。

5.7.1　人体起电的定义及起电机理

1. 人体起电的定义

从实用观点看，人体静电造成危害的可能性及大小主要是由人体相对于大地(或与人绝缘的其他物体)的电势差所决定的。从这个意义上，可将人体静电定义如下：若相对于所选定的零电位参考点(一般选大地)，人体的电位不等于零，则此人体的带电叫作人体静电，而把人体相对于大地的电势差叫作人体静电位。由于人体近似为一导体，存在对地电容，所以人体可积聚静电电量和能量，故也可以从人体的带电量来定义人体静电。

必须指出，无论是从电位的角度还是从电量的角度定义人体静电，都是把人的肉(肌)体、着装甚至周围环境作为一个整体来考量的。也就是说，人体静电位应是包括着装在内的一切空间静电场对人的肌体共同作用的总效果，所以在测量人体静电位时，应测量人体肌体的静电位。由于人体肌体基本上(或近似的)为一等位体，因此人体静电位在某一时刻一般只呈现某一极性的定值。那种把人体衣装上某处的静电位当作人体静电位的看法是错误的。

2. 人体起电的主要机理

人体起电的方式有很多，但主要仍是接触起电和摩擦起电。在正常条件下，人体电阻在数百欧至数千欧之间，故可将人体本身近似地视作导体。当人体被鞋、袜、衣服及帽等包覆，且这些物品多半又是由化纤等高绝缘材料制成时，人体就成了一个对外绝缘的孤立导体。人在进行各种操作活动时，由于皮肤与内衣、内衣与外衣、外衣与所接触的各种介质发生接触-分离或摩擦，都会使人体与衣装带电。同时，人在行走时，鞋子与地坪的频繁接触-分离，也会使鞋子带电，并迅速扩散到全身，达到静电平衡而形成人体静电。人体起电还有一些其他方式，如感应起电、吸附起电及触摸带电体时起电等，此处不再赘述。

5.7.2　人体带电的规律

根据对人体静电特性的分析，人体自身电阻约为数百欧到数千欧，对地电容约为几百皮法，因此可把人体近似看作导体，基于这一事实，可对人体带电过程进行如下理论分析。

人体带电是静电荷产生和静电荷流散这两个相反过程达到动态平衡的结果。人体静电积累的等效电路图如图 5-19 所示。图中 $i(t)$ 表示人体的起电速率，即单位时间内静电的产生量；C 表示人体对地电容；R 是对地泄漏电阻；S 表示人体起电时闭合、不起电时断开的一个假想开关。

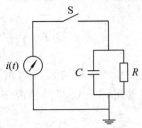

图 5-19　人体静电积累的等效电路

在某时刻 t 以后的微小时间 dt 内，人体静电产生量为 $i(t)dt$，而人体静电流散量为 $Q\,dt/RC$，则人体的静电积累量为

$$dQ = i(t)dt - \frac{Q}{RC}dt \tag{5-45}$$

亦即

$$\frac{dQ}{dt} + \frac{Q}{RC} - i = 0 \tag{5-46}$$

解微分方程(5-46)得

$$Q(t) = e^{-\frac{t}{RC}}\left[\int_0^t e^{\frac{t}{RC}}i(t)dt + Q_0\right] \tag{5-47}$$

由于起电速率 $i(t)$ 是时间的随机函数，当其解析表达式不能给定时，就无法根据式(5-47)得出人体的带电结果。根据起电的实际物理过程并作出适当的近似，下面讨论两种具体情况。

1. 起电速率 $i = I_0 =$ 常量

这种情况相当于人体连续均匀地起电，与我们以前讨论导体上静电荷积累的情况类似，将 $i = I_0$ 代入式(5-47)得

$$Q(t) = I_0 RC(1 - e^{-\frac{t}{RC}}) + Q_0 e^{-\frac{t}{RC}} \tag{5-48}$$

由式(5-48)可见，在连续均匀的起电情况下，人体静电积累量由两部分组成，式(5-48)右边的第一项反映了起电电流对人体静电量的影响，当时间足够长时，其趋于 $I_0 RC$；第二项则反映了起始电量 Q_0 对人体静电量的影响，当时间足够长时，其趋于零。这表明无论人体起始带电多少及极性如何，人体带电量最终将趋于饱和电量 Q_s，即

$$Q_s = I_0 RC \tag{5-49}$$

根据近似计算和分析可知，人体静电位的解析表达式为

$$U(t) = I_0 R(1 - e^{-\frac{t}{RC}}) + U_0 e^{-\frac{t}{RC}} \tag{5-50}$$

式中 U_0 为 $t = 0$ 时的人体初始静电位。

2. 阶跃起电

对于实际人体起电过程来说，连续起电的过程是极少的，多数情况下起电过程只持续一段时间后就终止。而在这段时间内起电近似均匀，即起电速率可近似表示为如下阶跃

函数:

$$i = \begin{cases} I_0(\text{常数}) & (0 \leqslant t \leqslant T) \\ 0 & (t > T) \end{cases} \tag{5-51}$$

将 i 的表达式(5-51)代入式(5-47),可得

$$Q(t) = \begin{cases} I_0RC(1 - e^{\frac{t}{RC}}) + Q_0 e^{\frac{t}{RC}} & (0 \leqslant t \leqslant T) \\ I_0RC e^{-\frac{t}{RC}}(e^{\frac{T}{RC}} - 1) + Q_0 e^{-\frac{t}{RC}} & (t > T) \end{cases} \tag{5-52}$$

式中 Q_0 为 $t = 0$ 时的人体初始静电量。

同理可得阶跃起电情况下人体静电位为

$$U(t) = \begin{cases} I_0R(1 - e^{-\frac{t}{RC}}) + U_0 e^{-\frac{t}{RC}} & (0 \leqslant t \leqslant T) \\ I_0R e^{-\frac{t}{RC}}(e^{\frac{T}{RC}} - 1) + U_0 e^{-\frac{t}{RC}} & (t > T) \end{cases} \tag{5-53}$$

式中 U_0 为 $t = 0$ 时的人体初始静电位。

为简单起见,设人体最初不带电,即 $t = 0$ 时,$U_0 = 0$,则有

$$U(t) = \begin{cases} I_0R(1 - e^{-\frac{t}{RC}}) & (0 \leqslant t \leqslant T) \\ I_0R e^{-\frac{t}{RC}}(e^{\frac{T}{RC}} - 1) & (t > T) \end{cases} \tag{5-54}$$

说明:(1) 由式(5-54)可见,在阶跃起电中,一开始人体静电位随时间按指数规律增大。而当 $t = T$ 时,即阶跃电位结束的瞬间,人体静电位达最大值,且此时的最大值为

$$U(t) = I_0R(1 - e^{-\frac{T}{RC}}) \tag{5-55}$$

在此后的时间内($t > T$),人体静电位又按指数规律减少。从式(5-55)还可看出,阶跃起电持续的时间越长,人体最大静电位越接近于连续起电时饱和静电位 I_0R,反之亦然。

(2) 当人站在绝缘的地坪上或穿绝缘底鞋时,因其对地电阻 R 值甚大(一般 $R > 10^{13}$ Ω),而 C 为几百 pF 量级,这样 RC 为 10^3 量级。一般情况下 $T < RC$,即在理想起电情况下,因为 $U(t) = I_0R(1 - e^{-\frac{t}{RC}})$,所以只有当 t 经过数个 RC 时人体静电位才能达到饱和静电位 I_0R。这就使得人体在阶跃起电时要比在连续起电时更快地达到最大静电位,因此阶跃起电比连续起电具有更大的危险性。

应当指出的是,作以上理论分析时都认为人体静电特性参数 R 和 C 恒定不变,但在实际起电过程中,由于人体的动作复杂多变,往往会导致 RC 发生变化,这就使得实际起电过程变得非常复杂。

5.7.3 影响人体带电的主要因素

1. 起电速率的影响

起电速率是由人的活动或操作速度决定的。人的活动或操作速度越快,起电速率也越大。无论是连续起电还是阶跃起电,人体的饱和电量都随起电速率的增大而增大,有关实验也支持这一结果。所以,在存在静电危险的场所,要规定各种操作速度的安全界限。

2. 人体对地电阻的影响

理论分析结果表明,在起电速率一定的条件下,人体对地电阻越大,人体的饱和带电

量(或电位)就越高。而人体对地电阻主要取决于鞋子和地坪的绝缘程度，所以人所穿的鞋袜及所处地坪材料对人体静电位有着非常大的影响。

3. 人体对地电容的影响

人体带电后，其放电很慢，即人体带电量近似认为不变。由 $U = Q/C$ 可知，人体对地电容的减小将导致人体静电位的增高，即人体静电位与人体对地电容大致保持反比例关系。实验表明，人在行走一段时间后，单脚直立时的静电位总是明显高于双脚直立时的静电位，这是因为人在单脚直立时的对地电容小于双脚直立时的对地电容。因此当人在对 ESD 敏感的场所时，应禁止不必要的动作。

4. 人体着装的影响

人体静电定义中已指出，人体静电应是包括着装在内的一切空间静电场对人的肌体共同作用的总效果。所以人体静电与所穿服装有密切的关系，即服装带电直接影响人体带电。人体所穿服装的材料一般均属介质材料。特别在现代社会中，各种化纤材料在服装面料中所占比重日益增大，因其具有很高的绝缘性能，故很容易产生、积累静电，服装静电再作用于人体，从而使人体带电程度升高。

思考题与习题五

5-1　什么叫固体的接触起电？其基本模式是什么？

5-2　使铝箔紧贴于铁板上，发生紧密接触。已知铝和铁的功函数分别为 $\phi_{Al} = 4.10 \text{ eV}$，$\phi_{Fe} = 4.08 \text{ eV}$。求：

(1) 两者带电的极性；

(2) 两者间接触电势差；

(3) 铁板表面的面电荷密度；

(4) 使铝箔剥离开 0.5 mm 时两者之间的电势差。

5-3　高纯尼龙条子由铁辊导引，求两者紧密接触时条子上每单位面积所带电量。当条子离开铁辊 1 mm 时，条子上的静电位是多少(已知尼龙的相对介电常数、功函数、导热系数分别为 $\varepsilon_r = 4$、$\phi = 4.08 \text{ eV}$、$\lambda = 5.1 \times 10^{-6} \text{ m}$；铁的功函数 $\phi_{Fe} = 4.08 \text{ eV}$)？

5-4　已知铝和铜的功函数分别为 $\phi_{Al} = 4.10 \text{ eV}$，$\phi_{Cu} = 4.50 \text{ eV}$。PU 聚酯薄膜(涤纶薄膜)$(\varepsilon_r = 3)$与铝板紧密接触，测得铝板的面电荷密度 $\sigma_m = 8.3 \times 10^{-6} \text{ C/m}^2$，然后再使此薄膜与铜板接触，又测出铜板的面电荷密度 $\sigma'_m = 3.9 \times 10^{-6} \text{ C/m}^2$，求聚酯的功函数与电荷穿入深度。

5-5　已知 $K = 3.0 \times 10^5 \text{ N} \cdot \text{m}^2/\text{C}$，黏胶纤维与腈纶的相对介电常数分别为 $\varepsilon_{r1} = 7.7$ 和 $\varepsilon_{r2} = 3.1$，两种织物紧密接触，试由 Corn 法则估算二者的起电量。

5-6　简述各摩擦条件对固体接触起电的影响。

5-7　试证明纺织材料的静电放电时间常数 τ 与静电半衰期 $t_{1/2}$ 之间存在如下关系：$t_{1/2} = 0.69\tau$。

5-8　当相对湿度(RH)为 20% 时，纯尼龙织物的体积电阻率 $\rho_V = 1.08 \times 10^{13} \text{ }\Omega \cdot \text{cm}$。

而当相对湿度(RH)为 75% 时，体积电阻率 $\rho'_V = 4.12 \times 10^{10}$ Ω·cm。求两种相对湿度下尼龙织物的静电放电时间常数，由此可得出什么结论？

5-9　人在 0.05 s 内突然从皮椅上站起，起电量为 3.0×10^{-6} C，设地面是完全绝缘的。

(1) 求人体获得的静电能。

(2) 若人是站在对地电阻 $R = 10^6$ Ω 的防静电地坪上，仍进行上述动作，求人体最大静电位及静电能(人对地电容取 200 pF)。

5-10　人在对地电阻为 10^6 Ω 的地坪上，若其带 3.0×10^{-7} C 的静电量，则电量衰减到 1.5×10^{-7} C 需多少时间(人对地电容取 300 pF)？

5-11　带电为 -5500 V 的人体不慎接触室内金属管而发生放电，其放电火花可否点燃乙醚(人对地电容取 200 pF，乙醚的最小点火能为 0.13 mJ)？

5-12　简述固体起电的其他方式(除接触起电以外的方式)。

阅读材料

第 6 章　纺织静电的危害及防护

静电对工业生产的危害形式大体上可分为三种类型：静电障碍、静电电击和静电事故。由于在不同的工业领域中，生产加工的对象和生产工艺、设备不同，所以静电危害引起各种生产障碍的同时也存在着由静电放电引发静电事故的可能；而在电子工业中，静电放电会造成电子元器件的击穿损害和电子设备的整机失效；在石油、化工、采矿等行业，可能会有静电放电火花作为点火源引起的燃爆火灾事故。但应该指出，在不同行业中，虽然防止静电危害的具体措施有所不同，但消除静电危害的原理却是一致的，即尽量减小静电荷的产生量，加强静电荷的泄漏，创造使静电荷得以中和的条件。本章主要介绍纺织材料的静电危害和一些聚合物材料工业制品的防护措施。

6.1　纺织材料的静电危害

6.1.1　纺织材料的静电效应

进入 20 世纪以来，合成纤维的生产与应用得到飞速发展。但这种高分子聚合物固有的高绝缘性和憎水性，使之极易产生、积累静电。因此随着合成纤维的大量使用，纺织材料的带电现象及由此而出现的静电故障和危害也日趋严重，无论从生产和消费的角度来看，消除静电危害都已成为亟待研究和解决的问题。

如前所述，纺织材料在使用过程中也发生着两个相反的静电过程，即产生和流散。因此，实际的静电荷水平应是这两个相反过程达到动态平衡的结果。由纺织材料上的实际静电荷水平(静电荷的积累量)所引起的一系列物理效应称为纺织材料的静电效应。这些物理效应主要包括力学效应、放电效应和静电感应效应。

1. 力学效应

因为带电体周围的电场具有力的作用，所以带电体(如纤维和服装面料)吸引或排斥附近轻小物体的现象称为静电的力学效应。

根据 Maxwell 应力公式，带电体每单位面积所具有的静电作用力为

$$f = \frac{\sigma_p^2}{2\varepsilon} = \frac{\varepsilon E^2}{2} \tag{6-1}$$

式中，σ_p 为面电荷密度，E 为带电体表面附近的场强，ε 是周围介质的介电常数。

由式(6-1)计算可知，在通常的带电密度下，静电作用力的数值并不大，一般为每平方厘米数百毫克，所以静电的力学效应仅表现为吸附或排斥现象。

在实际过程中,一般认为当纤维或纱线上静电荷的质量电荷密度大于 10^{-8} C/g,或其上静电压大于 100 V 时,纤维或纱线的运动规律就会明显受到干扰,在纺织生产过程中会出现乱丝、缠绕、飞花、跳纱等现象。

2. 放电效应

当带电体(如服装)所产生的电场的强度超过周围绝缘介质的击穿场强时,介质被高度电离而变成导体,并伴有发光和声响,这就是静电的放电效应。放电现象实际上是静电场的能量以光、热和声的形式释放出来的现象。常见的放电现象是在空气中发生的。根据理论计算,靠近空气的介质表面上积累静电荷时便产生静电场,在 1 个大气压下,当空气中介质(如服装面料)的面电荷密度值的数量级为 10^{-8} C/m^2 时,就开始发生静电放电。

当导体发生静电放电时,其储存的能量一般可全部释放,因而可根据公式 $\frac{1}{2}CU^2$(其中,C 为导体的对地电容,U 为导体对地电势差)估算放电能量。但当绝缘体放电时,其只能释放部分能量,计算比较复杂。

3. 静电感应效应

静电感应效应是指带电体(如人体)附近存在被绝缘的导体时,在该导体表面会出现感应电荷的现象。静电感应效应如图 6-1 所示,导体表面感应电荷为

$$Q_s = \int_s \varepsilon_0 \boldsymbol{E} \cdot \mathrm{d}\boldsymbol{S} \qquad (6-2)$$

式中,S 为受静电感应的物体表面积,E 为该表面处的场强。

导体表面上感应电荷有正负两种,且整个导

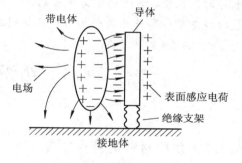

图 6-1　静电感应效应

体上的正负电荷处于平衡状态。但由于导体表面上正负电荷以完全分离的形式存在,因此导体和表面带有静电的物体是完全等价的,也会发生如上所述的力学效应和放电效应而引发静电危害。

6.1.2　纺织材料在生产加工中的静电障碍和危害

纺织材料(纤维及其制品)在生产加工和使用过程中,由于受摩擦、牵伸、压缩、剥离、电场感应及热风干燥等因素的作用而产生静电。如果静电不能通过各种途径迅速散失,那么会在材料和加工机械上逐渐积累、增加。基于静电的力学效应和放电效应,静电的积累达到一定程度时将会引发如图 6-2 所示的各种障碍和危害。

纺织材料在生产和加工过程中受各种因素作用而在材料和加工机械上产生并积累静电,在电场力作用下,纤维或纤维制品(纱线、丝条和织物)在各道工序中的运动规律受到干扰,从而影响了正常生产。此外,静电还会引发对操作人员的静电电击,有可能产生二次事故。实践表明,静电障碍和危害几乎遍及于纺织材料生产加工的各个过程,只不过程度有所不同,如表 6-1 所示。

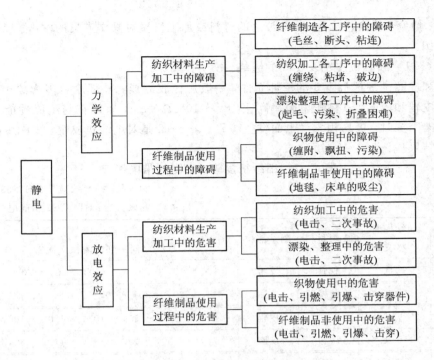

图 6-2　纺织静电障碍和危害的典型表现

表 6-1　纺织加工中各生产工序的静电障碍和危害

过　程	生产工序	静电障碍和危害
纤维制造	纺丝	丝束发散,不易卷绕
	烘干	出现乱丝
	切割	粘连
纺纱	开松	输出纤维层厚薄不匀;纤维缠绕压辊、罗拉
	梳理	纤维层蓬松、造成粘卷;棉网破边,成条疏松,易堵塞圈条、斜管
	并条	缠绕皮辊、罗拉;破条破边,堵塞斜管;条子成形松软、飞花增多
	粗纱	缠绕皮辊、罗拉;粗纱毛羽增多,成形松软
	细纱	缠绕皮辊、罗拉;造成断头频繁、飞花增多
织造	络筒	纱线毛羽增多,筒子成形不良,严重时纱管部位可造成电击
	整经	纱线不能整齐排列,造成紊乱,起毛起球,对挡车工造成电击
	浆纱	纱线起毛;在分绞棒和伸缩箝处,挡车工会受到电击
	织造	纱线表面毛绒变长,引起开口不清,跳花、跳纱等疵点增多
整理	织坯整理	坯布易吸尘;折叠困难;挡车工接触加工机械或坯布时有电击感
	烘干	成布折叠困难,影响储运;烘干机对挡车工造成电击
	热定型	织物表面或热定型机架上的静电对挡车工造成电击

由表 6-1 可以看出,纺织加工中较为普遍的静电障碍和危害可归纳为纤维及其制品

易于缠绕、堵塞、污染、起毛，以及带电的材料或加工机械对操作人员的电击。以下分析几个典型实例。

实例 6-1 细纱机皮辊及皮圈的缠绕。

皮辊和皮圈是细纱机重要的牵伸元件，一般用橡胶制成，外部涂料多为漆类。对于未经处理的皮辊和皮圈，其体积电阻率高达 $10^{14} \sim 10^{15}$ Ω·cm，所以在与绝缘性能也较高的纱条或机架摩擦时，极易积累静电而发生障碍。表 6-2 是对细纱机皮辊、皮圈带电情况的现场测试结果。

表 6-2　细纱机皮辊、皮圈的带电情况

测试条件：$t = 21℃$，RH＝53%

测试仪器：STAT02 型静电电压表

机台型号	纺纱原料纱支	皮辊材料	测试部位	静电压/V (同一部位测试 7 次)
A513MA	纯棉 45 支	胶管	皮辊	−10，−10，−20，0，−50，+20，−30
		丁腈橡胶	皮圈	−40，−20，−30，+10，−60，−10，−20
	T/C 45 支	—	皮辊	−100，+80，−110，−100，−130，−100，−120
		涂料	皮圈	−110，−120，−120，−90，−110，+30，−100
	T1/R 30 支	大漆	皮辊	−140，−100，−120，−120，−150，−100，−100
		—	皮圈	+130，−110，−130，0，−100，+70，−140

由表 6-2 可以看出，在纺 T/C、T1/R(其配样方案均为涤、棉)时，无论皮辊还是皮圈上的静电压值都已达到或超过 100 V。这表明，牵伸元件的带电程度已足以扰乱纱线的正常运动规律而发生生产障碍。常见的是当皮辊、皮圈与纱线带有异号电荷时所出现的绕花、缠花现象。缠绕不仅会降低细纱条的光洁度，而且会频繁引起细纱断头，影响纱支产量、质量和增大挡车工劳动强度。据现场观察，缠绕严重时甚至会造成停车，工人不得不用刀片或其他锐器把粘花从皮辊上一点一点地刮掉，这样不仅浪费工时，而且大大缩短了皮辊使用周期。有关统计资料表明，某大型纺织厂的细纱车间，每月因"刀伤"而报废的皮辊竟高达数千只。

顺便指出，在并、粗、细纱诸工序常发生的缠绕现象，除由静电吸附作用引起外，还可能与其他多种因素有关。因此，最好在生产现场对缠绕部位的带电情况进行测试，以便对缠绕原因作出正确判断。

实例 6-2 坯布和装布对操作工的静电电击。

对操作工的静电电击是纺织加工中最常见的静电危害。根据日本对 422 家大、中型纤维工业企业的调查，由于静电电击引起的危害占全部危害事件的 32%。

在整理车间的验布工序，常使用铁制胶轮小车盛放由验布机落下的坯布。织物进入小车前，先是受到橡胶-金属辊的挤压，而后又经过滚筒的导引。如此频繁的接触-分离过程使其带上较强的静电，再加上带电织物进入装布车后的折叠、堆积，当小车装满坯布后所积累的静电荷就很可观了。因此当工人接触织物或推动小车时常会受到电击。强烈的电击往往令操作工感到极度惊恐和不快，还有可能引发二次事故。开始时，车间安全技术人员一度怀疑电击是由于机械"漏电"造成的，后经电工仔细检查，排除了这一可能性。当在生产现场检测了装置的静电压后，确认电击是由于静电放电引起的。测试情况如表 6-3 所示。

表 6-3 验布机下装布车的带电情况

测试条件：$t = 21℃$，$RH = 53\%$

测试仪器：STATO2 型静电电压表

验布机型号	织物名称	部分工艺条件	测试部位	测试状态	机台编号	静电压/kV
G313-180	8364（涤/棉，65/35）	车速：20 m/min 压力：30 kg	装布车	刚装满坯布时	1	−3.0
					2	−26
					3	−4.0
					4	0
					5	−20
					6	−1.0
					7	−3.5

由表 6-3 可看出，除第 4、6 号车以外，其余各台装布车上静电压均已达到或超过人对静电电击的感知极限 3 kV。静电电击时人体的反应如表 6-4 所示，故当工人接触坯布或推动装布车时就会在带电体与人体之间发生放电，使人体受到电击。

表 6-4 静电电击时人体的反应

电压/kV	电击程度
1	无感觉
2	手指外侧有感觉，但无疼痛
2.5	放电部位有针刺感、轻微冲击感，但无疼痛
3	有轻微和中等针刺痛感
4	手指轻微疼痛，有较强针刺感
5	手掌乃至手腕前部有强烈电击感
6	手指剧疼，手腕后部也有强烈电击感
7	手指、手掌剧痛，有麻木感
8	手掌乃至手腕前部有麻木感
9	手腕剧痛，手部严重麻木
10	整个手剧痛，有电流通过感
11	手指剧烈麻木，整个手有强烈电击感
12	由于强烈电击，整个手有强烈打击感

实例 6-3 牵伸机锭子对挡车工的静电电击。

在纺织加工中，静电电击有时发生在挡车工需要经常接触或靠近的纺机部件上。例如，在制造化纤的牵伸机上，初生纤维由导丝器进入锭子系统加捻、卷绕并在纱管上成型。在此过程中，由化纤与塑料等高绝缘材料制成的纱管间剧烈地摩擦，使纱管带上很高的静电压，并会使附近的钢领板等金属部件带上较高的静电，如表 6-5 所示，从而使挡车工遭到电击。

表 6 - 5　牵伸机锭子各部件的带电情况

测试条件：$t=25.5℃$，$RH=65\%$

测试仪器：DWJ - 81 型静电电压表

表中数据为各被测部位静电电压值，单位：kV

机台型号	纺丝品种	锭子转速	被测部件名称			
			锭子编号	纱管（满纱状态）	钢领板	底盘
IC9160AA	POY涤纶丝	7700 r/min	012	+6.5	-4.0	-1.5
			024	+4.5	-2.5	-3.0
			028	+7.0	-4.5	-3.5
			034	+5.0	-3.5	-3.5
			042	+5.5	-3.0	-2.0
			050	+4.0	-3.0	-1.0

6.1.3　纤维制品在使用过程中的静电障碍和危害

纤维制品在使用(主要是服用，还有其他非服用方式)过程中，经常发生织物与人体、织物与织物、织物与其他绝缘材料之间的相互摩擦作用，再加上剥离、电场感应等因素，极易在纤维制品(特别是合成纤维制品)上积累静电。当静电大到服用者感到不适及在其他场合足以引起事故或灾害时，就出现了纤维制品在使用过程中的静电障碍和危害，详见表 6 - 6 所示。

表 6 - 6　纤维制品在使用过程中的静电障碍和危害

使用方法	制品种类	静电障碍和危害
服用	服装	易于吸附尘埃、短绒和污物，引起服装之间或服装与人体之间的纠缠抱合，合纤内衣由于局部小型放电对皮肤产生刺激
	女裙	易缠附于人腿，且随服用者加快步伐而加剧，严重时会使人行走困难
	袜子	与裤腿之间的缠附，易吸附腿部皮肤，使腿部皮肤感到发痒
	手套	在危险场合放电火花可能引燃引爆；击穿电子器件，使计算机误动作
	工作服	在危险场合引燃引爆；击穿电子器件，使计算机误动作
非服用	床单(或坐垫)	易吸灰，电击，放电火花可能引燃引爆
	地毯	易吸灰；电击；在危险场合引燃引爆；击穿电子器件，使计算机误动作
	工业用滤布	除尘或工业用滤布的放电火花可能引燃引爆
	油品取样绳	引燃引爆
	降落伞	由于静电缠附而导致在空中打不开降落伞

根据表 6 - 6，可将纤维制品在使用过程中的静电障碍和危害归纳为吸尘污染、缠附抱合、击穿、电击、引燃引爆等几个方面。特别是合纤制品带电后引起的静电放电火花，往往成为易燃易爆场所的点火源，使化工、石油、军火、食品、医药、航空等部门屡屡受危害。以下分析一个典型实例。

　　实例 6 - 4　人体衣装上的静电及其危害。

　　人在穿用服装时由于衣料与人体以及衣料之间的摩擦而带电,如果再伴随着脱衣动作,则静电现象更为明显。表 6 - 7 为不同纤维材料的内衣和外衣,在刚穿上时、穿上 5 min 后和脱衣时的实测静电压值。

表 6 - 7　衣装的静电带电情况

测试条件：$t=20℃$，$RH=65\%$

外衣	内衣	刚穿上时静电压/kV	穿上 5 min 后静电压/kV	脱衣时静电压/kV
涤/棉	棉	0	0	−0.5
合纤 A	棉	−0.1	−0.1	−4.5
合纤 B	棉	−0.2	−0.3	−4.8
涤/棉	合纤 C	0	−0.03	−0.3
合纤 A	合纤 C	−0.44	−1.0	−1.5
合纤 B	合纤 C	−0.3	−1.5	−3.0
羊毛	合纤 D	+0.3	+0.15	+1.5
合纤 A	合纤 D	+0.1	−0.2	−10.0
合纤 B	合纤 D	−0.4	−0.4	−9.0

　　由表 6 - 7 可以看出,当人穿用合纤类内、外衣时,穿上 5 min 后衣装上的静电压可达数百伏至一千多伏;而在脱衣时更可高达数千伏至上万伏。如果人体衣装上的静电压为 1 kV(在人们的生产和日常活动中,这是经常可能遇到的),那么这可能带来什么危害呢?

　　取人的对地电容 $C=400$ pF,则其静电放电能量 $W=CU^2/2=400×10^{-12}×(10^3)^2/2=0.2$ mJ。许多可燃性气体、液体、粉尘等的最小点火能量都低于这一数值。例如,氢气的最小点火能量是 0.019 mJ,乙醚的是 0.13 mJ,甲醇的是 0.14 mJ;许多炸药的最小点火能量更低,达 0.001 mJ。因此人体衣装上的静电引起的放电火花足以使这些物质引燃、引爆,酿成严重的灾害事故。可见穿用合纤类衣装的人体犹如"活动火柴"般危险。再比如,PNP 型晶体管的发射极和基极间的最大电压仅为 7.5 V,当操作人员衣装上的静电压达到 1 kV 时,经推算完全可能使两极间发生静电击穿而使晶体管报废。

6.2　纺织静电的消除原理

6.2.1　纺织材料静电荷的产生和流散

　　纺织材料在生产加工或使用中,既有静电荷的产生,又有静电荷的流散(静电荷的流散主要是通过中和与泄漏两条途径来实现的)。因此,实际的静电荷水平应是这两个相反过程达到动态平衡的结果。达到动态平衡时的实际静电荷水平(静电荷的净积累量)就是该种材料的带电量。

　　在同时考虑材料的起电和流散这两个过程时,其静电荷的积累服从如下规律:

$$Q(t)=Q_s(1-e^{-\frac{t}{\varepsilon_0\varepsilon_r\rho v}})=Q_s(1-e^{-\frac{t}{\tau}}) \tag{6-3}$$

式中，τ 称为材料的静电放电时间常数，$\tau = \varepsilon_0 \varepsilon_r \rho_V$，它的大小取决于材料的体积电阻率和介电常数；$Q_s = I_0 \tau$ 是起电与流散达到平衡后的饱和电量，它与起电电流 I_0 和材料的静电放电时间常数有关。

由式(6-3)可见，当 $t \gg \tau$ 时有 $Q \to Q_s$，亦即静电荷的产生与流散达到平衡。因此，Q_s 就代表了材料上的实际静电荷水平，并决定着材料对外表现出的静电效应的强弱。同时，$Q_s = I_0 \tau$ 正说明材料上静电荷的多少不仅与静电荷的产生过程有关，而且也与静电荷的泄漏密切相关。由此看出，消除各种纺织静电障碍和危害归结为设法减弱材料的静电效应。

根据以上讨论可知，为减弱纺织材料的静电效应可以从三个方面着手：减少静电荷的产生，加快静电荷的泄漏，创造使静电荷得以中和的条件。后两个方面显然是基于静电荷的流散过程提出的。以上三个方面就是消除纺织静电障碍和危害的基本原理。

6.2.2 纺织静电的评价指标

为便于判断纺织材料静电效应的强弱，以便制定相应的消电措施，同时也为了对各种消电方法的效果进行比较，必须要有表征纺织材料静电效应强弱的定量指标，并且，这些指标最好能够很方便地加以测定。

在决定纺织材料静电效应的两个相反过程中，究竟哪一个是主要因素？如果纺织材料的电阻率都很高，则可认为主要是静电荷泄漏的快慢，而不是静电荷产生的多少决定着纺织材料的静电效应。这是因为，静电荷通过绝缘材料泄漏时遵循如下规律：

$$Q(t) = Q_0 e^{-\frac{t}{\varepsilon_0 \varepsilon_r \rho_V}} = Q_0 e^{-\frac{t}{\tau}} \tag{6-4}$$

由于绝缘材料的体积电阻率 ρ_V 都很大，所以静电放电时间常数 τ 也很大，即材料上的静电荷泄漏缓慢。例如，纯涤纶的静电放电时间常数约为 43 分钟，另一些体积电阻率更高的合纤材料的静电放电时间常数甚至可达数小时之多。所以即使产生静电的工艺过程停止较长一段时间后，材料上仍可保留足以引起纺织静电障碍和危害的静电量。这一观点已为实践所证实，同时从实用观点看，静电的衰减特性更容易测量些。因此，可采用材料的静电半衰期 $t_{1/2}$（$t_{1/2} = 0.69\tau = 0.69\varepsilon_0 \varepsilon_r \rho_V$）作为衡量材料静电效应的指标。但材料的静电半衰期与材料的体积电阻率 ρ_V 成正比，而各材料的表面电阻率 ρ_S 与体积电阻率又是相关的。又考虑到 ρ_S 的测量不仅简单，而且复现性也较好，所以通常用表面电阻率 ρ_S 作为衡量材料静电效应的重要指标。

威尔逊(Wilson)和傅科(Valko)通过研究，分别得出了纺织材料的表面电阻率与其静电效应之间的相关关系，如表6-9所示。

表6-8 纺织材料的表面电阻率与其静电效应之间的关系

表面电阻率对数值 $\lg\rho_S$	静 电 效 应	
	威尔逊的试验结果	傅科的试验结果
>13	极强	极强
12～13	强	强
11～12	中等	中等
10～11	较弱	弱
<10	弱	很弱

上述关系已被应用到实际中。例如，在美国国家防火协会制定的标准中，有关床单及其他医用纺织品的防静电规范都是以电阻率的高低为标准的。凡有麻醉品存在的场所，织物的表面电阻率都要求低于 10^{11} Ω。在纤维制品的服用中，当表面电阻率降到 $10^{11} \sim 10^{12}$ Ω 时，不会发生明显的缠附、抱合等情况。

需要指出，采用电阻率衡量材料的静电效应并不是很完善的。实验表明，仅靠电阻率一项指标进行判断，有时会得出与实际情况不符的结果。特别是对于表面涂层（或镀层）的纤维制品及混纺织物等复合材料，仅用电阻率一项指标常会作出有关静电效应的错误评价。这是因为决定纺织材料静电效应的直接物理量应是材料上的电量及与此相关的电场强度、电流和电压等参数，但这些参数的测量一般比较复杂，而且复现性也较差。为了对纺织材料的静电效应作出符合实际的正确评价，除电阻率外，还应附加其他指标，如纺织材料的静电半衰期、带电量或面电荷密度以及表面静电压等。

6.2.3 影响静电效应的主要因素

综合考虑决定纺织材料静电效应的两个相反过程——静电荷的产生和流散（中和与泄漏），可以提出影响静电效应的几个主要因素。

1. 电阻率的影响

由材料上的饱和电量 $Q_s = I_0 \varepsilon_0 \varepsilon_r \rho_V$ 以及静电半衰期 $t_{1/2} = 0.69 \varepsilon_0 \varepsilon_r \rho_V$ 可以看出，动态平衡后材料所带静电荷的多少以及静电衰减的难易、快慢程度，直接受到 ρ_V 和 $\varepsilon = \varepsilon_0 \varepsilon_r$ 乘积的影响。但从数值上看，ρ_V 要比 ε 大得多；从水分等外界条件对它们的影响看，ρ_V 也要比 ε 敏感得多。所以对于材料的静电效应来说，电阻率比介电常数起着更为重要的作用。

电阻率主要受到水分的影响。对于多数纺织纤维，在相对湿度为 $30\% \sim 90\%$ 的范围内，其质量电阻率 ρ_m（$\rho_m = \lambda \rho_V$，式中 λ 为材料的质量密度）随回潮率 M（又称吸湿率）的增加而迅速下降，经验公式为

$$\frac{\mathrm{d}\rho_m}{\rho_m} = -n \frac{\mathrm{d}M}{M} \tag{6-5}$$

式中，n 是一个与纤维性质及测量条件有关的常数，$n \gg 1$。图 6-3 是各种纤维的 ρ_m 随 M 的变化情况。

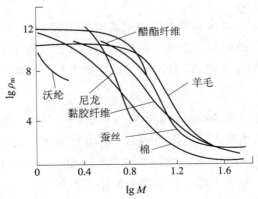

图 6-3　各种纤维的 ρ_m 随 M 的变化情况

一般来说，水分是通过环境的相对湿度和材料本身的吸湿率两个因素而起作用的。图 6-4 表示各种纤维的电阻率随空气相对湿度变化的情况。

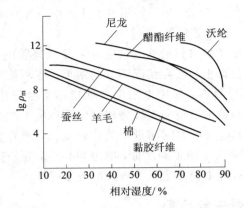

图 6-4　各种纤维的电阻率随空气相对湿度变化的情况

纺织材料的吸湿能力主要取决于自身结构，即取决于纤维表面和内部亲水基团的多少及其排列情况。合成纤维中的亲水基团很少，同时亲水基团多数又是朝向纤维排列的，因此合成纤维的吸湿能力极差。

根据以上的讨论可知，只要设法降低材料的电阻率，就能加快静电荷的泄漏，减弱纺织材料的静电效应。而降低电阻率的方法是增大纤维的含水量。静电工程上常用的增加空气相对湿度和对材料施行防静电油剂处理都是基于这一原理的。

2. 摩擦材料的影响

按照柯恩(Corn)法则，静电起电序列中任何两种材料接触摩擦时，总是前端的(介电常数较大者)带正电，后端的(介电常数较小者)带负电。材料带电量可按下式计算：

$$Q = K(\varepsilon_1 - \varepsilon_2) \tag{6-6}$$

式中，K 是比例系数，ε_1、ε_2 分别是参与摩擦的两种材料的介电常数。

由此可见，根据材料的静电起电序列，可以判断纺织材料摩擦起电的极性，并可粗略估算纺织材料带电量的大小。

研究静电起电序列对于减弱材料的静电效应具有一定意义。例如，可适当选择参与摩擦的两种材料，使它们在静电起电序列中相距较近，以达到减小带电量的目的；或使纺织材料先后通过两个不同的摩擦表面，使在两处产生的电荷极性相反而得以部分中和。

3. 摩擦条件的影响

(1)摩擦次数的影响。当两种材料发生摩擦时会产生静电，起电量的多少与摩擦次数相关。通常情况下，摩擦次数在一百次以内时，起电量随摩擦次数的增多而增大，起电量达到最大值(或饱和值)时对应的摩擦次数与材料性质相关。当摩擦次数超过几百次甚至达到几千次时，材料起电量反而会随着摩擦次数的增多而减少。

(2)摩擦速度的影响。大量实验结果表明，两种材料摩擦起电量 Q 会随着摩擦速度 v 的增大而增大。尼龙丝与钽丝之间的摩擦起电量与摩擦速度之间的关系如图 6-5 所示。由图可以看出，起电量随着摩擦速度的增大而增大，当速度达到一定值时，起电量达到最大值或饱和值。当摩擦速度不变时，起电量的最大值也与环境温度以及湿度相关。在纺纱生产中，纱速对纱条带电量的影响可由表 6-9 看出，大部分材料的带电量随摩擦速度的增大而增大。

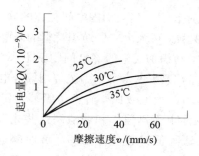

图 6-5　摩擦起电量与摩擦速度间的关系

表 6-9　纱速对纤维带电量的影响

试验条件：$t = 25℃$，$RH = 50\%$

纱线沿导纱器移动的速度/(m/s)	纤维带电量($\times 10^{-12}$)/C				
	梳毛纱	棉纱	黏胶纤维条	醋酯纤维条	尼龙丝条
0.83	1.7	0	0.9	8.7	9.3
1.33	1.8	0	1.6	4.7	8.7
3.00	4.9	0.1	4.7	6.0	12.8
6.67	7.3	0.5	8.7	4.9	13.5

（3）摩擦力的影响。摩擦起电是接触分离起电、压电起电、断裂起电的综合表现。当摩擦力增大时，施加在材料上的正压力也随之增大，会引起压电起电和断裂起电效应，因此材料起电量增大。例如，当纱线上张力增大时，正压力和摩擦力也随着增大，此时摩擦起电量也相应增大。图 6-6 是尼龙条子在钽丝上摩擦时所受张力与摩擦静电压之间的关系。

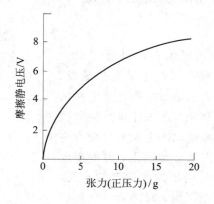

图 6-6　尼龙条子所受张力与摩擦静电压之间的关系

从以上讨论看出，在纺织加工工艺中，适当控制车速和纺织材料所受的机械力，将有助于减弱纺织材料的静电效应。

4. 空气离子化程度的影响

纺织材料上静电荷的流散途径之一是与周围空间存在的异号离子发生电中和作用。空气中离子化程度越高，中和作用越强，可大大减弱纺织材料的静电效应。有人通过研究发现，在一年中离子化程度较高的夏季，纺织加工中的静电问题就不太严重，而在一天之中离子化程度最低的中午和子夜时分，就常出现断头频繁、缠绕加剧等静电障碍和危害。

综上所述，要减弱纺织材料的静电效应，消除纺织静电障碍和危害，应从防止和减少静电荷的产生，以及把产生的静电荷迅速中和或泄漏这些途径着手。有关这方面的指导原则已在前面讨论过。例如，设法降低材料的电阻率，可使静电荷较快地从带电体上泄放；利用某些手段提高空气的离子化程度，可加快带电体上电荷的中和速度；适当选择、调整材料的配伍，可减少静电荷的产生量。根据以上原则提出的消除静电的方法，大致可分为物理方法和化学方法两大类。

6.3　消除纺织静电的物理方法

6.3.1　机器接地

接地是将带电体上的静电荷通过接地导线引入大地，以防止物体上静电荷积累。在纺织材料生产加工中，机器接地是消除静电的首要措施。实践表明，只要使用得当，这种方法是行之有效的。例如，在整经机上，若定幅筘用铜制作并使之接地，就可使整经过程顺利进行，避免因静电排斥作用而发生丝束发散、紊乱等现象。把织机机架和筘接地，可使经纱断头率降低38%。将码布机或轧光机的金属机架以及纺丝机的导丝圈进行有效的静电接地，可大大减少操作者遭受电击的概率。

6.3.2　静电接地系统的各种电阻及其取值

1. 各种电阻

使带电体上的静电荷向大地泄漏的外界导出通道称为静电接地系统。静电接地系统主要由接地极、接地线和接地体组成，如图6-7所示。接地体是直接与大地接触的金属导体或导体组。用来连接被接地物体的点称为接地极。接地极和接地体之间的导线称为接地线。在静电接地系统中涉及接地电阻、静电接地电阻和静电泄漏电阻等概念。明确这些概念的含义，并将各种阻值控制在合适的范围内，对于取得良好的接地效果是十分重要的。

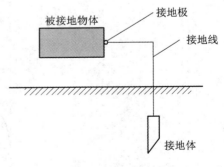

图6-7　静电接地系统

（1）接地电阻（R_e）。接地电阻是指作为接地体的金属导体本身的电阻加上接地体与大地之间的电阻。但因金属导体本身的电阻甚小，所以接地电阻主要指接地体与大地之间的电阻。该电阻也就是泄漏电流从接地体向周围大地流散时土壤所呈现的电阻，也叫流散电阻，其值等于接地体的电位 U 与通过接地体流入大地中的电流强度 I_e 之比，即

$$R_e = \frac{U}{I_e} \qquad\qquad (6-8)$$

通常选用半球形金属导体作为接地体，当电流通过接地线到达接地体时，电流会以接地体球心为中心呈半球形扩散。以图 6-8 所示的接地体的电流分布为例，设埋入地下的金属半球周围的土壤成分完全相同且均匀分布，则流过接地体金属球（可看作电极）的电流会沿径向流入土壤。由于距离半球形电极越远，与电流垂直的半球形壳层面积越大，所以电阻也越小。

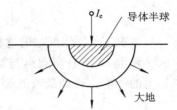

图 6-8　接地体的电流分布

虽然实际接地体的形状未必是半球形，但从足够远的地方观察，它都可以近似地视作一半球形电极。理论和实验都表明，在距单根接地体（长 2.5 m）20 m 以外处，该处流散电阻已趋于零，因而该处的电位降为零。这个电位为零的地方即是静电接地中的"地"。

（2）静电接地电阻（R_s）。静电接地电阻是指静电接地系统的总电阻，它包含被接地物体与该物体上接地极之间的接触电阻（R_J）。这个接触电阻与被接地物体本身的电阻是完全不同的。静电接地电阻为接触电阻（R_J）、连接接地极与接地体间的导线的电阻（R_c）以及接地体与土壤之间的流散电阻（即接地电阻 R_e）三部分之和：

$$R_s = R_J + R_c + R_e \qquad\qquad (6-9)$$

由式（6-9）可以看出，一般情况下，静电接地电阻（R_s）并不等于接地电阻（R_e），仅当对金属导体实施直接接地时，因 R_J 和 R_c 都很小，可忽略不计，才有 $R_s = R_e$。对以金属导体以外的静电导体或亚导体进行间接接地时，R_J 不能忽略，所以 R_s 要比 R_e 大得多。

静电接地电阻（R_s）是指整个接地通道（包括向大地流散）的电阻，而不含有被接地物体本身的电阻。

（3）静电泄漏电阻（R_D）。静电泄漏电阻是被接地物体本身的电阻（R_m）（即由被接地物体本身的电阻率和物体尺寸所决定的电阻）与静电接地电阻（R_s）两者之和，即

$$R_D = R_m + R_s \qquad\qquad (6-10)$$

静电泄漏电阻在数值上应等于带电物体（被接地物体）的最高静电电位（即与大地之间的电势差 U_m）与向大地泄漏的电流（I_D）之比值，即

$$R_D = \frac{U_m}{I_D} \qquad\qquad (6-11)$$

很显然，只有静电泄漏电阻才是判断带电体上电荷能否顺畅泄漏的主要依据，是评价静电接地良好程度的标准。而且，在一般情况下，R_D 不等于 R_s，仅当对金属导体直接接地，因金属导体的 R_m 很小可忽略不计时，两者才近似相等。而对于间接接地的静电导体或亚导体，因其自身的电阻 R_m 往往是相当大的，故 R_D 要比 R_s 大得多。

2. 各种电阻的取值范围及其确定依据

对于静电接地中各种电阻的取值范围，应根据直接接地和间接接地两种情况分别加以确定。

(1) 直接接地。由以上讨论可知,静电接地的目的是通过静电接地系统使带电体的静电荷加以泄漏,以保证带电体对大地的电位在任何情况下不超过危险界限。设易燃易爆场所或敏感场所的危险电位为 U_k,直接接地的静电接地系统在单位时间内向大地泄漏的静电量(亦即泄漏电流)为 I_D,则要达到通过静电接地防止发生燃爆灾害的目的,就必须满足以下条件:

$$U_m \leqslant U_k \quad \text{或} \quad R_D \leqslant U_k/I_D \tag{6-12}$$

一般情况下,物体的起电过程总是伴随着静电荷的流散(若不发生放电,流散的主要方式就是泄漏)。而且当起电与流散达到动态平衡,即起电电流 I_g 与泄漏电流 I_D 相等时,带电体上的静电位达到最大值(饱和值),故在式(6-12)中可用 I_g 代替 I_D 来估算 R_D,即

$$R_D \leqslant \frac{U_k}{I_g} \tag{6-13}$$

根据工业生产长期运行的经验,在有易燃易爆气体混合物存在的场所,危险电位为 300 V,而在火药和电火工品行业,危险电位取 100 V。在目前的工业水平下,实际生产中静电起电范围为 $10^{-11} \sim 10^{-4}$ A,因此在式(6-13)中,取 $U_k = 100$ V,$I_g = 10^{-4}$ A。在任何情况下带电电位都不会超过危险电位的静电泄漏电阻 R_D 为

$$R_D \leqslant \frac{U_k}{I_D} = \frac{100}{10^{-4}} = 10^6 \ \Omega \tag{6-14}$$

对于金属材料的直接接地,因有 $R_D \approx R_s \approx R_e$,所以有

$$R_e \leqslant 10^6 \ \Omega \tag{6-15}$$

又因为 R_e 主要取决于土壤的电阻率,而土壤的电阻率又随温度、湿度条件等因素而变化,根据我国的具体情况,这种变化幅度可达 10^3 Ω 量级,所以 R_e 的变化幅度也达 10^3 Ω 量级。为使在任何情况下都能保证式(6-12)和式(6-13)成立,则要求

$$R_e \leqslant 10^3 \ \Omega \tag{6-16}$$

对于单独设置的接地体,必须对接地电阻值定期检测。为方便和使电阻值稳定,接地电阻宜再小一个数量级,对应场合要求的危险电位 $U_k \leqslant 10$ V,所以 $R_D \leqslant 10^5$ Ω,这就要求接地电阻为

$$R_e \leqslant 10^2 \ \Omega \tag{6-17}$$

还应指出的是,以单纯防静电为目的的接地电阻值要比防雷电和工频电气的接地电阻值大得多。因此,当防静电、防雷电和工频电气三个静电接地系统共用一个接地体时,接地电阻值应按其中的最小值选取,一般为 4~10 Ω 以下。同时应当注意,防静电静电接地系统除可与防雷电和工频电气两个系统共用接地体外,三个静电接地系统中的其他电子元器件不能相互共用。这是因为雷电流是一种幅值很大的冲击性电流,防雷电静电接地系统不仅呈现出冲击电阻的性质,而且所附加的接地装置具有的电抗会使防雷电静电接地系统甚至人员和设备受到危害。同样,对于大功率或高电压的工频电气静电接地系统也存在类似的情况。

(2) 间接接地。当对静电导体或亚导体实行间接接地时,静电泄漏电阻中必须计及被接地物体本身的电阻 R_m。理论和实践可以证明,在大多数情况下,被接地物体上电位最高点至接地极之间的电阻(即 R_m)一般不大于 10^3 Ω。再考虑到与被接地物体紧密贴合的外部金属物体的静电接地电阻 R_s 仍应满足 $R_s < 10^3$ Ω,所以按式(6-10),间接接地时静电泄漏

电阻应满足以下条件：

$$R_D \leqslant 10^3 + 10^6 \approx 10^6 \ \Omega \tag{6-18}$$

综上所述，对于同一静电接地系统，静电泄漏电阻、静电接地电阻、接地电阻是三个含义各不相同的概念。其中，R_D 是评价静电接地系统工作状态是否良好的重要参数，而 R_e 则是构成 R_D 的最主要的部分，通过调节 R_e 可有效改变 R_D，使其满足规定的取值范围。还应指出在特殊情况下，R_D 可增大到 $10^7 \sim 10^9 \ \Omega$，这是为了在特殊危险场所限制静电泄漏电流（I_D）。因为过大的泄漏电流所产生的热效应有可能成为危险的点火源，同时静电泄漏电流过大时还会对某些电子设备的工作造成干扰、威胁。

3. 使用接地方法消除静电时应注意的问题

（1）明确接地对象。接地的目的是为带电体上的电荷提供一条泄漏通道，所以仅当带电体是比较容易导电的静电导体时才有效。凡电阻率在 $10^8 \sim 10^{10} \ \Omega \cdot cm$ 以下或表面电阻率在 $10^9 \sim 10^{11} \ \Omega/m^2$ 以下的物体可视为静电导体，对它们采用接地方法均有消电效果。只要物体的电阻率不符合上述标准，就不能断定其为静电导体，在这种情况下将物体接地，要么效果甚微，要么毫无意义。

根据这一原则，纺织加工中的金属机械或金属零部件都可以而且应该接地。至于用塑料、玻璃、橡胶等材料制作的机件一般属静电非导体，应使用其他方法消电。

对作为静电导体的金属机件接地时，应考虑到纤维、纱条等被加工对象的具体情况。实验表明，当材料的体积电阻率大于 $10^{13} \ \Omega \cdot cm$ 时，金属加工机械接地反而会提高材料带电量。例如，在梳棉机上加工含蜡纤维时，将机器接地后纤维上的静电压反而升高。这是因为机器未接地时，它与纤维带有异号电荷，在接触过程中尚有一定的中和作用。而机器接地后电中和作用不复存在，纤维上的电荷又极难通过接地导走，所以纤维总带电量反而会增加。

（2）采用正确的接地方法。首先，应适当控制接地电阻值。纺织加工中将机器接地时，接地电阻值应低于 $10^6 \ \Omega$；而在标准条件下（$t = 20℃$、$RH = 50\%$），接地电阻值可低于 $10^3 \ \Omega$。当然，这只是单纯考虑静电荷向大地泄漏时的接地电阻值。如果同时考虑防止电气设备的漏电或雷击的危险，则接地电阻值必须至少在 $10 \ \Omega$ 以下。

其次，接地线应使用机械强度高、耐腐蚀的材料。由于静电泄漏电流一般在 μA 数量级，所以用于这种目的的接地线使用电流容量小的细导线即可。但为了在长时期内保持接地的可靠性，导线尺寸最小值应在 $\phi 2.6 \ mm \sim \phi 3.2 \ mm$ 之间。接地线最好采用绝缘被覆线，以提高接地线的耐腐蚀性，但这种导线在长期使用后应定期检查其导通情况。

静电接地装置的连接一般应采用焊接。在焊接十分困难或需要拆卸处可采用螺栓连接，但应有防松装置。

最后需要说明的是，静电接地装置虽可以同其他接地装置共用，但各设备应有自己的接地线同接地体或接地干线相连。

（3）减小静电电击。对于防止静电电击而言，接地只能消除部分危险。如图 6 - 9（a）所示，金属机器原来不带电，但与地绝缘，当带电的操作者走近时，由于静电效应将出现两个潜在的放电危险：人与机器近端间的放电和机器远端对地的放电。

若机器具有良好的接地装置，则成为图 6 - 9（b）所示的情况，此时机器远端对地的放电危险被消除, 而人与机器近端间的放电依然存在。

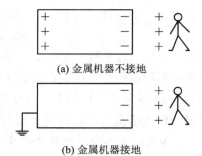

(a) 金属机器不接地

(b) 金属机器接地

图 6-9　接地只能消除部分放电危险示意图

6.3.3　增湿

1. 湿度对各种静电参数的影响

如前所述, 为减弱材料的静电效应, 应降低其电阻率, 而电阻率随材料含水量的上升而急剧下降。材料的含水量一方面取决于材料本身的吸湿能力, 另一方面则在很大程度上与相对湿度有关。事实上, 大多数纺织材料都能从大气中吸收一定量的水分, 吸收的水分的数量是空气相对湿度的某一函数。虽然这函数相对复杂, 但相对湿度越高, 则水汽分子作热运动撞击到材料表面的概率越大, 越容易被吸收或附着在材料表面形成一层水膜, 所以在纺织行业常采用提高空气相对湿度的方法消除静电。

各种纺织材料的静电性能(表面电阻率、面电荷密度、最大静电压值和静电半衰期)随相对湿度变化的情况列于表 6-10、表 6-11、表 6-12 和图 6-10 中。

表 6-10　不同相对湿度下各种纺织材料的表面电阻率

（单位：Ω/m^2）

名称	RH=20%	RH=44%	RH=55%	RH=64%	RH=75%
黏胶纤维	2.8×10^9	7.5×10^8	1.12×10^8	8×10^7	7.0×10^7
腈纶	4.4×10^{11}	5.4×10^{10}	1.48×10^{10}	1.17×10^{10}	6.5×10^7
尼龙	2.83×10^{13}	3.2×10^{12}	1.02×10^{12}	3.5×10^{11}	5.64×10^{10}
涤纶纤维	1.6×10^{13}	8.2×10^{12}	6.37×10^{12}	1.68×10^{12}	5.02×10^{10}
醋酯	—	8.1×10^{12}	1.47×10^{12}	5.72×10^{11}	8.36×10^{10}
氯纶	5.3×10^{13}	3.43×10^{13}	3.28×10^{13}	5.56×10^{13}	4.87×10^{10}

表 6-11　不同相对湿度下各种纺织材料的面电荷密度

（单位：C/m^2）

测试条件：纤维以 13.3 m/s 的速度运转

名称	RH=44%	RH=64%	RH=88%
黏胶纤维	64.98×10^{-7}	0	0
腈纶	75.24×10^{-7}	3.52×10^{-7}	0
尼龙	88.92×10^{-7}	29.05×10^{-7}	0
涤纶纤维	51.30×10^{-7}	17.11×10^{-7}	0
醋酯	76.95×10^{-7}	2.2×10^{-7}	0
氯纶	140.22×10^{-7}	35.9×10^{-7}	1.7×10^{-7}

表 6‑12　不同相对湿度下各种纺织材料的最大静电压

（单位：kV）

名称	RH＝40％	RH＝55％	RH＝65％
黏胶纤维	26.0	17.0	—
腈纶	＞30	3.0	1.6
尼龙	＞30	14.0	5.5
涤纶	—	—	—
醋酯纤维	＞30	3.2	1.5
氯纶	＞30	13.2	5.8

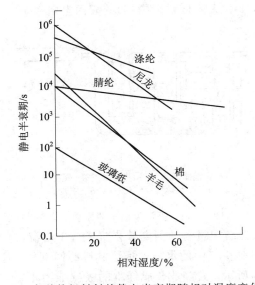

图 6‑10　各种纺织材料的静电半衰期随相对湿度变化的情况

从以上数据可看出，绝大多数纺织材料的静电效应指标随相对湿度的提高而有明显下降，但下降幅度彼此有较大的差异。

在纺织加工中利用增湿法消除静电可取得明显效果。例如，在梳棉机上加工锦纶纤维时，当相对湿度低于 48％时，棉网下垂并向斩刀吸附；当相对湿度提高到 55％时，仍有静电障碍；直至相对湿度提高到 70％左右，静电障碍基本消除，生产趋于正常稳定。再例如，对于纺织加工中广泛使用的维纶纤维，在所有合纤中其吸湿能力最强（在 20℃、RH65％的条件下，回潮率为 4.5％），但即使如此，加工过程中它的静电效应仍较强，在清花、梳棉、并粗等工序中出现一系列生产障碍。但如果提高相对湿度直到其回潮率达到 7％，则可基本上消除静电障碍，各道工序能正常进行。

湿度对纤维制品的静电效应有很大影响。例如，合纤类织物在冬季低湿条件下静电问题比较严重，而在夏季高湿条件下就有明显减轻。基于这一点，在化工、石油、军工等工业部门，人们也常采用提高车间湿度的方法来防止操作人员衣装的静电引燃、引爆。

2. 增湿法的局限性

(1)增湿费用比较昂贵。纺织厂中需要的相对湿度越高,其所要求的空调设备的规模也越大。例如,在美国,有些纺织厂空调设备的费用可达工厂建筑费用的两倍。所以,把相对湿度提得很高是不经济的。同时高湿度会增加机器锈蚀的机会,并危害操作人员的身体健康。

为解决这个问题,可考虑局部增湿法,即利用某种装置只在带电体上造成高湿度,使其表面形成一层水膜。高湿度消电器就是这种装置,其原理如图 6-11 所示。高湿度消电器的工作原理是:压缩空气从左方管道送入,先经过一个浸在恒温水浴(1)(高于室温,约30℃)中的预热螺管(2),预热至一定温度后再进入蒸发器(3),使空气在水中鼓泡,然后带着饱和水汽出来,再经过过热螺管(4)过热,最后经消电器的喷头(5)向带电织物(6)喷射,即刻上面凝聚成一层水雾,大大降低了织物(6)的表面电阻率。

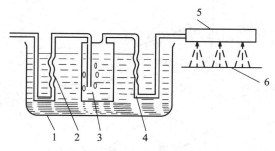

1—恒温水浴;2—预热螺管;3—蒸发器;
4—过热螺管;5—喷头;6—织物。

图 6-11 高湿度消电器原理示意图

(2)增湿法对于憎水性纺织材料的消电效果极差。由增湿法的消电机理可知,影响材料静电效应的主要因素不是空气中的水分,而是材料的回潮率,亦即吸湿能力。各种纺织材料的回潮率如表 6-13 所示。大多数合成纤维的吸湿能力很差,称这类合成纤维为憎水性纤维。对于这些纤维,即使相对湿度很高,其电阻率的下降也是有限的。例如,为使某些合成纤维的电阻率降低到 $10^9\ \Omega$(可纺上限),需使空气的相对湿度提高到 88%~90% 以上;而对个别憎水性极强的合成纤维,无论相对湿度多么高,都不能使它们的电阻率降到可纺上限。在这种情况下,增湿对于消除静电基本上是无效的。

表 6-13 各种纺织材料的回潮率

名　　称	回潮率	名　　称	回潮率
黏胶纤维	11	腈纶	2
棉	8	涤纶	0.4
醋酯纤维	6.7	氯纶	0
尼龙	4.5		

6.3.4　电离空气法

电离空气法是指利用某些人为的手段在空气中局部造成大量离子(一般为正、负离子对),其中与带电体极性相反的离子向带电体趋近并与之发生电中和作用,以此达到消除静电的目的。目前使用的绝大多数消电器都是基于这种电中和原理的,所以又叫作电中和器。

能够使空气发生电离作用的方式有多种,但目前在消除静电方面得到实际应用的只有两种,一种是利用高压电场使空气电离,另一种是利用放射性同位素的辐射使空气电离。相应的消电器也就有高压消电器和放射性同位素消电器两大类。其中,高压消电器在纺织行业应用比较广泛。下面介绍几种常用的消电器。

1. 无源式(自感应式)消电器

1) 原理

在带电织物上方安装一个接地针刺,如图 6-12 所示,就成了最简单的无源式消电器。带电体经过针尖下端时就在针尖上感应出密度很大的异号电荷,因而在针尖附近形成强电场,从而引起电晕放电,电晕区中与带电织物极性相反的离子趋向织物表面发生电中和作用而消电。因此,无源式消电器又叫作自感应式消电器。

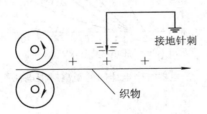

图 6-12　无源式消电器

从作用原理看出,这种消电器只对电荷密度较大的带电体具有消电能力,而且其不可能将带电体上的电荷全部消除,总要保留一定数值的残余电荷(或电压),所以无源式消电器常用于静电效应很强但对消电要求又不高的场合。在纺织加工中,可考虑使用这种消电器解决带电体对挡车工的电击问题。

2) 性能指标及影响因素

无源式消电器的性能指标仍可用起晕电压和电晕放电电流表示。但此时起晕电压不是由外界电源供给的,而是由带电体自身感应产生的,所以起晕电压是指能使消电器的针尖发生电晕放电的最低电压,故又称为截止电压。显然此值也就是带电体经消电后所残留的最大电压。对于无源式消电器来说,截止电压越低,消电效果越好。这种消电器的截止电压可以从数百伏至数千伏不等。无源式消电器的有效放电电流一般应达到 $10\sim30\ \mu A/m$。

影响以上两指标的因素较多,但可以归纳为带电体的静电压极性、电压的高低、消电器与带电体间的距离等几个方面。带电体的极性、消电器与带电器间的距离对消电性能的影响分别如图 6-13 和图 6-14 所示。

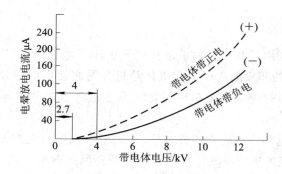

图 6-13 带电体的极性对消电性能的影响

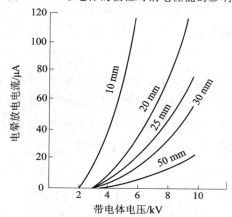

图 6-14 消电器与带电体间的距离对消电性能的影响

3）种类

（1）裸露金属针式消电器。这种消电器对手工操作场合是不适宜的，因在人体触及时有发生刺伤的危险，若采用机械防护装置，则影响消电效果，故在纺织行业已不常用。

（2）刷形消电器。刷形消电器是指用导电性纤维（如不锈钢纤维或碳纤维）或混纺交织的导电布制作成刷形针作为放电针的消电器，其外形如图 6-15 所示。目前这类消电器在合纤制造、纺织、印染等部门都有一定的应用，其消电效果比较稳定。

（3）锯齿形消电器。锯齿形消电器是指将导电橡胶制作成锯齿形针作为放电针的消电器，其结构如图 6-16 所示。这种消电器所用导电橡胶的电阻率在 10^5 Ω·cm 以下，厚度约为 0.6 mm。这种消电器在纺织行业也有应用。例如，利用锯齿形消电器可消除帘子布经压延机后的静电，平均可使静电压从 40 kV 减小到 3 kV。

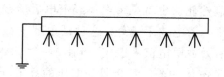

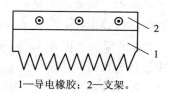

1—导电橡胶；2—支架。

图 6-15 刷形消电器外形　　　　　图 6-16 锯齿形消电器结构

刷形和锯齿形消电器的共同特点是不存在锐利尖端，因而不需防护装置，是一种有发展前途的消电器。总的来说，无源式消电器由于不需高压电源，因此具有节约能源、结构简单、使用方便、安全等优点；其缺点是消电效果较差，表现在残留电压存在以及某些情形下形成的织物反带电，即织物经消电器作用后，原来所带电荷虽被全部中和，但却又会带上与放电针电晕极性相同的电荷。当织物自身带电密度很大时，就有可能发生反带电。

2. 直流电源式消电器

1）结构与原理

将直流高压电源接于针刺（放电针）上，即构成直流电源式消电器，如图 6-17 所示，此时放电针针尖与带电织物间形成直流电晕放电，大量与带电体极性相反的离子趋向带电体并发生电中和作用。由于这种电晕放电是由外加直流高压造成的，故电离程度强；同时直流电晕区基本不含带相反符号的离子，复合作用不显著，所以消电能力强。这种消电器与带电体间的距离可增大到 150～600 mm。

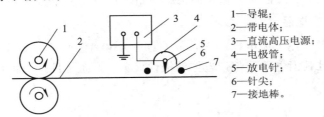

1—导辊；
2—带电体；
3—直流高压电源；
4—电极管；
5—放电针；
6—针尖；
7—接地棒。

图 6-17　直流电源式消电器

图 6-18 是直流电源式消电器的电路原理图。它包括正电晕放电器（FD_1），负电晕放电器（FD_2），升压变压器（SB）（其输出电压为数千至数万伏），电容器 C_1、C_2、C_3、C_4，整流器 Z_1、Z_2、Z_3、Z_4 和限流电阻 R_1、R_2。

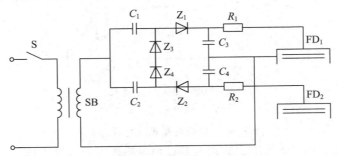

图 6-18　直流电源式消电器的电路原理图

2）注意事项

使用直流电源式消电器前应先测量带电体的极性，务必使消电器电晕放电的极性与之相反。这是因为正电晕所产生的大量正离子只能中和带电体上的负电荷，反之亦然。

消电器的输出直流高压值应根据情况进行调整。按皮克（Pick）的推导，针尖电晕放电电流可由下式计算：

$$I_e = Gu(u - u_k) \tag{6-19}$$

式中，u 为放电针与接地电极间的电压（kV），即消电器的输出电压；u_k 为放电针的起晕电压（kV）；G 是常数，在通常环境条件下，若极间距离取 2.2 cm、针尖曲率半径为 5×10^{-3} cm，则 $G = 4.1 \times 10^{-13}$ A/V²。若把式（6-19）做成曲线，则如图 6-19 所示。可根据所需要的电晕放电电流大小，由图中曲线确定消电器的输出高压数值。

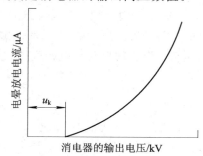

图 6 - 19　消电器输出电压与电晕放电电流的关系曲线

直流电源式消电器的高压电源与放电针间采用直接耦合方式，消电器电压较大，故短路电流较大，不宜在有燃爆混合物存在的场所使用。

3. 工频电源式消电器

这种消电器一般采用工频电(220 V，50 Hz)作为电离源，因而使用、维护都较直流电源式消电器方便，且其消电效果与带电体的极性无关，因而是目前纺织行业使用最广泛的消电器。

1）原理与结构

工频电源式消电器的结构如图 6 - 20 所示。这种消电器利用变压器(SB)将市电由220 V升高到数千伏甚至数万伏，然后经高压电缆送到消电器的放电针，以形成针尖附近的电晕放电。

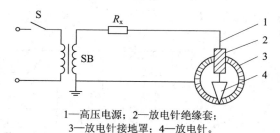

1—高压电源；2—放电针绝缘套；
3—放电针接地罩；4—放电针。

图 6 - 20　工频电源式消电器的结构

工频电源式消电器与直流电源式消电器在消电机理方面有所不同。直流电源式消电器在放电针尖附近形成与带电体极性相反的电晕，直接利用电中和作用消电。但工频电源式消电器的放电针的电晕极性却发生着周期性的变化，所以在带电体周围产生数量相等的正负离子(指复合过程达到平衡后)，从而形成一个气体导电层，带电体上的电荷除发生中和作用外，主要是通过气体导电层被传送出去的。

2）防护

由于工频电源式消电器的高压电源设备的输出电压较高，因此防护装置很重要。为防止工作人员偶然触及放电针而发生电击事故，变压器次级短路电流应不大于 5 mA，一般采用在次级串联限流电阻的方法(图 6 - 21 中的 R_x 是限流电阻)。例如，当次级输出电压为10 kV 时，限流电阻应在 2 MΩ 以上，并且须耐高压。也可在变压器初级串接限流电阻，此时对电阻就没有什么特殊要求，阻值约为数千欧即可。

3）消电效果

工频电源式消电器目前已有多种市售成品，使用时放电针与带电织物相距数百毫米即有消电作用，但一般不应超过 250 mm，正常工作时可取 25～35 mm。这种消电器的使用效果较好。例如，在印染后整理的轧光工序中使用工频电源式消电器，可使织物上静电压由上万伏降至几十伏甚至零。

4. 放射性同位素消电器

1）工作原理和结构

放射性同位素在衰变过程中所发出的射线具有电离空气的作用，其中以 α 射线的电离能力最强。由于电离作用产生的正负离子又会互相复合为中性分子，直到产生和复合达到动态平衡时就在射线的作用范围内维持着一定浓度的正负离子云。当接地的放射性同位素消电器靠近表面积累有静电荷的织物时（设带有正电荷，如图 6-21 所示），消电器附近的负离子就会向织物表面趋近并发生电中和作用。由于部分负离子消耗于中和作用，故消电器附近的正离子相对增多，形成对地的电势差。在接地情况下，正离子通过接地线导入大地。

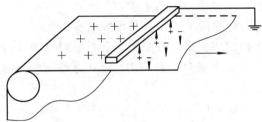

图 6-21　放射性消电器的工作原理

放射性同位素消电器的结构简单，如图 6-22 所示。除放射源外，该种消电器主要还包括为防止射线危害而附加的防护部件，如屏蔽框和防护网。

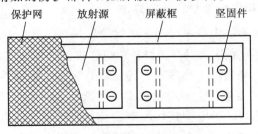

图 6-22　放射性消电器的结构

2）性能指标

放射性同位素消电器的消电能力用饱和电离电流 I_s 表示，它是消电器所产生的正负离子在足够强的电场下全部被电场所分开，而不发生复合作用时所形成的离子电流。但在通常情况下，带电体所产生的电场不是太强，因而部分离子在运动途中将发生中和而导致电离电流下降。消电器的饱和电离电流值可按下式计算：

$$I_s = 3.7 \times 10^7 AE_\alpha \frac{q}{W} \qquad (6-20)$$

式中，A 是放射源的放射性活度（单位 mci）；E_α 是发射的 α 粒子能（单位 eV）；q 是离子所带电量，为 1.6×10^{-19} C；W 是产生一对离子所消耗的能量，对于空气介质，W 约为32.5 eV。

必须指出，按式(6-20)计算 I_s 得到的是理论值，由于各种消耗，其实际值要小得多。例如，某些条状放射性同位素消电器实际提供的饱和电离电流值只有理论值的10％，这个比率称为消电器的效率。

3）使用效果

在使用放射性同位素消电器时，首先根据带电体的情况选择消电器的强度（即放射源的放射性活度）。为此，首先测量出条子或织物的幅宽 L（单位 m）、移动速度 v（单位 m/s）及面电荷密度 σ（单位 C/m²），然后按下式计算所需消电器的强度：

$$A = 9.4 \times 10^6 \sigma L v \quad (\text{mci}) \qquad (6-21)$$

若测量的只是织物表面的电场强度 E(V/m)，则可按

$$A = 8.3 \times 10^{-5} E L v \quad (\text{mci}) \qquad (6-22)$$

计算。

例如，对于幅宽为 1 m、移动速度为 1 m/s、表面电场场强为 10^4 V/m 的带电织物，为消除其静电，应选用强度大于 83 mci 的消电器。

放射性同位素消电器的结构简单，不要求外接电源，使用方便。但使用这种消电器的主要问题是对放射源的防护比较复杂，再加上公众对放射性损害的惧怕心理，因而放射性同位素消电器目前在纺织工业中尚未普遍使用。此外这种消电器的电离电流小，其消电效果不如高压消电器的。

最后需要指出，各种消电器的使用效果，除与自身性能有关外，还与使用时的安装方法是否得当有很大关系。

6.3.5 应用导电性材料消除静电

1. 在纺织加工中应用导电性材料消除静电

在纺织加工中，与各种纺织材料接触、摩擦的机械部件除金属外，还有相当大一部分是橡胶、塑料、玻璃之类的高绝缘材料，如各种纺纱机上的橡胶皮辊、皮圈及玻璃导纱器，整经机上的玻璃定幅筘，叠布机上的导布板等。如果在这些绝缘性能很好、易于积聚静电荷的零部件中掺入适量的炭黑、金属粉末或离子性杂质等导电物质，从而赋予它们一定的导电性能，那么可以把积聚的静电荷较快地泄漏掉，达到防止静电障碍的目的。由于这种方法主要是从物理方面提高绝缘体的导电性的，因此在很大程度上可以不受环境湿度的影响，并且时效作用（即导电性能随时间衰减的现象）也不显著。

例如，针对细纱机皮辊、皮圈的缠附现象，仅就静电因素考虑，为解决这问题，一方面应设法降低纤维的电阻率，另一方面则可利用导电性物质改善皮辊的导电性能。为此，首先应降低皮辊包覆物——胶管的电阻率，使胶管电阻率小于 10^{10} Ω·cm，故可以选择导电橡胶作为胶管材料。其次，应降低皮辊表面电阻值，如在皮辊的表面涂料中掺入一定量的炭黑。通常使用的乙炔炭黑的含碳量达99.5％以上，体积电阻率仅为 0.135 Ω·cm，具有优良的导电性，可明显改善皮辊表面的导电性能。实践表明，利用导电材料可有效地减轻纺织加工中皮辊的缠绕障碍。

2. 应用导电纤维消除纤维制品使用中的静电障碍和危害

导电纤维是指全部或部分使用金属或炭等导电性物质制作的电阻率在 10^9 Ω・cm 以下、直径在 100 μm 以下的单纤维。用混纺或交织的方法在织物或其他纤维制品中混入少量导电纤维，即可获得良好的防静电性能。

导电纤维是 20 世纪 60 年代出现的纤维新品种，其最初是采用直径约为 8 μm 的不锈钢制成的。到了 20 世纪 70 年代出现了各种导电性合成纤维，它们大都是在合成纤维材料中混入导电性材料，或在纤维表面喷涂、电镀导电性物质而制成的。这种纤维不但具有良好的导电性，而且具有相当好的柔软性和纺织加工性，因而得到迅速发展。

1）导电纤维的消电机理

在合纤织物中混入导电纤维进行消电是基于电荷的泄漏与中和两种机理的。当接地时，织物上的电荷可经导电纤维向大地泄漏；当不接地时，则借助于电晕放电而消电，具体过程如图 6-23 所示。当织物带电时，导电纤维由于感应也带电。但因纤维极细，故其上将有密度很大的电荷分布，并在周围建立起强电场而发生电晕放电。电晕区与带电织物异号的离子向织物趋近并发生电中和作用而消电。

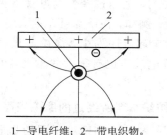

1—导电纤维；2—带电织物。

图 6-23　导电纤维发生电晕放电的原理

2）导电纤维的消电性能指标

导电纤维的消电性能用其自身的电阻率、起晕电压和放电电流表示，主要用电阻率来表示，也可用混入导电纤维后织物的带电密度、电压等参数表示。例如，海岛型导电纤维的电阻率为 $5×10^7$ Ω/cm，起晕电压为 4 kV，放电电流仅为 0.1 μA。

导电纤维的电阻率应控制在一个比较恰当的范围，一般在 10^4～10^9 Ω/cm 为宜。若电阻率高于 10^9 Ω/cm，则由于导电纤维的导电性能较差而使织物防静电性能大幅度下降；但若电阻率低于 10^4 Ω/cm，则容易在防静电织物中由于迅速的放电作用而产生放电火花，导致电击或发热烧毁。

导电织物的消电性能指标可用混入合纤织物中的导电纤维多少（即混用率）表示。例如，不锈钢的混用率一般为 1%～5%，复合导电纤维的混用率为 0.5%～3%。当然，还要考虑基体纤维的种类、防静电织物的用途及大气条件等。例如，对于金属纤维来说，若用来制作袜子和衬衣，则其混用率为 0.2%～0.5%。

3）应用及开发前景

利用导电纤维和普通纤维交织的方法制作的防静电织物在消除静电方面具有如下优点：

（1）织物的防静电性能基本不受或很少受环境相对湿度的影响。实验表明，即使在相对湿度低于 30% 的情况下，织物仍有较好的防静电性能。

（2）织物的防静电效果具有较好的耐洗涤性。实验表明，导电纤维织物经 200 次洗涤后，其电阻率仅由 3.5×10^6 Ω/cm 上升到 6.3×10^7 Ω/cm。

（3）织物中导电纤维的混用量很低即可获得良好的防静电性能。

（4）导电纤维（特别是复合纤维）的物理性能、细度、卷曲状态都与合成纤维的相似，因此便于混合加工，且不影响织物的手感与外观。

上述优点使导电纤维在最近几十年内得到迅速发展和广泛应用，特别在防静电工作服、地毯及工业用布方面发挥了重要的作用。

6.3.6 改变摩擦材料或摩擦条件消除静电

前面曾说明了摩擦材料和摩擦条件对静电效应的影响。适当改变摩擦材料和控制摩擦条件将有助于减少静电荷的产生量或加速静电荷的流散，基于这点可提出以下几种消电方法。

1. 合理选择摩擦材料的配伍

根据纺织材料的静电起电序列，适当选择参与摩擦的两种材料，使它们在序列中相距较近，从而可减小摩擦的起电量。例如，在纺涤纤维时，用钢制导纱器代替玻璃导纱器，可减小纤维带电量。这是因为在静电起电序列中，涤纶与玻璃相距较远而与钢相距较近。上述原则对于减小织物服用中的静电效应也有很大的意义，可通过适当选择衣装配伍来防止静电障碍和危害。

2. 在工艺流程中合理选择纺织材料所经过的摩擦表面

根据静电起电序列可知，同一材料在与两种不同的物质摩擦时，可能产生不同极性和数量的电荷。于是在纺织工艺的设计中，可以人为地使纺织材料先后与不同物质制成的设备进行摩擦，并且与一种物质制成的设备摩擦时带正电，与另一种物质制成的设备摩擦时带负电，以使材料上的静电荷全部或部分抵消。这种消除静电的方法叫作正负相消法。例如，根据静电起电序列知道，玻璃能使所有纤维带负电，而钢则可使大多数纤维带正电，所以使纱条先后通过玻璃及钢制的导纱器，可将纱条上的静电荷中和掉一部分。

值得注意的是，采用这种方法所选用的物质应能适应纺织工艺的要求，而且要有一定的导电性，以防止设备或部件本身积累较多静电。同时还要经常考虑是否由于纺织材料变化而改变了其带电的极性，从而使装置失去了消电作用。

3. 不同材料的混纺、交织

基于和上面类似的原理，可以适当选择两种纺织材料，将其按一定比例混合后，使与其他物质摩擦时两组刚好带异号电荷，这样由于中和作用而减小了混合材料的整体静电效应。

例如，锦纶和涤纶纤维与镀铬金属表面摩擦时分别带正电和负电，当锦/涤的混纺比例为 40/60 时，该混纺物与镀铬金属表面摩擦时静电荷接近于零；而当混纺比例为 75/25 时，这种混纺物与棉摩擦时也可抵消静电荷。锦纶与腈纶混纺也可得到类似的效果。例如，当锦/腈的混纺比例为 20/80 的混纺物与镀铬金属表面摩擦，或混纺比例为 70/30 的混纺物与棉摩擦时，均可起到抵消静电荷的作用。实验还表明，在地毯纱的原料中，如用分别处于静电起电序列正、负端的尼龙与聚丙烯纤维进行混纺，则这种混纺地毯对于皮革和合成鞋底的接触摩擦不会产生严重的静电问题。

　　上面论述的方法虽然不需特殊的花费，但仍很少应用。这是因为混纺材料的带电不仅取决于组分比，还与摩擦表面的性质有关；同时，组分比还要受到纺织加工条件及其用途的限制。这些都使这种方法的应用复杂化了。

4. 合理调整车速

　　在 6.2.3 节中已说明了摩擦速度对静电效应的影响。实验指出，对于易带电的合成纤维，当整经速度低于 30 m/min 时，生产正常；而当整经速度增至 80～100 m/min 时，由于静电作用就不能开车。当毛条的输出速度从 35 m/min 增至 54 m/min 时，静电压可由 12.5 kV 升至 49 kV。因此，合理调整车速以减弱静电效应也是一项应考虑的消电措施。

6.4　消除纺织静电的化学方法

6.4.1　防静电剂

　　防静电剂是一种化学物质，具有较强的吸湿性和较好的导电性。在合成纤维及其制品中加入或在其表面涂敷防静电剂后，可降低材料的体积电阻率或表面电阻率，从而使其成为静电亚导体或导体，加速静电荷的泄漏。采用防静电剂是目前消除纺织静电障碍和危害的最经济和最实用的方法，已在纺织行业得到广泛的应用。

6.4.2　消电机理

　　纺织工业中应用的防静电剂绝大多数是表面活性剂，其主要原料为油脂，故又称为油剂。防静电剂是通过减少静电荷的发生量、加快静电荷的流散速度或通过上述两者相结合的方式而起到消电作用的。

　　第一种机理，即减少静电荷的发生量，是由于纺织材料界面上涂敷的防静电剂使材料之间不能充分、直接地接触、摩擦，从而减少了电荷的转移，即防静电剂起到了某种润滑表面的作用。第二种机理，即加快材料表面静电荷的流散速度，这是大多数防静电剂发挥作用的主要方式。防静电剂的分子由两个基团组成，一个是电子分布比较均匀、对称而无极性的基团 R，另一个是有极性的基团 X，如图 6-24 所示。这两种基团对于作为极性物质的水来说，其性质是不同的：基团 R 极难与水分子结合，称为疏水基团；基团 X 则易与水分子结合，称为亲水基团。当用防静电剂涂敷合成纤维表面时，防静电剂的极性亲水基团与合成纤维极性基团的相互作用使防静电剂分子在纤维界面形成如图 6-25 所示的定向排列，其疏水基团朝向纤维，而亲水基团朝向空气，从而在纤维界面上形成连续的亲水层，这样有利于吸收水分而使纤维的电阻值下降。

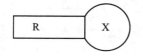

　　图 6-24　防静电剂的分子结构　　　　　图 6-25　防静电剂分子的定向排列

防静电剂起作用的另一种方式是离子化。离子性防静电剂本身具有良好的导电性,这种防静电剂分子在表层水分作用下发生电离,显著提高了纤维表面的导电性。此外,离子性防静电剂还可通过中和表层电荷的方式消除静电。

另有一类防静电剂,如聚氨酯防静电剂、640防静电剂等,具有特殊的消电机理。这类防静电剂使纤维摩擦时的带电极性恰与防静电剂的电极性相反,由中和作用而消电。例如,640防静电剂在与一般材料摩擦时都呈现正电性,所以用它处理静电起电序列中靠近负端的涤纶等就有良好的消电作用,而用它处理靠近正端的真丝则无效果。

6.4.3 防静电剂的分类与性能

1. 按使用方法分类

按使用方法的不同,防静电剂可分为外部用防静电剂和内添加型防静电剂两种。

1) 外部用防静电剂

外部用防静电剂又分为非耐久性防静电剂和耐久性防静电剂两类。

(1) 非耐久性防静电剂。将防静电剂配制成一定浓度(一般用水、醇或其他有机溶剂作为溶剂的分散剂),然后采用喷雾、涂敷或浸渍等方法,使之附着在固体材料或制品表面。此法可使物体获得一定的防静电性能,但却受到洗涤、摩擦等的影响,防静电剂分子层易脱落,耐久性甚差。在化纤、塑料的生产加工过程中常采用这种方法来防止静电干扰,一旦加工过程结束,防静电性能就基本消失了。

(2) 耐久性防静电剂。此类防静电剂是高分子电解质和高分子表面活性剂。它们可用通常方法涂敷在塑料、化纤的表面,通过电性相反离子吸附作用而在材料表面形成吸附层;也可用单体或高聚物形式涂敷在材料表面,再经热处理使之聚合而形成附着层。此类防静电剂具有较强的附着力,耐久性较好。

2) 内添加型防静电剂

内添加型防静电剂的生成有两种方法。

(1) 共聚法:在生产合成树脂的聚合阶段就将防静电剂单体引入,使其与形成基体聚合物的单体发生聚合反应,得到具有防静电性的聚合物。

(2) 共混法:在聚合物(树脂)加工成制品的过程中,把防静电剂掺入树脂中,使制品获得耐久的防静电性能。例如,在化纤纺丝前,将防静电剂加入基体聚合物的熔体原液中,然后共同从喷丝孔被挤出,制成耐久型的防静电纤维。再例如,把防静电剂添加到熔融态的塑料制品中,经过注塑、吹塑或挤出工艺,得到防静电塑料制品。

2. 按亲水基团电离后的极性划分

按亲水基团电离后极性的不同,防静电剂可分为阴离子型防静电剂、阳离子型防静电剂、两性型防静电剂和非离子型防静电剂4种。

(1) 阴离子型防静电剂。若防静电剂的亲水基团在水中能电离,且电离后亲水基团带负电,即成为一个具有表面活性的阴离子,同时离解出一个呈游离态的金属阳离子,但不具备表面活性,则这种防静电剂称为阴离子型防静电剂。因阴离子型防静电剂在水溶液中呈现表面活性的阴离子,故此得名。

(2) 阳离子型防静电剂。若防静电剂的亲水基团在水中能电离,且电离后亲水基团带正电，即成为一个具有表面活性的阳离子，同时离解出一个呈游离态的金属阴离子，但不具备表面活性，则这种防静电剂称为阳离子型防静电剂。

（3）两性型防静电剂。若防静电剂分子的亲水基团在碱性溶液中电离，亲水基团带负电，即成为具有表面活性的阴离子，同时离解出不具活性的呈游离态的阳离子；亲水基团在酸性溶液中电离时的情况正相反，在中性溶液中则不电离，则称这种防静电剂为两性型防静电剂。

（4）非离子型防静电剂。若防静电剂的分子中的弱亲水基团为羟基、醚基或酯基，它们在水中不发生电离，则称这种防静电剂为非离子型防静电剂。由于离子型防静电剂可直接利用本身的离子导电泄漏电荷，因此其防静电性能优良；而非离子型防静电剂的防静电效果与之相比就较为逊色。但非离子型防静电剂的热稳定性良好，不易引起塑料老化，故主要作为塑料的内部防静电剂。这类防静电剂绝大部分不适用于石油产品，其种类主要有多元醇酯、脂肪酸、醇、烷基酚的环氧乙烷聚合物以及胺类衍生物。

6.5　导电性填充材料的应用

使分散的金属粉末、炭黑或其他导电性材料与高分子材料相混合，形成导电的高分子混合料，进而制成电阻率较低的各种防静电制品，这是掺杂的另一种方式——物理掺杂。导电高分子混合料及其制品的防静电性能主要取决于导电性填充材料，如其骨架构造、分散性、表面状态、添加浓度，以及基体聚合物材料的种类、结构和填充方法等。这种方法的突出优点是可更加有效地降低聚合物材料的电阻率且可在相当宽的范围内加以调节，即使在相对湿度很低的情况下，聚合物材料仍能保持良好的防静电性能，因为其泄漏静电荷的机理主要是依靠电子传导的，基本与吸湿无关，耐久性能好。利用这种方式制成的防静电制品主要有橡胶制品和塑料制品，其广泛应用在通信、石油、化工、火工品等行业的静电防护中。

6.5.1　导电性填充材料

1. 金属

金属导电性填充材料从形态上又可分为金属薄片和金属粉末。其中，金属薄片主要有片状镍，金属粉末有金粉、银粉、铜粉、铁粉等。由于铜、铝、铁等粉体易氧化而在表面形成氧化膜，从而使高分子混合料的电阻率显著升高，故实用价值不大。利用金粉或银粉可获得电阻率很低的高分子混合料及其制品。例如，含金粉的高分子混合料的体积电阻率 ρ_V 约为 $1 \times 10^{-6} \sim 5 \times 10^{-6}$ $\Omega \cdot m$；当银粉在聚合物中的体积含量为 $50\% \sim 55\%$ 时，混合料的体积电阻率 ρ_V 约为 $1 \times 10^{-7} \sim 1 \times 10^{-6}$ $\Omega \cdot m$。金和银价格昂贵，储量较少，因而应用范围有限。

还必须指出，导电高分子混合料及其制品的导电性能并不取决于甚至并不主要取决于填充材料本身的导电性，而主要取决于填充材料在聚合物中是否具有容易形成有利于导电的链式组织的能力。例如，虽然金属的电阻率远低于炭黑和石墨的电阻率，具有较强的导电性，但一般高分散的金属粉末在混合料中难以形成有利于导电的结构化网络；相反，炭黑在聚合物中却具有较强的形成聚集体的能力。因此，在混合料中，通常金属的含量要高达 $40\% \sim 50\%$ 时才会使材料的电阻率开始降低；而乙炔炭黑的含量只要达到 $20\% \sim 30\%$，材料的电阻率就迅速下降。

采用金属粉末作为导电性填充材料时，其颗粒的大小、状态及形状都会对所制造的混合料的导电性能产生影响。细分散的金属微粒在聚合物混合体中很难形成链式组织，若改用金属小薄片，则在混合料中就会在某种程度上形成局部导电骨架，从而显著增加材料的导电性。

2．炭黑类

典型的炭黑由接近纯碳而处于葡萄状组织的胶状实体组成，这种葡萄状的团粒组织通常称为聚集体，每个聚集体内有数十个至数万个炭黑颗粒缔结在一起。这种聚集体组织或链式组织的存在正是炭黑呈现高导电性的原因，而炭黑本身电阻率的大小（$10^{-1} \sim 10^{-3}$ $\Omega \cdot m$ 数量级）对混合料的导电性能没有决定性的影响，而只有间接意义。炭黑形成聚集体的能力主要取决于炭黑的蓬松性或称为结构性，这种能力可用吸收邻苯二甲酸二丁酯的量来量度，这个量称为吸收值。吸收值越高，即结构化能力越高，每个聚集体所包含的炭黑颗粒数目越多。例如，高结构炭黑的每个聚集体由 $10 \sim 400$ 个炭黑颗粒缔合而成；低结构炭黑的每个聚集体一般只由 $30 \sim 100$ 个炭黑颗粒缔合而成。通常以槽法炭黑的结构程度作为标准，热裂解法炭黑的结构程度最低，乙炔炭黑的结构程度最高。由于炭黑以链状聚集体的形式存在，在导电高分子混合料中具有很强的成网能力，因此与金属导电性填充材料相比，炭黑不仅能在较低的掺入比率时赋予聚合物制品良好的防静电性能，而且对其他物理机械性能的影响也相对较小，再加上炭黑价格低廉，所以其是目前应用最为广泛的导电性填充材料。

3．其他

近年来，国内外又在开发新型导电性填充材料方面取得了新的进展，比较有代表性的有金属氧化物晶须和纳米导电材料。

（1）金属氧化物晶须。所谓晶须，是指最小长度与最大截面直径之比大于 10 的单晶体材料。金属氧化物晶须（或称陶瓷晶须）一般采用直接氧化法生长。该类晶须中有代表性的一种是氧化锌（ZnO）晶须，其由三维呈辐射的针状单晶组成，针长可达 $20 \sim 100$ μm，不仅具有高强、高模量的机械性能，而且由于它是 N 型半导体材料，所以还具有良好的导电性能，它的体积电阻率仅为几个欧姆米。由于晶须特殊的结构，其作为导电性填充材料时在导电高分子混合料中具有很强的成网能力，因此金属氧化物晶须在较低的掺入比率时可满足防静电的需要，而且基本不改变材料的力学性能和颜色。

（2）纳米导电材料。某些纳米氧化物粉体，如纳米级氧化锡、氧化锌等，不仅具有小尺寸效应、表面效应和量子效应，而且具有与常规材料不同的性质，如良好的导电性、耐热性、透明性以及高强度、高韧性等优异的力学性能，所有这些都是传统的导电性填充材料无法比拟的。因此，用纳米氧化物粉体与普通树脂复合，有可能研制出兼具防静电性能和力学性能且颜色可调控的防静电塑料制品，但必须解决纳米氧化物粉体掺入聚合物时较复杂的纳米添加技术。

6.5.2　导电性填充材料的防静电机理

在聚合物材料中掺入导电性填充材料为何会赋予混合料（或复合体系）一定的防静电性能？也就是为何会提高混合料的电导？研究表明，混合料中的主要导电过程可归纳为两种：一是利用链式组织中的导电颗粒的直接接触使电荷载流子转移；二是通过导电颗粒间隙和聚合物夹层的隧道效应转移电荷载流子。下面以炭黑为例加以简单说明。

1. 导电颗粒的直接接触导电机理（又叫网络导电）

未掺入聚合物之前的炭黑，由于其特殊的性能，炭黑颗粒会以聚集体或链式组织存在。当将炭黑掺入聚合物进行搅拌时，炭黑的聚集体组织虽会遭到一定程度的破坏，分裂成若干个较小的聚集体，但搅拌结束后，特别是在高温下加工时，借助于布朗运动，可使混合料中各聚集体组织保持接触状态。同时导电性填充材料掺入量较高时，使炭黑颗粒分开的聚合物黏膜会变得很薄，以致被局部击穿而使炭黑颗粒达到真正的接触。炭黑颗料分散在聚合物中形成链式组织的示意图如图 6-26 所示。在混合料中形成这种链式组织后，载流子就可能沿其流动，使混合料表现一定的导电性。

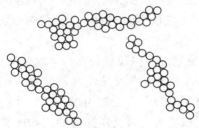

图 6-26　炭黑颗料分散在聚合物中形成链式组织的示意图

2. 隧道效应传导电荷

实验表明，即使混合料中炭黑含量很低，不足以形成接触的网状组织，混合料仍具有一定的电导性。之所以如此，就是依靠了隧道效应传导电荷。在混合料中，任何两个靠近的导电颗粒都被绝缘的聚合物介质所分隔，该分隔部分可视作不导通的势垒。按照经典理论，载流子不可能通过这些绝缘物的分隔部分。但按量子力学原理，由于电子及其他带电粒子表现出明显的波动性，因此它完全有可能透过势垒而形成传导，此即隧道效应。当然只有当势垒宽度很窄，即导电颗粒很小时，隧道效应才明显。隧道电流密度与势垒宽度的关系可表示为

$$J = J_0 \exp\left[-\frac{\pi x a}{2}\left(\frac{eEa}{4U_0} - 1\right)^2\right] \tag{6-23}$$

式中，J_0 是初始隧电流密度，J 为隧道电流密度，x 为与势垒高度及载流子质量有关的常数，a 为势垒宽度，U_0 为势垒高度，E 为间隙内电场强度。

应当指出，导电性填充材料在聚合物中的掺杂工艺以及形成的高分子导电混合料制成制品时的加工工艺对于混合料和制品的导电性能都有很大的影响。

举例来说，混合过程是任何高分子导电混合料制备过程中的一项不可缺少的工艺，为保证混合料中导电性填充材料有很好的分散性，使材料获得良好的力学性能和导电性能，聚合物与炭黑混合时必须进行强烈的拌和。但这种拌和会使炭黑的聚集体组织遭到一定程

度的破坏，从而使混合料的导电性能变差。因此，应对搅拌的转速、时间、温度等参数进行优化选择。混合料在加工成制品的过程中，其导电性与加工方法及工艺条件也有很大关系。例如，对于含炭黑的聚烯烃混合料，若采用模压或挤出加工成板材或挤出件，则其电阻率比采用注塑时得到的制品的电阻率低 2～3 个数量级。这主要是因为注塑时，注射物料的强烈取向会使混合料中的炭黑的导电组织严重受损。再例如，对混合料进行挤出加工时，应尽可能减小剪切速度，这样有利于保持混合料中的导电组织，否则挤出件的导电性能就会降低。

6.6　防静电和阻燃双功能服装面料

目前广泛使用的合成纤维面料不仅易产生静电，而且多数属易燃材料(例如丙纶、腈纶)或可燃材料(例如涤纶、锦纶)，一旦遇到点火源(如静电放电火花或其他明火)可能就会迅速燃烧，酿成火灾。在工业生产和社会生活中，由于合成纤织物的静电放电引燃，进而又通过织物自身燃烧而酿成火灾的事故时有发生，严重危害生活和生产安全，并会造成人员伤亡和财产损失。

在石化、矿山、兵工、电子等许多国民经济部门，以及诸如油库、煤气站、剧院、医院手术室等场所和汽车、飞机内，由于生产或操作对象的特殊性，特别是环境中易燃易爆物质的存在，极易因人员服装的静电放电火花而引燃引爆，并进而导致灾害事故。为确保安全生产及产品质量，上述部门和场所的人员所穿着的工作服必须同时兼具防静电和阻燃的双重功能，以保障人员和生产环境的安全。

开发防静电和阻燃双功能服装面料的关键是如何实现防静电性能和阻燃性能在同一纤维材料上的有效兼容。目前，这方面的研究已趋于成熟，现简单介绍几种兼容方式。对合成纤维进行单一的防静电处理或单一的阻燃处理的技术方法有类似之处，即都可以采用共聚、共混合后整理的方法，这三种方法实际上是针对合成纤维及其织物制造过程中的不同阶段提出的。相应地，为实现防静电性和阻燃性在合成纤维上的兼容，也可分别从各个不同的阶段着手。以下仅介绍后整理阶段的兼容方式。

6.6.1　拼混兼容

拼混兼容是指对合成纤维或其织物进行防静电剂的拼混复合处理而实现兼容的方式。防静电性和阻燃性在同一材料上的兼容应包含两个要求：第一，当材料受热时，并存于其上的防静电剂和阻燃剂不因相互作用而减弱或丧失各自的功能，且防静电剂应保持良好的防静电性能。第二，当材料受热时，阻燃剂应能正常发挥作用；而在阻燃作用结束后，防静电功能又得以恢复。

适用于合成纤维的防静电剂多属表面活性剂，其大分子结构中含有极性亲水基团和非极性疏水基团。防静电机理是基于极性近似规则而在纤维界面形成亲水基团指向空气的定向排列，然后借助于吸湿、中和、平滑等作用而消电。可以说，亲水基团的定向排列是防静电剂发挥作用的基础。而合成纤维常用的有机阻燃剂多为磷酸类，其中也含有一些极性或非极性基团。阻燃剂的阻燃机理概括起来有吸热、稀释气体、提高热分解温度、降低燃烧热以及凝聚相阻燃、熔滴、覆盖保护等。其中后三种机理的共同结果都是阻燃剂受热分解后在纤维表面形成结构致密、不易燃烧的覆盖层或炭化层。

在对合成纤维进行防静电剂和阻燃剂的拼混处理时，首先，可以根据极性近似规则调节合成纤维、防静电剂和阻燃剂的基团之间的相互作用，以使防静电剂的亲水基团始终保持指向空气的定向排列，这就可满足兼容的第一个要求；其次，通过对阻燃机理的细致分析，尽量选用基于前四种阻燃机理的阻燃剂，而避免采用受热分解时会产生覆盖层或炭化层的阻燃剂，因为很明显，这种覆盖层将严重干扰、破坏防静电剂亲水基团的定向排列而使防静电作用降低或丧失，这样，就同时满足了兼容的第二个要求。

6.6.2　络合兼容

由配体提供电子对，通过配位键与金属结合而生成新的化合物的方法即络合法，该方法已在很多领域得到应用。受金属络合物在电镀及在合成具有特殊光、电、磁性材料方面的启发，可以设想，通过适当选择配体(络合剂)和金属(中心原子)，使在合成纤维或织物表面生成一层极具金属性质的络合物，由于该物质既具有很高的电导，又具有不燃性和覆盖作用，这就有可能使防静电性和阻燃性在合成纤维上实现兼容。实际上，络合法是目前对羊毛及其织物进行单一阻燃整理时普遍应用的方法。此外，应用络合法合成的纤维织物单一的防静电试验也取得了成功。这些都是络合兼容的实验基础。为应用络合法达到防静电性和阻燃性的兼容，还必须解决如下两个问题：第一，生成的络合物应具有很好的稳定性和不溶性，这可通过控制配体的空间排列，采用多啮配体、强化配位键的键合能力等手段实现。第二，生成的络合物应能均匀牢固地被合成纤维织物所吸附，优化络合条件，对合成纤维进行预处理以改善其表面性能，都有助于实现防静电和阻燃的目的。

6.6.3　复合兼容

复合兼容是指分别利用导电纤维和阻燃剂赋予合成纤维织物以防静电性能和阻燃性能，并使二者得到兼容的方式。

导电纤维具有较高的电导，消除静电的主要机理是电晕放电的中和作用。阻燃剂的阻燃机理较复杂，其中一种机理是阻燃剂受热分解后在纤维表面形成结构致密、不易燃烧的覆盖层。

在对合成纤维织物进行复合兼容处理时，例如对混有金属导电纤维的合成纤维织物进行阻燃剂整理，由于处理液浓度有限，阻燃剂可被合成纤维吸尽，所以不会对金属导体纤维的电导率及电晕放电产生影响，这就满足了兼容的第一个要求。阻燃剂的选择应避开可能产生的覆盖层，防止可能对金属导电纤维表面的覆盖而降低防静电效果，以满足兼容的第二个要求。值得指出的是，一般阻燃剂均具有一定的吸湿性，有利于提高合成纤维的吸湿能力而加速静电荷的泄漏，亦即阻燃剂的存在提高了含导电纤维织物的防静电性能。另一方面，导电纤维(特别是金属导电纤维)通常属不燃性纤维，在接触火焰时不会发生明显的燃烧，且有良好的自熄性。也就是说，金属导电纤维的存在提高了经阻燃剂处理的合成纤维织物的阻燃性能。由此可见，复合兼容不但可实现防静电性和阻燃性在同一材料的并存，而且会使这两种性能因对方的存在而分别得到加强，即产生有益的协同效应。目前，复合兼容的设想已为实验所证实是充分可行的，采用复合兼容方式研制的双防织物具有优良的防静电性和阻燃性，因此具有良好的市场开发前景。

思考题与习题六

6-1　纺织材料生产加工和使用过程中的静电危害有哪几种？其主要危害是什么？

6-2　纺织材料的静电评价指标中，最容易实现控制的指标是哪一个？

6-3　静电泄漏电阻包含哪几个电阻？静电泄漏电阻的大概取值是多少？

6-4　相对湿度增加时，表面电阻率是如何变化的？

6-5　增湿法消电有哪些局限性？

6-6　导电纤维的消电机理是什么？

6-7　利用自感应式消电器消电时，为什么会有残余电荷？

6-8　导电纤维消电时什么会成为易燃易爆物的点火源？

6-9　有源式消电器主要有哪几种？其消电效果有何不同？

6-10　选择服装配伍消除静电的原理是什么？

6-11　表面活性剂类防静电剂按电离后的离子类型可分哪几类？防静电机理是什么？

6-12　导电性填充材料的防静电机理有哪两种？

6-13　目前最前沿的导电粒子添加剂是什么？

阅读材料

第 7 章　静电应用技术

静电应用是指利用静电感应、高压静电场的气体放电等效应和原理，实现多种加工工艺和加工设备。随着静电理论的发展日益完善，静电应用技术已经在工业、农业、环境保护、医疗卫生、食品加工、生物技术领域有着广泛的应用，同时在航空航天以及高新技术领域也有新的应用，如静电火箭发动机、静电轴承、静电陀螺仪和静电透镜等。本章主要介绍纺织工业中的静电植绒、静电纺纱、静电印花、静电除尘、静电喷涂、静电复印等技术。

7.1　静　电　植　绒

静电植绒技术于 20 世纪 30 年代在德国出现，到 20 世纪 60 年代取得了突破性进展。20 世纪 70 年代中期，静电植绒技术曾一度停滞不前，但随着静电植绒技术向衣料应用范围的开拓，静电植绒工业又有了新的突破。目前，德国、意大利、日本和美国等国的静电植绒技术都居先进行列。

目前我国已有 100 多个厂家从事静电植绒生产，其中大、中型工厂有 50 多个。这些厂家应用的设备有从国外引进的植绒机（如德国申克公司的转移植绒机）和国产的植绒机，这改变了绒毛靠进口的局面。

静电植绒是利用静电场的作用，将短纤维植入涂有黏合剂的底布上，使之成为一种既像浮雕，又像刺绣的产品技术。与老法立体效应织物生产相比，静电植绒具有生产工艺简单、速度快、成本低、花色品种多、适应性广等优点。植绒产品已展现出无限广阔的前途及很好的经济效益。

7.1.1　植绒原理

静电植绒是利用在一高压静电场中，两个带有不同电荷的物体会发生相斥或相吸的原理而实现的。根据绒毛飞跃方向的不同，植绒加工方法分为下降法、上升法、横向飞跃法和向上向下飞跃法等。目前采用的加工设备约有 80% 都采用下降法。下面以下降法为例说明静电植绒的工作原理。

静电植绒的原理如图 7-1 所示。图中，①为上极板，是一金属板型网框；②为下极板，是一金属平板托架，其上为涂黏合剂的待植绒毛基布，上、下两块电极板分别接在高压静电发生器的负、正输出端；③为盛放绒毛的料斗；④为可以旋转的供毛轴。由于供毛轴的旋转，绒毛落到金属板型网框负极上，其与负极接触而带电，导致部分绒毛按场强方向排列。同时绒毛在电场中发生极化，与负极极性相同的电荷集中在远离负极的一端，正电荷却集中在靠近负极的一端。当绒毛和负极接触时，由于电极的电导率比绒毛的电导率高，会在绒毛纤维中产生密度为 γE（其中，γ 为绒毛的电导率，E 为电场强度）的导电电流，绒毛上便产生了净电荷，使绒毛在电场中具有很大的伸直度和飞翔性，可以较高的速度垂直地向下飞到涂有黏合剂的待植绒毛基布上，这样就得到了精美的植绒织物。

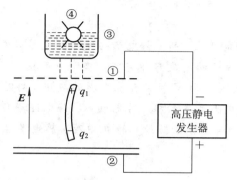

①—上极板；②—下极板；③—料斗；④—供毛轴。

图 7-1 静电植绒原理

在静电植绒过程中，绒毛除了接触带电，进入电场后，还要受到极化作用而带电。正是由于接触带电，保证了绒毛向正极方向运动；而又由于极化带电，保证了绒毛在均匀电场中的转动作用，使得绒毛直立于基布表面而不会平躺在上面。

7.1.2 设备加工工序

植绒产品的质量取决于原料、工艺和设备。高压静电发生器是静电植绒设备的心脏，保证产生高而稳定的静电压。若电压太低，则绒毛竖直性差，黏结牢度下降；若电压太高，则会发生静电火花而造成烧毛事故，目前常应用的输出电压为 $0\sim100\ kV$。植绒用的高压静电发生器分为晶体管高压发生器和变压器直接升压硅堆整流静电发生器两种。

1. 晶体管高压发生器

晶体管高压发生器框图如图 7-2 所示。直流稳压电源将 220 V 的工频交流电转换为直流电，经过变压器耦合自激振荡器后又将直流电变为高频电，然后通过变压器升到 $7\sim11\ kV$，再由十一级倍压整流器倍压后即可得到 $60\sim100\ kV$ 的直流电压，最后由副级输出。这种发生器的输出功率小，但使用安全、体积小、耗电少，适用于小面积的台板植绒或印花杂物植绒。

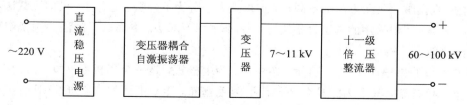

图 7-2 晶体管高压发生器框图

2. 变压器直接升压硅堆整流静电发生器

变压器直接升压硅堆整流静电发生器主要由高压变压器(输入 220 V，输出 100 kV)和高压硅堆组成，如图 7-3 所示，其适用于大面积连续全面植绒的生产线。

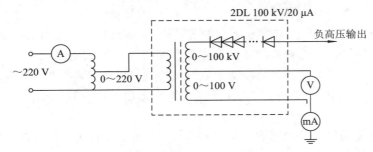

图 7-3　变压器直接升压硅堆整流静电发生器

与静电发生器相配套的设备和机械还有涂胶设备、干燥和焙烘设备以及转动机械。涂胶有刮胶和滚胶，涂胶量要易调节，胶的厚薄要均匀。在烘干通道和焙固炉中，温度要保持均匀，要保证适宜的停留时间。转动机械的运转要良好，避免出现运转中的停车事故。

7.1.3　静电植绒织物的三组分

静电植绒织物的三组分是绒毛、底布和黏合剂。绒毛和黏合剂是决定植绒织物外观风格及内在质量的关键。

1. 绒毛

绒毛的选择要依据植绒织物的用途及对植绒织物的要求而定。植绒用的绒毛有天然纤维(棉、麻、毛等)、黏胶纤维和锦纶纤维。其中黏胶纤维和锦纶纤维用得最多，尤其是锦纶纤维具有强度高、耐摩擦、弹性好和色泽艳丽等优点，更受到使用者的欢迎。

2. 底布

用作静电植绒的基材有纸张、木材、金属、泡塑料、人造皮革、陶瓷、纤维织物等。作为以纺织品为底布的静电植绒物，其底布主要是纯棉卡其布和棉纤混纺。为了适用二次加工的特殊要求，人们特地设计了专用底布，如尼龙特里科经编织物、人造丝、70% 维尼龙的混纺布，以使绒面出现新的外观。对于底布有如下要求：

(1) 具有高导电性。材料的均匀性可以保持电场中有一个连续的介电量，底布的多孔性可以使表面保留绒毛的黏合剂的厚度比要求的厚度小；与黏合剂的共容性可以保证绒毛的有效黏合。

(2) 经纬密度不能过小，以不少于 220 根纱/10 cm 为宜，且表面不能凹凸不平，不能有疵点。

(3) 伸缩性好。这样可以防止绒面发皱。

(4) 纱支不能太细和太粗。若纱支太细，则织物轻薄，染整加工时易折皱，造成植绒折痕；若纱支太粗，则织物表面粗糙不平，黏合剂易渗入纱间缝隙，从而影响植绒织物的触感。一般选用 20～30 支(29～19.4 号)纱支为宜。

3. 黏合剂

静电植绒织物对织物的柔软性、收缩性、透气性、耐洗涤性以及色彩、光泽等方面有特殊要求，因此要选择适宜的黏合剂。黏合剂的技术问题一度成为植绒生产的难题。

植绒加工用的黏合剂一般为乳液或乳胶，包括丙烯酸酯黏合剂、聚醋酸乙烯酯黏合剂、三聚氰胺树脂黏合剂、丁苯橡胶黏合剂等，其中丙烯酸酯黏合剂的耐水性、耐洗涤性最佳。使用时要特别注意黏合剂的浸润性和黏度的调节，常采用统计法和优选法得到黏合剂的最佳配方。在丙烯酸酯共聚物中加入表面活性剂可以改善浸润性，同时可加入甲基纤维素、聚乙烯醇、乙基纤维素等作为增稠剂，还可考虑加入防泡剂、催化剂以及 pH 值调节剂等。

实际中要根据植绒产品的耐磨性和底布类型选择黏合剂配方，但对黏合剂的基本要求为导电性高、吸湿性良好以及表面张力小。

7.2　静　电　纺　纱

从手工纺纱到机器纺纱，纺纱技术的进展经历了一个漫长的过程。自从 1828 年环锭精纺机的出现，在棉纺生产中形成一个环锭纺纱工艺体系。环锭纺纱的生产质量稳定，产量较高，但由于这种精纺机使用了钢领、钢丝圈及锭子三大部件，存在着钢丝圈的线速度难以进一步提高，加捻与卷绕两道工序互相牵制等问题，致使环锭纺纱产量不能大幅度提高。同时，环锭纺纱工艺流程长、工序多、机器复杂，也难以适应纺织工业向高度自动化发展的要求。

近几十年来，世界各国对环锭纺纱存在的缺点进行了大量的分析研究，寻找新的纺纱形式，提出了自由端纺纱。这种纺纱是将纺纱原料首先变成单纤维，然后再将单纤维有规律地凝聚于自由端上，最后加捻成纱，做成筒装。由于自由端纺纱将加捻与卷绕分开进行，因此可以达到高速、高产、简化工序等目的。自由端纺纱包括机械纺纱、气流纺纱和静电纺纱。

静电纺纱于 1949 年 5 月由美国首先提出，到 20 世纪 70 年代初才有了发展，苏联、日本、瑞士、土耳其等国都对静电纺纱进行了研究。我国从 1958 年开始起步，经过了单锭式试纺、多锭样机和成台机器的试验阶段，目前我国的静电纺纱在技术水平、中试规模和试纺品种方面都达到了相当的水平。

静电纺纱这种纺纱新工艺建立在用静电力转移纤维的概念基础上，即利用静电场将单纤维伸直、排列、凝聚，用自由端加捻成纱。静电纺纱具有工艺流程短、产量高、噪声低、用电省、飞花少、织物耐磨性好等优点，但也存在着成纱强度较低、品种局限性大、对空气相对湿度及棉条回潮率要求高以及精梳感差等缺点。

国内外对静电纺纱的研究，已从对个别的工艺、设备进行改进转向对静电纺纱的基础理论进行全面研究，并且着重于静电场、纤维导电性能以及单纤维供应和自由端加捻等方面的研究工作。这是因为静电纺纱的许多问题之所以长期得不到解决，主要是在成纱机理上没有进行系统的分析研究。这种纺纱新工艺能否卓有成效和大规模应用于纺织工业中，在很大程度上取决于基础理论的研究进展状况。

7.2.1　静电纺纱工作过程

在静电纺纱中，纤维伸直和排列的过程是在高压静电场中借助静电力来完成的，加捻和卷绕则由加捻器和卷绕机构完成。

静电纺纱原理示意图如图 7－4。

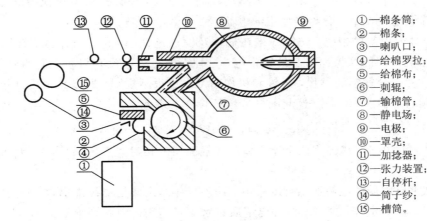

①—棉条筒；
②—棉条；
③—喇叭口；
④—给棉罗拉；
⑤—给棉布；
⑥—刺辊；
⑦—输棉管；
⑧—静电场；
⑨—电极；
⑩—罩壳；
⑪—加捻器；
⑫—张力装置；
⑬—自停杆；
⑭—筒子纱；
⑮—槽筒。

图 7－4　静电纺纱原理示意图

静电纺纱的工作过程为：从棉条筒中把棉条引出并输入喇叭口，由给棉罗拉和给棉布喂入刺辊，刺辊对棉条进行分梳，并将棉条分成单纤维；在气压的作用下，单纤维被吹入输棉管，进入电极和罩壳间的非匀强静电场中；在静电力的作用下，单纤维被拉直并排列在电场轴线位置处，凝聚成须条；加捻器将须条加捻成纱，经张力装置和自停杆送入槽筒绕成筒子纱。

7.2.2　高压静电场对纤维的影响

我们不讨论单纤维供应原理、自由端加捻理论和大容量卷绕问题，而只对纤维在高压静电场中的带电情况、高压静电场对纤维的作用力和纤维在高压静电场中的行为进行分析。

1. 纤维在高压静电场中的带电情况

目前，国内外对静电纺纱基础理论研究的侧重点是高压静电场对纤维的作用力问题。了解纺纱区纤维上静电荷的来源及由此引起的各种静电力，这对于研究静电纺纱的成纱机理并能动地改进纺纱工艺和设备有着很大的意义。然而，这是一个相当复杂的问题，由于理论和测试手段的限制，对于此问题的研究目前还很不成熟。

一般常把纤维作为一种电介质，被引入高压静电场后，必然会因极化作用而在纤维两端出现等量异号的束缚电荷。然而实验表明，纤维除因极化带电外，其上还有很多可供交换的自由电荷或离子电荷，而且自由电荷或离子电荷对纤维在高压静电场中转移所起的作用可能比极化带电的作用还要大一些。纤维上静电荷的来源大概有以下几种情况：

（1）电晕放电所引起的带电。根据有关理论可计算出静电纺纱区的场强约为 3×10^5 V/m。于是在电极的尖端或加捻器的附近发生电晕放电，导致纤维和被电离的空气间发生离子交换，使每根纤维都获得一些静电荷。

（2）纤维和带电金属机件接触而引起的带电。纺纱机上的某些部件常由于某种原因而带电，因而纤维在进入高压静电场之后就因同某些金属带电表面接触而获得一定的电荷。

（3）极化而引起的带电。纺纱纤维经增湿处理后虽然其电阻会大大降低，但仍在 10^{10} Ω 左右，而且介电常数也会随着含水量的提高而增大，所以纤维又可视为电介质，在纺纱区高压静电场中发生极化而产生束缚电荷。

（4）因摩擦而引起的带电。纺纱纤维在梳理及输送过程中，由于纤维间、纤维与气流间以及纤维与机件间的摩擦而引起纤维带电。这种带电过程还没有引起人们的充分注意。而且摩擦是一种十分复杂的过程，纤维和机件的形态也很不规则，所以利用接触起电理论来计算摩擦起电是很困难的。摩擦起电量常用经验关系式为

$$Q = f(v)W^{\frac{1}{2}} \tag{7-1}$$

式中，Q 为摩擦起电量，$f(v)$ 为两个摩擦体的接触面间的相对速度的函数，W 为摩擦所做的功。

（5）纤维上电解质的电解所引起的带电。纺纱纤维，尤其是棉纤维都含有一定数量的盐分，且含有一定的水分，由于水溶性电解质在水中被电解，因此纤维上会出现离子电荷而带电。

2. 高压静电场对纤维的作用力

高压静电场对纤维的作用力共有如下 6 类：

（1）纤维由于电晕放电带电后受到的库仑力；

（2）纺纱纤维和带电导体接触带电受到的库仑力；

（3）作用于纤维上的极化力；

（4）带电纤维在靠近加捻器表面时受到的镜像力；

（5）带电纤维间的斥力；

（6）纤维受到的机械力。

3. 纤维在高压静电场中的行为

纤维在高压静电场中的行为有以下 4 种：

（1）高压静电场对纤维的伸直作用；

（2）高压静电场对纤维的定向排列作用；

（3）高压静电场对纤维的聚集作用；

（4）高压静电场对纤维的除杂作用。

7.3 静电印花

随着纺织科学技术的发展，新颖的印花方法相继出现。光导体-静电印花就是崭露头

角的一种新方法。

　　静电印花基于静电成像的原理。首先，将硒、硒合金、氧化锌、硫化镉、二氧化钛等作为光导体涂在纸张或薄金属（称为纸基）上，制成光敏板，如图 7-5 所示。其中纸基起平板作用，铝箔做导电底基，起接地、防湿作用，聚乙烯薄膜中间层起黏接 ZnO 及铝箔的作用。然后，用电晕放电法使光敏板表面带上负电荷，再将需印染的图样画出底稿，用镜头直接投影到置于暗室中且表面带有负电荷的光敏板上。因为光导体在明区因电阻减小而呈导体，在暗区呈绝缘体，故光敏板上明区的电荷经接地线流走，暗区的电荷仍能保留。这样，光敏板上有的区域有静电荷，有的区域无静电荷，形成所谓的"静电潜影"，经过显影可使其成像。最后，用电晕等方法使印花的涤纶织物表面带上负电荷后置于光敏板上。由于电荷间的吸引，因此可将成像的分散染料转印到织物上，经过必要的整理后，就可得到精美的印花织物。

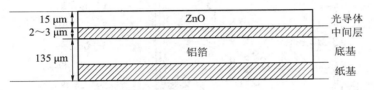

图 7-5　光敏板

　　目前静电印花可印制涤纶织物上的"雾状"花纹，其方法简便、生产效率高、不耗水、不污染，是一种具有发展前景的印花方法，具有很大潜力。但静电印花时需要减少底灰，提高清晰度，扩大纤维及染料的应用范围。

7.4　静　电　除　尘

　　静电除尘器（简称电除尘器）是美国工程师科特雷尔在 1906 年研制成功的，是一种利用电场力使气溶胶粒子从气体中分离出来的除尘装置。目前，静电除尘器已广泛应用于冶金、化工、火力发电、纺织工业等行业。由于静电除尘器中的电场力是由直流高压（通常为30 kV 以上）作用在高压静电场中形成的，因此这种除尘机理称为高压静电除尘或静电除尘。

7.4.1　静电除尘器的工作原理

　　静电除尘器实质上是由两个极性相反的电极组成的，如图 7-6 所示。其中一个是表面曲率很大的线状电极（通常是负极），称为电晕极或放电极，另一个是板状电极（通常是正极），称为集尘极。工作时需在电晕极和集尘极之间施加直流高电压，使电晕极发生电晕放电，在电晕极附近形成电晕区。电晕放电使电晕区内生成大量的自由电子和正离子，以及由自由电子附着而带负电的气体分子——负离子。正离子在电场力的作用下向电晕极运动，自由电子和负离子在电场力的作用下向集尘极移动，充满两极间的绝大部分空间。当含尘气体通过这一电场空间时，充满绝大部分空间的自由电子和负离子与含尘气体中的气溶胶粒子碰撞并附着在气溶胶粒子上使之带电，形成带负电的粒子。由于静电场中作用在荷电粒子上的电场力比重力大得多(对于直径为 $1~\mu m$ 的粒子，电场力比重力约大 10 000倍；对于直径为 $10~\mu m$ 的粒子，电场力比重力约大 1000 倍)，因此在电场力的作用下，这些带负电的粒子被驱往集尘极，放出所带电荷而沉积在集尘极上。但是由于出现在电晕区内的正离子向电晕极运动的路径极短，只能与少数气溶胶粒子相遇而使之荷电，所以沉积在电晕极上的粉尘是不多的。当沉积在集尘极(或电晕极)上的粉尘达到一定厚度时，应由清灰装置及时清理，使粉尘落入灰斗后排出。

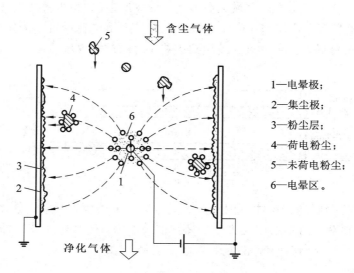

含尘气体

1—电晕极；

2—集尘极；

3—粉尘层；

4—荷电粉尘；

5—未荷电粉尘；

6—电晕区。

净化气体

图 7-6 静电除尘器的工作原理

综上所述，静电除尘器的除尘过程可概括为以下四个阶段：① 气体的电离；② 粉尘的荷电；③ 荷电粉尘的沉集；④ 清灰。为了充分发挥静电除尘器的除尘作用，提高其性能，扩大应用范围，必须对电晕的形成方式、气溶胶粒子的荷电过程、荷电粒子在静电场中的运动以及粉尘在集尘极上的沉集规律等基本理论作深入的研究。近几十年中，随着对静电除尘器的理论研究和技术开发，静电除尘器得到了不断改进和日趋完善，目前已发展成为可以捕集细微粉尘的高效除尘器。

7.4.2 静电除尘器的类型

1. 按集尘极的形式划分

按集尘极形式的不同，静电除尘器可分为管式静电除尘器和板式静电除尘器两种。管式静电除尘器的集尘极为一圆形金属管，管的直径为 1.5～3 m，长度为 2～5 m；电晕极由一根电线(也称极线)构成，其上部通过绝缘子悬挂在顶部，下端靠重锤固定位置。管式静电除尘器的示意图如图 7-7 所示。含尘气体由靠近底部的地方进入圆筒内，净化后由顶部排出。板式静电除尘器的集尘极为两个相距 2.5～3 m 的平行板，电晕极由多根极线构成，悬挂在平行板的中间。板式静电除尘器的示意图如图 7-8 所示。含尘气体在两个平行板间流动而被净化。

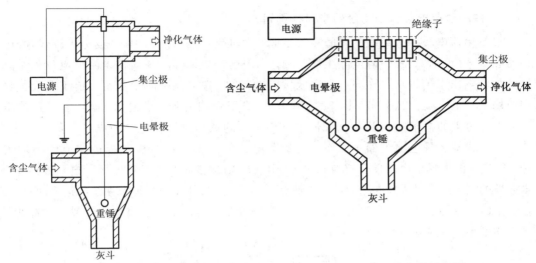

图 7 - 7　管式静电除尘器示意图　　　　图 7 - 8　板式静电除尘器示意图

2. 按气体流动的方向划分

按气体流动方向的不同，静电除尘器可分为立式静电除尘器和卧式静电除尘器两种。在立式静电除尘器中，气体自下而上沿垂直方向流动。管式静电除尘器都是立式的，板式静电除尘器也有采用立式的。立式静电除尘器的高度较大。在卧式静电除尘器中，气体沿水平方向流动。图 7-8 所示的板式静电除尘器是卧式的。在工业废气除尘中，卧式的板式静电除尘器是应用最广泛的一种。

3. 按沉集粉尘的清灰方式划分

按沉集粉尘清灰方式的不同，静电除尘器可分为湿式静电除尘器和干式静电除尘器两种。干式静电除尘器是利用机械振打的方法清灰的。振打清灰也是最常见的一种清灰方法，清灰时所回收的是干粉尘，便于处理和利用。但振打清灰会引起沉集粉尘的再飞扬，导致除尘效率降低。湿式静电除尘器利用喷水或溢流水等方式使集尘极表面形成一层水膜，将沉集在极板上的粉尘冲走。图 7-9 为溢流型湿式静电除尘器的示意图。湿式清灰可以避免二次扬尘，达到很高的除尘效率。而且因湿式静电除尘器无振打装置，所以运行也较稳定，但存在腐蚀、污泥和污水的处理问题，因此一般只在气体含尘浓度较低而又要求除尘效率较高时采用该种除尘器。

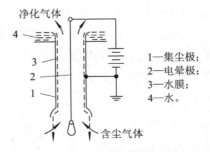

图 7 - 9　溢流型湿式静电除尘器示意图

4. 按粉尘荷电段和分离段的空间布置划分

按粉尘荷电段和分离段的空间布置不同,静电除尘器可分为单区(也称一段式)静电除尘器和双区(也称二段式)静电除尘器两种。在单区静电除尘器中,粉尘的荷电过程及其从气体中分离出来的过程是在同一空间区域内进行的。单区静电除尘器是目前工业废气除尘中应用最广的一类。图7-7、图7-8和图7-9所示均为单区静电除尘器。在双区静电除尘器中,粉尘的荷电过程及其从气体中分离出来的过程分别在电晕荷电区和集尘区进行。图7-10为双区静电除尘器示意图。电晕荷电区的电场是由线极和板极构成的不均匀电场,集尘区的电场是由两平行板构成的均匀电场。粉尘首先在电晕荷电区带电,然后进入集尘区被捕集下来。双区静电除尘器多数使用正电晕,主要用于空气调节系统的进气净化方面,近年来已开始用于工业废气净化方面。双区静电除尘器也能适用于高电阻率粉尘的除尘,并具有体形小、耗钢少、耗电少等特点。

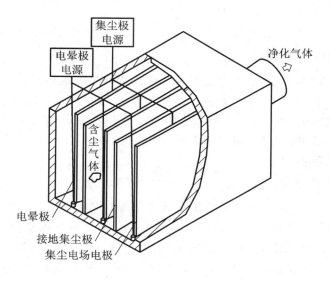

图7-10 双区静电除尘器示意图

5. 按电极距离划分

按电极距离大小的不同,静电除尘器可分为常规静电除尘器和宽间距静电除尘器两种。常规干式平板型静电除尘器的同极间距一般为250~300 mm,运行电压约为50~60 kV。同极间距超过300 mm的静电除尘器称为宽间距静电除尘器。宽间距静电除尘器的同极间距约为400~1000 mm,相应地,运行电压也增加到75~200 kV。宽间距静电除尘器在提高除尘效率、降低除尘成本方面有很大优势,是目前静电除尘器发展的一个新趋势。

6. 按静电除尘器入口的温度划分

一般静电除尘器入口的温度为常温至200℃,入口的温度高于350℃的静电除尘器称为高温静电除尘器。近30年来,静电除尘器在结构上出现重大改进,在技术上有很大进步,静电收集理论的研究也十分活跃,这在很大程度上丰富了人们对静电收集机理的认识。近年来又出现了静电增强过滤设备，丰富了静电收集的内容。静电收集原理也可用于测量气溶胶粒子的荷电、迁移率、粒径大小及其分布。

7.5　静　电　喷　涂

静电喷涂是指依靠直流高压电形成的静电场作用，使带有电荷的涂料微粒在电场力的作用下沉积在零件表面，以形成均匀的涂膜。因而，静电喷涂是一种能显著提高涂膜质量的工艺方法，可使零件表面获得高装饰性的涂膜。

静电喷涂工艺具有生产效率高、易于实现自动化作业、涂料利用率高、环境污染小以及能显著改善操作工人劳动条件等一系列优点，已在机电和轻工等产品生产中广泛采用。

静电喷涂是依据静电场对电荷的作用原理而实现的。通常静电喷枪接负极，零件接正极，这样喷枪的喷头与零件之间就形成了静电场。当电压足够高时，喷头附近区域内的空气产生强烈电晕放电，形成空气电离区域。涂料经喷头雾化后喷出，被雾化的涂料微粒通过喷头锐边或极针时因接触而带电，当经过空气电离区域时再次带电。这些带电的涂料微粒在电场力的作用下向异极性的零件表面运动，被附着并沉积在零件表面上，形成均匀的涂膜。静电喷涂的原理如图 7 - 11 所示。

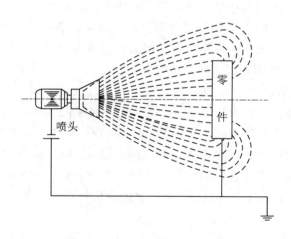

图 7 - 11　静电喷涂原理图

1. 静电场的形成与作用

静电喷涂中静电场是通过高频高压静电发生器形成的，该装置的负极接喷枪，正极接到零件上，并接地。这样喷枪的喷头与零件之间形成了一个强大的静电场。静电场中每一点的电场强度除有大小外，还有一定的方向。为更好地理解静电场这个概念，利用静电学中电力线的概念。电力线上每点的切线方向与该点电场强度的方向是一致的。因此，该方向也表示作用于该点处的正电荷所受电场力的方向，并用电力线的疏密程度表示电场强度的大小。电力线越密，表示电场强度越大。

涂料微粒在静电喷涂过程中的运动是受电场力的作用而产生的。根据涂料微粒所受电场力与电场强度的关系可知，电场强度越大，涂料微粒所受到的电场力越大，越有利于静电喷涂。电场强度与喷枪的喷头和零件间的距离成反比，距离越小，电场强度越大。因此，在进行静电喷涂作业时，喷枪的喷头与零件应该尽量靠近。但在实际生产中，由于零件的大小、几何形状、静电发生装置的性能等多种因素的影响，喷枪的喷头与零件间的距离一般取200～500 mm。同理，所施加的电压越高越好，但是，其也受到零件的大小、几何形状等因素的影响。特别是手工静电喷涂时，电压过高并不安全，可能会造成火花放电，发生火灾。另外，由于涂料微粒的带电性能及高频高压静电发生器技术指标的限制，在实际生产中常用60～120 kV 电压。

2. 电晕放电在静电喷涂中的作用

在静电喷涂时，喷枪的喷头和零件之间形成一个高压静电场。静电喷枪的喷头带锐边或极针，此处的电荷密度很大。当施加在喷头的静电压升高到一定程度时，喷头锐边或极针与零件之间所形成的电场进一步加强，使喷头锐边或极针的电子逸出，并飞向零件。由于电场强度大，逸出电子的动能很大，当它以高速撞击空气分子时，使空气分子电离，与此同时放出电子。这些电子被电场加速，再去撞击其他空气分子，使其电离，这样就发生了连锁式电离反应，直至喷头附近的空气被击穿，形成空气电离区，产生自激放电。伴随自激放电的同时空气激烈地离子化和发热，使喷头锐边或极针处形成一个暗红色的晕团，在黑暗中很容易看到，这种现象称电晕放电。

电晕放电是自激放电过程中的一种现象。电晕放电只发生在喷头锐边或极针附近的空间内，而不是将喷头与零件之间的空气全部击穿，如果是那样就会产生火花放电。因此，电晕放电击穿局部空气，控制喷头与零件之间的电晕放电对于静电喷涂是相当重要的。当静电压过高或喷头与零件间距过小时，喷头与零件之间的空气全部被击穿，此时将发生火花放电而引起喷涂设备起火燃爆，即使危害最小时也会烧坏涂膜。而当静电压过低时，不会发生电晕放电，不能激发出大量电子，不能在喷头与零件之间形成电离区，这样涂料微粒不能很好地带电，将影响静电喷涂的效果。因此，在静电喷涂中对高频高压静电发生器有一定的技术性能要求。在使用中要控制好电源电压，使喷头附近的空气发生稳定的电晕放电。产生电晕放电的电压要根据喷头与零件间的距离、空气的温度和湿度、喷涂室内的风速、气流的分布、涂料对电晕放电的影响、喷枪中极针的结构及锐边的锐利程度等主要因素来确定。

在为喷枪配备静电电源(一般常用高频高压静电发生器)时，最好选用输出高压能连续可调的电源，这样可为选择最佳工作电压提供方便。在电气控制回路中最好带有反馈系统，使电源的输出静电压能自动调节，从而保证喷头与零件之间的空间内有恒定的电场强度，确保喷头与零件之间处于电晕放电状态，这样既可防止产生火花放电(一般称打火)，同时也可使涂料微粒充分带电，提高涂料的涂覆效率。

在进行静电喷涂时，喷枪绝大多数接在电源负极上，这是因为电子的质量很小，容易从金属表面逸出，且容易被静电场加速。喷枪接在负极上时，产生电晕放电所需电压低，这样对实现电晕放电有利。

7.6　静　电　复　印

7.6.1　静电复印机的工作原理

静电复印机的工作步骤包括静电潜影的形成、墨粉图像的形成、复印品的制成和再复印准备等。

1. 静电潜影的形成

静电潜影的形成主要包括以下四个步骤。

（1）前曝光同时前消电。感光体（鼓）是复印机的主要成像部件。在经过前一个复印过程后，会有一部分电荷残留在感光体上。所以在充电之前应用电晕消电，同时用荧光灯（或其他灯种）照射感光体表面，实行前曝光，如图 7-12 所示。这样，一方面消除感光体表面的残留电荷，另一方面降低感光体内部的电阻，在充电时能够均匀地注入电荷，以防复印中图像黑度不均和黑实心像中间出现白点。

（2）充电。按下"复印按钮"后，已经被清洁和消电的感光体旋转经过"充电电极"时，感光膜层便被充上一定极性和数量的电荷。例如，硒（Se）、硫化镉（CdS）带正电荷，氧化锌（ZnO）带负电荷。这种使感光体上带电而能够感光的过程称为充电。充电的作用类似银盐胶片感光膜层的涂膜过程。充电过程如图 7-13 所示。

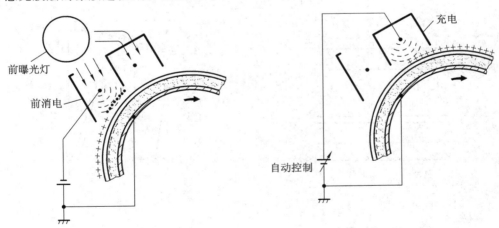

图 7-12　前曝光同时前消电　　　　图 7-13　充电

（3）曝光同时消电。当原稿被曝光灯照射，并通过光学系统把光像照射到感光体时，在感光体的感光膜层表面便形成了与原稿相对应的电位反差，从而产生静电潜像。曝光过程如图 7-14 所示。在曝光同时必须消电，以消除受光照部分的电荷，增加反差，消除或降低灰度。消电过程如图 7-15 所示。

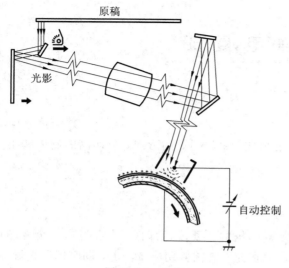

图 7 - 14 曝光

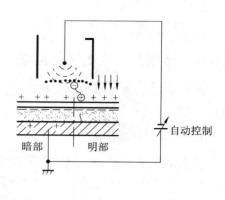

图 7 - 15 消电

（4）全面曝光。全面曝光主要针对三层结构的感光体。用荧光灯全面、均匀地照射感光体表面，以使导电底基上的电荷中和，提高表面电位，即提高静电潜影的质量。全面曝光如图 7 - 16 所示。

静电潜影是通过上面四个步骤形成的，其目的是在感光体表面留下和原稿黑色部分相对应的正电荷。在感光体上由这些正电荷构成的图像，因为人的眼睛不能看到，所以称为静电潜像。静电潜像形成过程中表面电位随时间变化的曲线如图 7 - 17 所示。

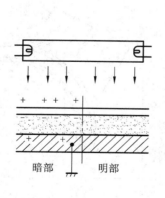

图 7 - 16 全面曝光

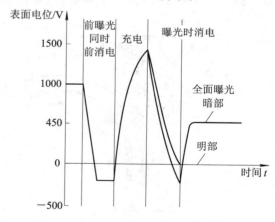

图 7 - 17 静电潜像形成过程中表面电位随时间变化曲线

2. 墨粉图像的形成

利用带电粉末(油墨)使静电潜像成为可见的墨粉(油墨)图像，运用显影偏压可以调整墨粉(油墨)显影的浓度，以使字迹和图像的密度达到饱和程度。显影过程如图 7 - 18 所示。

3. 复印品的制成

这一步骤的目的是将感光体上已经形成的墨粉图像经过转印、分离、定影(固化)、排纸等工序成为长期可用的复印品。

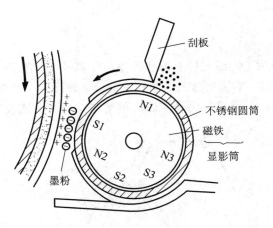

图 7-18　显影

（1）转印、分离。间接法（普通纸）静电复印机通过转印装置把感光体（鼓）的感光膜层表面的墨粉图像转移到各种载体（如复印纸、薄膜及其他介质）上，如图 7-19 所示。

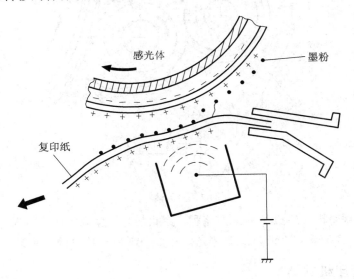

图 7-19　转印

在进行转印时，由于静电的作用，复印纸会紧紧贴在感光体上。为此需要采取分离的办法将复印纸从感光体（鼓）上分离下来。

（2）定影（固化）、排纸。已转印了墨粉图像的复印纸经分离之后进入定影装置。首先用加热或加压等方法将墨粉图像固定，然后经排纸出口处送到收纸盘中。其中，经过对纸张进行消电，使排出的纸张不至于跳动或黏结在一起而不易叠齐。至此，完成了使图像复印到纸上的全部过程。定影过程如图 7-20 所示。

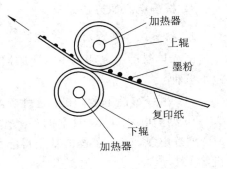

图 7-20　定影

4. 再复印准备

这一步骤的目的是为了把感光体上的残留墨粉清除掉，以使下一次复印时能得到清晰的复印品。因为在转印时，不能把感光体上的粉末全部转印到复印纸上，约有 20%～30% 的墨粉残留在感光体表面，所以对感光体表面的清洁是为下一次复印做准备工作的。清洁过程如图 7-21 所示。

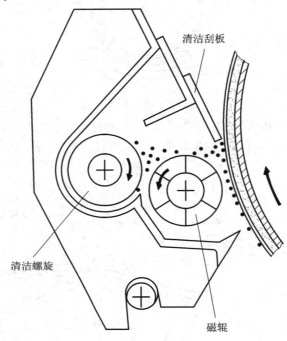

图 7-21 清洁

以上是静电复印机一般机型的工作流程。除此之外，静电复印机的某些机型中还设有供、输纸装置，分离装置，收纸盘及对感光体和复印纸进行消电的装置。

7.6.2 静电复印机的类型

1. 按静电成像方法划分

1）按感光体的材料分类

感光体是静电复印机中重要的器件，根据制作感光体材料的不同，静电复印机可分成以下五种：

(1) 硒(Se)静电复印机。这种静电复印机有国产的长江-600 型、海鸥 Se-5 型、海鸥 Se-16 型静电复印机，日本的理光 DT、FT 各系列的静电复印机和小西六 U-Bix 3300 MR 型静电复印机，英国的基士得耶 2005 型、2006 型、2007RE 型及 2008RB 型静电复印机等。

(2) 硒合金(Se-Te)静电复印机。这种静电复印机有英国的施乐 9200 型静电复印机，日本的 EG101 型和 EG201 型静电复印机。

（3）氧化锌（ZnO）静电复印机。这种静电复印机有日本的小西六 U – Bix 750 型静电复印机，国产的彩蝶– 42 型、鲲鹏 BF – 1 型静电复印机等。

（4）硫化镉（CdS）静电复印机。这种静电复印机有佳能 NP – 125、NP – 200、NP – 300、NP – 400、NP – 270RE、NP – 401RE、NP – 500RE 和 NP – 8500Super 型静电复印机以及用于缩微胶片还原用的 NP – 580 型静电复印机等。

（5）有机光导体（OPC）静电复印机。这种静电复印机有 IBM 公司的 IBM –Ⅲ静电复印机。

2）按静电潜影形成方法分类

不同的静电潜影形成方法对静电潜影的光接受体有着不同的要求，成像程序也不一样，因此也被列为一种分类方式。按照静电潜像形成方法的不同，静电复印机可以分为放电成像法（Carlson 法）静电复印机、逆充电成像法（NP 法或 KIP 法）静电复印机、充电成像法静电复印机、持久内极化成像法静电复印机和电荷转移成像法静电复印机。

3）按显影剂组分分类

按照显影剂组分的多少不同，静电复印机可分为双组分显影剂型静电复印机和单组分显影剂型静电复印机。双组分显影剂由墨粉和载体两部分组成，而单组分显影剂只有墨粉一种组分。根据显影方式的不同，双组分显影剂型静电复印机又可分为瀑布显影型静电复印机、绝缘性磁刷显影型静电复印机和导电性磁刷显影型静电复印机。单组分显影剂型静电复印机可分为绝缘跳动显影型静电复印机和导电显影型静电复印机。

2. 按使用纸张分类

根据使用复印纸张的不同，静电复印机可分为涂层纸静电复印机和普通纸静电复印机。

涂层纸静电复印机使用的是涂有感光层的纸，涂层纸上涂覆有氧化锌（ZnO）感光层或其他涂层，因而纸质较厚，保存时占用空间大，手感不好且易折，在复印品上填注文字困难，图像反差低，不能双面复印，而且纸的成本也高。

普通纸静电复印机可以使用薄纸和厚纸，也可使用白纸或色纸，纸的厚度一般为 $60 \sim 80 \mathrm{~g/m^2}$，有的普通纸静电复印机可复印厚度为 $50 \sim 120 \mathrm{~g/m^2}$ 的普通纸。普通纸是人们长期以来习惯使用的书写和印刷材料，其价格比涂层纸的价格低，还可以克服涂层纸在使用中所存在的缺点。因此普通纸静电复印机得到了很大的发展。

3. 按感光体记录信息方式分类

根据感光体记录信息方式的不同，静电复印机可分为模拟式静电复印机和数字式静电复印机。在模拟式静电复印机中，扫描原稿的部件主要由平面反射镜和透镜构成，该部件扫描原稿后产生光学模拟图像信号，并将扫描的光学图像直接对感光体曝光，在感光体表面形成静电潜像。模拟式静电复印机内部有大量的光学器件，这些器件的成本很高，因此模拟式静电复印机的价格昂贵，很难普及。

数字式静电复印机也称为数码静电复印机，其利用电荷耦合器件（CCD）或发光二极管（LED）传感器对原稿扫描，产生的光学模拟图像信号经过光电转换器转换成电信号，再经过数字化处理后成为图像信号，图像信号被输入到激光器中，经调制后形成的激光束对已充电的感光体扫描、曝光，并在感光体表面生成由点阵组成的静电潜像。用 CCD 或 LED

传感器取代庞大的光学系统节省了空间和费用,因此数字式静电复印机得到了广泛应用。

4. 按功能分类

(1) 按主机型体分类。根据静电复印机主机型体的不同,静电复印机可分为台式复印机和落地式复印机。

(2) 按稿台方式分类。根据静电复印机稿台方式的不同,静电复印机可分为稿台固定式静电复印机和稿台移动式静电复印机。

(3) 按复印速度分类。根据静电复印机复印速度的不同,静电复印机可分为超高速静电复印机(100张/分以上)、高速静电复印机(60~100张/分)、中速静电复印机(20~60张/分)、低速静电复印机(20张/分以下)。

(4) 按缩放功能分类。根据静电复印机缩放功能的不同,静电复印机可分为等倍率静电复印机、固定倍率静电复印机、无级变倍静电复印机。

(5) 按综合功能分类。根据静电复印机综合功能的不同,静电复印机可分为单一功能静电复印机和多功能静电复印机。

思考题与习题七

7-1 就目前掌握的情况,静电技术在纺织领域都有哪些应用?

7-2 静电植绒的原理是什么?

7-3 静电印花的工作原理是什么?

7-4 与家用除尘器相比,静电除尘器的优点是什么?

7-5 静电喷涂中静电场和喷涂效果有什么关系?

7-6 静电复印机的主要工作步骤有哪些?

阅读材料

第 8 章　静 电 的 测 量

　　静电是物体表面过剩或不足的静电荷，它是一种电能，留存在物体表面。静电是正电荷和负电荷在局部范围内失去平衡的结果，是通过电子或离子的转移而形成的。在静电防护工程和静电应用技术实施中需要对静电进行测量，为抗静电设施、防静电包装材料性能的评估提供依据，以评价防护效果、评估静电放电危害和分析事故。静电不同于流电，静电具有电位高、电量低、电流小和作用时间短、受环境条件影响大等特点，因此静电测量时复现性差、瞬态现象多。静电测量主要包括静电基本参数测量、防静电系统和包装材料静电性能测试。本章主要介绍纺织生产加工过程中静电测量的内容及方法。

8.1　纺织静电测量概论

　　在纺织生产加工和纤维制品的使用中，为了评估静电危害的程度，以便制定出相应的消电措施，并对各种措施进行比较，就需要对物体的带电情况进行测量。此外，在静电的应用过程中也需要测量有关参数。例如，为保证静电植绒工艺的顺利进行和提高植绒的质量，经常需要对纤维绒毛的电气特性参数进行测量。

　　纺织静电的测量主要包括两方面：一是对带电体（纺织材料及与之接触、摩擦的其他物体）带电特性参数的测量，包括静电压、带电量、电荷密度等；二是对纺织材料本身电气特性参数的测量，包括各种电阻率、介电常数、静电半衰期等。

8.1.1　纺织静电测量的特点

　　纺织静电的测量对象多半是像纤维和织物这样的高绝缘材料的带电表面，与一般的强电相比，带电表面所带的电具有电阻大、电位高、电量小、能量小等特点。因此，对于静电测量的仪表应有特殊要求。例如，测量织物表面上的静电位时，若用一般磁电式仪表直接与被测表面连接，则电表指针尚未来得及偏转，织物表面所带微小电荷就早已通过电表泄漏了。事实上，织物因摩擦而产生的静电位虽可高达数千伏甚至数十千伏，但其放电电流却极其微小，一般多在微安或更小的数量级。因此，在静电测量时必须使用相应的具有较高输入阻抗的高压测试仪表。

　　纺织静电测量中的主要带电特性参数（如静电压、带电量、电荷密度等）虽都属于直流电路中的物理量，但它们要比导体直流电路中各量的意义复杂得多。对导体来说，其上各处的电位值均相等（相当于处于静电平衡），电路各参量满足线性规律，如欧姆定律等，因而物理意义相当明确。但作为绝缘体的纺织材料带电后，各点的静电位值一般是不相同的，其分布往往是空间的函数，并与各种几何因素有关。同时，当把仪表的测试导线引入待测物体时，也会使原来的静电位分布发生变化。所以在纺织材料的静电测量中，常采用不与带电体直接接触的仪表，并应进行多点测量。

还需注意的是，由于环境条件(主要是湿度)对纺织材料的静电效应有着十分显著的影响，所以静电测量的结果和精确度也会随周围环境条件的不同而改变。因此，在测量前除正确选择测量仪表外，还应考虑测量时环境条件的影响因素，在此基础上制定出切实可行的测量方案。

此外，在纺织静电测量，特别是对纺织材料的电气特性参数进行测量时，还必须充分注意到纤维及其制品具有轻薄、结构非致密及着色等特点。实验表明，相同材料和相同结构的织物，由于着色的不同，导致它们的静电特性及电气特性产生一定的差异。

由于纺织静电测量存在着如上所述的特点和困难，所以测量结果的可靠性和复现性相对说来要差一些。

8.1.2　纺织静电测量方法的分类

(1) 按测量对象的不同，静电测量可分为对纤维、纱线、织物、地毯、人体及纺织机械的测量。

(2) 按测量场合的不同，静电测量可分为实验室测量和生产现场测量。

(3) 按使纤维及其制品带电方式的不同，静电测量可分为摩擦式静电测量和电晕放电式静电测量两种。

(4) 按测量参数的不同，静电测量可分为对带电体带电特性参数(包括电荷极性、带电量(或面电荷密度)、静电压等)的测量和对材料电气特性参数的测量，如各种电阻率、介电常数、静电半衰期等。

(5) 按测量精度的不同，静电测量可分为定性测量法和定量测量法两种。定性测量法一般比较简单，不需专门的精密仪器，但测量结果只能大体上表示材料的带电程度，不能给出物理量。定量测量法需要使用专门的、具有一定精度的仪器，测量结果可用具体物理量表示。

8.1.3　纺织静电的测量标准

前已述及，纺织材料的带电现象及其测量是相当复杂的，影响测量结果可靠性和复现性的因素很多。所以即使对同一种材料的同一带电现象，若使用不同的测量仪器、不同的测量方法，或在不同的环境条件下测量，则所获得的测量值往往会有很大差异，从而严重影响了数据的可比性。例如，对同一块毛织物，使用摩擦式静电仪测出的静电半衰期要比使用感应式静电仪测出的高三倍；而对同一块涤纶织物使用相同的仪器测量静电半衰期，当相对湿度由 35% 提高到 65% 时，静电半衰期数值也会有很大的下降。为克服这一问题，必须统一测量仪器、测量方法及环境条件，这就是静电测量的标准。

8.2 纺织材料静电性能的定性测量

定性测量法一般是模仿织物穿着时产生的带电现象而确定的方法。这种方法能测定织物摩擦后带电的大概程度，有些还能用一定的数字表示测定结果。但必须注意，这些数字只能用作相对比较，而没有具体物理意义。定性测量法的优点是不需要复杂精密的仪器设备，又能在一定程度上说明物体的静电效应。但测量时易受其他因素的影响，误差较大。常用的定性测量法有放电声音测定、烟灰试验、张帆试验及吸附金属片试验等。

8.2.1 放电声音测定

放电声音测定法是以织物在摩擦时放电声音的大小来判断其带电程度的，大致可分为以下 4 级：

(1) P_0 级：基本上听不到放电声音，定为"无静电"；

(2) P_1 级：可听到柔和而微弱的放电声音，定为"稍有静电"；

(3) P_2 级：可听到普通啪啪放电声响，定为"有相当的静电"；

(4) P_3 级：有强烈的放电声响，定为"显著带电"。

8.2.2 烟灰试验

烟灰试验是指将织物与其他材料摩擦后，置于盛放有烟灰的浅碟上方，由于静电吸附作用，可以观察到烟灰跳跃到织物表面上的情况，根据吸灰的程度便能粗略判断织物的静电效应。例如，在选购衣料时，可用塑料笔杆或梳子在衣料上摩擦几下使其带电，然后观察衣料的吸灰程度，借此可大致看出衣料防静电性能的好坏。

对于试验时织物的摩擦时间及距烟灰盘的远近，各国亦有不同的规定。一般是将织物经 15 s 摩擦后置于烟灰盘上方 2 mm 处做上述试验，并按吸灰程度把织物带电性能分为以下 4 级：

(1) 4 级：基本不吸灰，定为"无静电"；

(2) 3 级：有少量吸灰，定为"稍有静电"；

(3) 2 级：吸灰较多，定为"有相当的静电"；

(4) 1 级：严重吸灰，定为"有显著的静电"。

这种方法与放电声音测定法都要求操作者有相当的经验，否则误差较大。

8.2.3 吸尘试验

吸尘试验是指将炭黑或纤维屑等轻小尘屑放置在专用的尘箱内，并借助风力作用使尘屑循环运动；被测织物经摩擦带电后也放在尘箱内，经一定时间后检测织物试样被污染的程度，以此判断织物的静电性能。

图 8-1 是日本岛内四郎等人用以测定衬衫类织物摩擦带电后吸附空气中浮游尘屑的模拟装置。此处是将待测试样（织物试样）夹在尘箱的一侧，而试样背面是由磨料和传送轮组成的机构，其可自动对试样进行摩擦。这样做的好处是，试样在摩擦后不与人体接触，

从而减少了测量误差。

吸尘试验的测量条件和判断标准亦各有不同。日本左久间邦夫等人对吸灰试验规定的测量条件是箱内尘屑浓度为 1 g/m³，风速为 0.5 m/s，相对湿度控制在50%以下。对织物静电性能的判断标准是经吸灰试验后，若织物附着尘屑量在 460 mg/m² 以上，则定为"显著带电"。

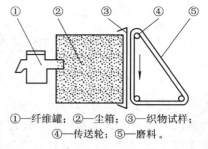

①—纤维罐；②—尘箱；③—织物试样；
④—传送轮；⑤—磨料。

图 8-1　吸尘试验装置示意图

8.2.4　张帆试验

张帆试验最早由 Pick 氏所设计，多用于测试裙料或其他外衣料带电后的吸附性能。之所以称为"张帆"，是因为把受摩擦的织物张挂于两根直立的绝缘杆上，与船帆很相似。张帆尺寸一般取 1.2 m×1.5 m，材料应采用静电效应较强的织物，如涤纶等。

试验方法如下：首先，让测试人员穿着由待测衣料制作的衣装，在"帆"上摩擦以产生静电荷，直到外衣被吸附于"帆"上为止；然后测试人员离"帆"踏步，直到脱离吸附。记录脱离吸附所需时间，该时间即可作为判断试样静电效应强弱的依据。也可以观察测试人员从被吸附到 10 min 后的情况。测试人员必须着橡胶底鞋，以使人体与地绝缘。又因为"帆"也是与地绝缘的，故每次试验前都应消除"帆"上所带静电。

张帆试验与其他静电测量方法一样，其结果随环境条件特别是相对湿度而异。各种外衣料的衰减时间与空气相对湿度之间的关系如图 8-2 所示。由图 8-2 可看出，尼龙织物在低湿度条件(如 RH30%)下的衰减时间可达 10 min；而当相对湿度提高到 65%时，其衰减时间接近于棉织物在 RH30%时的衰减时间。因此，在进行张帆试验时，为获得具有可比性的结果，必须把相对湿度的变化控制在一个较小的范围内。

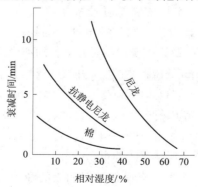

图 8-2　各种外衣料的衰减时间随空气相对湿度变化的情况

张帆试验的方法带有很大的主观性，因为外衣脱离吸附的时间是靠测试人员判断的，不同人员对静电的反应是不尽相同的，同时也与测试人员的熟练程度及经验有关。

8.2.5　吸附金属片试验

吸附金属片试验方法是使待测织物经摩擦带电后，与一块绝缘金属片发生静电吸附，测量织物从开始被吸附直到因电荷衰减不再被吸附的时间，以此判断织物的静电效应强弱。一般说来，服装类的带电织物与人体的缠附主要是由于带电织物接近人体时，在人体表面感应出异号电荷而引起的。如果把金属片置于带电织物附近，那么与人体一样，金属片也能因感应带电而吸附织物。但用金属片代替人体来模拟缠附试验会更客观、更准确些，因为这样可以避免人的很多主观因素的影响。

　　本试验方法的主要装置是如图 8-3 所示的角铁状试验板，其尺寸和弯度如图 8-3 所示。另需不锈钢板制作的接地板以及白松木料制作的摩擦板若干块。

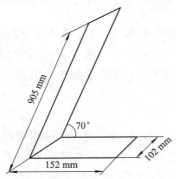

图 8-3 金属片吸附试验所用的试验板

　　试验时先将待测试样用夹子夹在试验板上端，此时试样由于自身重力作用而自然下垂，如图 8-4(a)所示。然后将夹有试样的试验板沿长边方向平放在塑料板上（板下为接地板），用摩擦板对试样反复连续摩擦 12 次；摩擦结束后立即再将试验板以短边为底平放在接地板上，此时试样由于静电吸附作用而贴在试验板上，如图 8-4(b)所示。再用绝缘镊子夹住试样右下角掀起试样，使之脱离试验板，直到掀到与该板垂直的位置上，如图 8-4(c)所示。经过 1 s 后放开试样，因试样上带有静电荷而被吸附在试验板上，如图 8-4(d)所示，这时开始用秒表记录时间；然后每隔 30 s，用绝缘镊子夹住试样右下角掀起试样，使其脱离试验板，直到掀到与该板垂直的位置，经 1 s 后再放开试样；如此反复操作，直到试样因静电荷衰减不再吸附，并由于自身重力而自然下垂为止，如图 8-4(e)所示，这时秒表所记录的时间正好为试样脱离吸附所需的时间。根据这一时间的长短可判断织物试样静电效应的强弱。本试验法的具体规范可参见美国纺织化学家与染色家协会标准 AATCC-115-2005，或日本工业标准 JISL-1094-1980。

(a) 试样不带电　　(b) 试样带电后吸附在试验板上　　(c) 外力作用下试样脱离试验板

(d) 撤去外力后试样吸附在试验板上　　(e) 试样上静电荷完全衰减

图 8-4 金属片吸附试验的主要步骤

8.3 纺织材料带电特性参数的测量

························+-························

纺织静电的定量测量包括对带电体(纺织材料或与之接触、摩擦的其他物体)的带电特性参数及对材料本身电气特性参数的测量。带电体的带电特性参数有静电压、带电量和电荷密度(本节不介绍);材料本身的电气特性参数有电阻率、介电常数和静电半衰期。

8.3.1 静电压的测量

静电压是静电测量中基本且常用的测量指标。因为静电压的高低反映了物体的带电程度,是衡量静电危害的一个重要方面。同时静电压的测量不论是在实验条件还是在生产现场,都比其他参数的测量容易实现,所以静电压的测量应用很广泛。

在静电压的测量中,若待测物体是带电导体,则可将仪表直接与之连接进行测量,称为直接接触式测量,相应的仪表称为接触式静电电压表。但对纺织材料这样的绝缘体,则不宜使用接触式静电电压表。因为探头与待测织物的直接接触往往会改变待测织物的带电状态,引起较大的测量误差。同时纺织材料带电后,各处带电情况差异较大,用接触式静电电压表测量出的结果的代表性很差。为此,常采用非接触式静电电压表,测量时这种仪表不与带电体相连,而使探头与带电体相距规定的距离,由于静电感应原理,探头上感应出一定的静电压,然后由仪表读数。由于这种测量方法不需连线,所以特别适合于纺织生产现场的测量。

1. 非接触式静电电压表

非接触式静电电压表大多是基于静电感应原理的,也有的是利用放射性射线对空气的电离作用。按照对探头感应或接收到的信号放大方式的不同,非接触式静电电压表可分为直流放大式静电电压表、集电式静电电压表和交流放大式静电电压表三类。

1) 直流放大式静电电压表

直流放大式静电电压表也称为直接感应式静电电压表。利用这种仪表测量静电压的等效电路原理图如图 8-5 所示。图中 A 为待测织物,T 为仪表探头,R 和 C 分别为仪表的输入电阻和输入电容,C_0 是探头与待测织物之间的电容。设 u_0 是待测织物上的实际静电压,而由于仪表探头 T 上的静电压为 u,则根据串联电容器上的分压原理和导体上的静电压的衰减规律可得

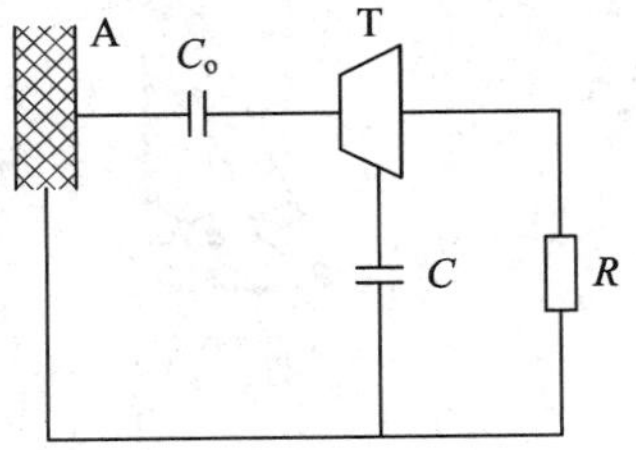

图 8-5 直流放大式静电
电压表的原理图

$$u = \frac{C_0}{C_0 + C} u_0 e^{-\frac{t}{RC}} \qquad (8-1)$$

式中 t 为静电压衰减的时间。

由式(8-1)可看出以下几点:

(1) 当探头的位置一定时,$C_0/(C_0+C)$ 可视作常量,因而可通过检测出探头上的静电

压 u 而求出待测织物上的实际电压 u_0。并且，当改变探头到待测织物的距离时，就相当于改变了常量 $C_0/(C_0+C)$。所以在非接触式静电电压表中，一般都是通过改变探头到带电体之间的距离来实现量程转换的。

（2）用这种仪表测出的静电压应是带电织物表面与探头相对的那一小部分面积上的静电压的平均值。所以，当探头面积比较大时，被测面积也较大，测量的准确程度便随之降低。同时这也会使待测织物所受的影响增大，导致仪表的稳定性变差。由于这些原因，仪表探头的面积不宜过大。

（3）由于电容 C 上的感应电荷通过输入电阻 R 泄漏，致使其上的静电压随时间衰减而产生测量误差，且测量过程越长，测量误差越大。为减少测量误差，应使仪表有较大的输入电阻，以增大静电放电时间常数。一般说来，直流放大式静电电压表的静电放电时间常数（即 R 与 C 的乘积）不应小于 180 s。

（4）由式（8-1）还可看出，为使仪表探头上的静电压 u（即仪表上读到的电压值）尽量接近待测织物上的实际静电压 u_0，必须要求 $C \ll C_0$。但为了保证电容器 C 上的感应电荷经电阻 R 泄漏的静电放电时间不致太短，C 值又不宜过小。当然，再考虑到存在带电体对地电容 C'，还要求满足条件 $(C+C_0) \ll C'$。总之，C、C_0 及 C' 之间的关系比较复杂，在设计这种仪表时需综合考虑、调整，此处不再赘述。

由于直流放大式静电电压表探头上感应出的静电压信号相当微弱，所以在实际测量仪器中都要加置各种直流放大器，以便将信号经放大后显示出来。

直流放大式静电电压表的优点是结构简单，便于携带，测量方便，并能区分出所测带电体的极性；缺点是不适宜作连续测量，稳定性较差。

2）集电式静电电压表

集电式静电电压表又称为放射性探头式静电电压表，其结构如图 8-6 所示。在接地的金属圆筒内装有集电器，其前部镀有放射源（如镭或镅），所发出的 α、β 射线由前面小窗口射出。集电器与金属圆筒间用聚四氟乙烯填充，以使二者充分绝缘。

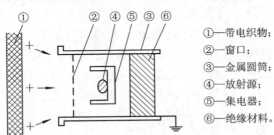

①—带电织物；
②—窗口；
③—金属圆筒；
④—放射源；
⑤—集电器；
⑥—绝缘材料。

图 8-6　集电式静电电压表的结构简图

集电式静电电压表的测量原理如下：当探头前面无带电体存在时，放射源发出的 α、β 射线使周围空气电离，与此同时还存在离子的复合作用；但当正、负离子达到平衡后，在集电器周围就会形成一稳定的电离区。这时，若把探头引入带电体（如图 8-6 中的带电织物）的电场中，则电离区某种符号的离子便受电场力推斥而向集电器发生定向运动，形成离子电流（显然，该电流的方向和大小直接与带电体的极性和电压高低有关），离子电流被放大后转换成电压，并在表头上显示读数。集电式静电电压表的测量精度比直流放大式静电电压的高，但放射源的防护比较复杂。

3）交流放大式静电电压表

按信号调制方法的不同，交流放大式静电电压表可分为振动电容式静电电压表和旋转叶片式静电电压表两种。

（1）振动电容式静电电压表。这种静电电压表的原理结构框图如图 8-7 所示，振动电容式静电电压表探头的探极是一可振动的金属片 P。由于机械振动，探极与被测带电体之间的电容在周期性地变化，于是在被测带电体的静电感应作用下，探极上产生一周期性变化的电压信号。这种信号很微弱，需具有高输入阻抗的阻抗变换器接收，并由它输入至量程转换器，然后再送到交流放大器予以放大。图中振荡器的作用是将其产生的交流信号分两路输出：一路输入探头部分，作为使探极发生振动的电源；另一路输入相敏检波器，作为其参考电源，使相敏检波器不仅能将从交流放大器输入的信号予以解调，还能判别输入电压信号的极性，并根据输入电压信号的极性输出正的或负的直流信号。显示仪器接收相敏检波器的输入信号，显示出被测带电体的电压极性和大小。

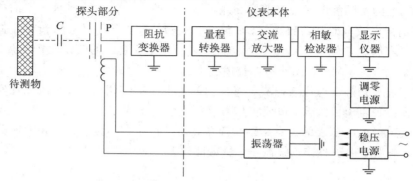

图 8-7 振动电容式静电电压表的原理结构框图

（2）旋转叶片式静电电压表。由于振动电容式静电电压表的动态电容器的结构相当复杂，所以改用一个微型恒速电机带动扇形叶片，以便获得变化的电容量。旋转叶片式静电电压表的原理如图 8-8 所示。由图可知，旋转叶片式静电电压表的探头内有两个做成叶片状的电极，即由微型恒速电机带动的旋转电极 X 和感应电极 C。在待测带电体的静电感应作用下，电极 X 不停地转动，导致两极间电容作周期性变化，就会在电极 C 上感应出持续的交流电压信号。该信号通过具有高输入阻抗的放大器 F 进行放大，然后再由整流装置 J 将交流电压解调为直流电压，驱动显示部分 M 给出测量结果。

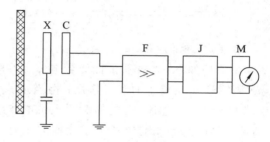

图 8-8 旋转叶片式静电电压表的原理

旋转叶片式静电电压表的结构较简单，并且与直流放大式静电电压表一样，克服了直流放大器零漂较大的缺点，具有灵敏度高、能用于连续测量的优点，因而得到广泛应用，国内已研制出不少这种类型的仪表。

使用非接触式静电电压表时，一般应注意以下事项：

① 除特殊结构的专用仪表外，带电体的表面都应比仪表探极的表面大几倍，这样测量才比较准确。

② 仪表探头与待测物体间不应有带电粉尘或金属、介质。

③ 测量过程中必须保持仪表探头与待测量表面垂直，且使二者间保持规定的距离。

④ 开始测量时，仪表探头应自远而近地向带电体趋近。若发现仪表超出满量程值，则必须及时更换合适的量程挡。

⑤ 测量仪表要调零，测量后要检查是否回零。仪表用完后必须将探头用保护罩加以保护。

2. 接触式静电电压表

典型的接触式静电电压表是 QV 象限式静电电压表，其原理如图 8-9 所示。图中 A、B 是两个相互绝缘的、固定的金属盒，C 是悬于金属丝上可能转动的金属片。当测量探头接触带电体时，电极（金属盒）A、B 之间就形成一电场，金属片 C 由于静电感应而带电，并在 A、B 内受到电场力作用而偏转，从而带动悬丝及其上的小镜一起偏转，偏转力矩与被测电压的平方成反比。当偏转力矩与悬丝的反作用力矩相平衡时，偏转角度即表示被测电压的高低，该角度可由固定在悬丝上的小镜通过光标显示出来。

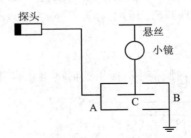

图 8-9　QV 象限式静电电压表的原理图

接触式静电电压表测量电压的等效电路如图 8-10 所示。其中 C_0 是带电体 A 的对地电容，C 和 R 分别是仪表的输入电容和输入电阻。当把仪表与带电体进行接触测量时，A 的对地电容增大为 $C_0 + C$，因而接上仪表后实际测到的 C 上的电压 u 并不等于接上仪表前带电体的实际电压 u_0，二者之间的关系为

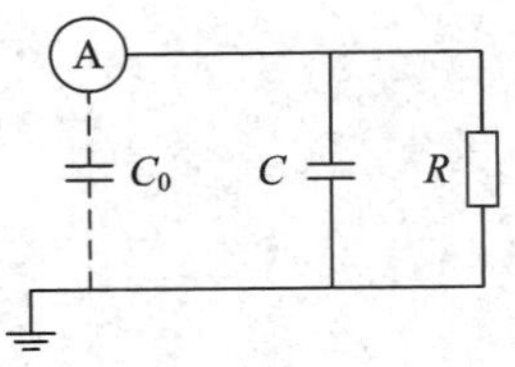

$$C_0 u_0 = (C_0 + C)u \tag{8-2}$$

亦即测量的电压为

图 8-10　接触式静电电压表测量
电压的等效电路

$$u = \frac{C_0 u_0}{C + C_0} \tag{8-3}$$

由于 C 上的电压通过仪表的输入电阻而衰减，因此可得出测量的电压为

$$u = \frac{C_0}{C + C_0} u_0 \mathrm{e}^{-\frac{t}{RC}} \tag{8-4}$$

由式(8-4)可得出以下结论：

(1) 表头读数 u 低于带电体的实际电压值。为减小测量误差，应使 $C \ll C_0$，即尽可能减小仪表的输入电容。例如，对于量限在 3 kV 以下的 QV 象限式静电电压表，其 C 值都不大于 30 pF。

(2) 随着测量时间的增加，表头读数按指数规律衰减。为减小这方面的误差，应提高仪表的输入电阻 R。例如，QV 象限式静电电压表的输入电阻一般不低于 $10^{16} \sim 10^{18}$ Ω。

接触式静电电压表虽不宜测量纺织材料的静电压，但常与法拉第筒配合用于测量纤维或织物的带电量。

8.3.2 带电量的测量

在所有表征纺织材料带电性能的物理量中，电量是最基本的。因为其他参量都是由于电荷的存在或移动而产生的，所以，在对纺织材料的静电性能进行评价时，电量(或电量密度)是一个很重要的指标。对纺织材料带电量的测量一般是在实验室外条件下利用法拉第筒法进行的。

1. 测量原理

图 8-11 是利用法拉第筒法测量电量的原理图。两个彼此绝缘的带电金属圆筒构成了法拉第筒，其中外圆筒接地，内圆筒与静电电压表连接。当把带电织物投入内圆筒后，由于静电感应，内圆筒外壁对接地外圆筒的静电压迅速上升(相当于外圆筒构成电容器充电)，并达到稳定值 u。设内、外圆筒间的电容为 C_0，静电压表的输入电容为 C_2，则内圆筒外壁带的电量为

$$Q = (C_0 + C_2)u \tag{8-5}$$

因为带电体的电力线被封闭在内圆筒中，所以这时的电量也就是带电织物的电量。

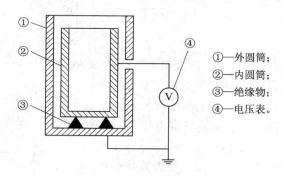

① —外圆筒；
② —内圆筒；
③ —绝缘物；
④ —电压表。

图 8-11 利用法拉第筒法测量电量的原理图

为保证测量的准确性，必须考虑以下两个因素：

(1) 由测量原理可知，带电织物在内圆筒中所产生的电场必须被全部封闭于其中，若有外漏，则会引起测量结果的较大误差。为此，在设计法拉第筒时应注意使两圆筒的筒口尽量小一些，或在筒口加盖。但在很多情况下(如测量织物防静电工作服的电量时)，筒口过小或加盖是很不方便的。对于开口的法拉第筒，为了使电力线基本上被限制在圆筒内，可采用增大圆筒的方法。圆筒的最佳尺寸的选择可按下述原则进行：对于置放在法拉第内筒中心的点电荷，经理论计算，可求出进入筒内的电力线占带电体发出的全部电力线的比

率为

$$\eta = \frac{1}{2} \frac{\left[2(L/D)^2 + 1\right]}{(L/D)^2 + 1} \tag{8-6}$$

式中，L 为法拉第筒的高度，D 为筒的直径。

由式(8-6)可求出法拉第筒的高度和直径取不同尺寸比时 η 的数值，如表 8-1 所示。

表 8-1 法拉第筒的高度和直径取不同尺寸比时 η 的数值

L/D	1	2	3	4	5	6
$\eta/(\%)$	75	90	95	97	98	99

结果表明，当法拉第筒的高度为直径的 2 倍以上时，逸出内圆筒的电力线不超过全部电力线的 10%，因而用于测量时不会发生较大的误差。

(2) 为保证测量的稳定性，应在法拉第筒与测量仪表间并联泄漏极低的电容器 C_1，如图 8-12 所示。例如，对于聚苯乙烯、陶瓷等作为介质的电容器，其电容应比测量仪表的输入电容 C_2 和内、外圆筒间的电容 C_0 大很多，一般取 $100 \text{ pF} \sim 10 \mu\text{F}$，测量仪器的输入电阻为 R。并联电容器 C_1 可使整个测量系统的 C 值增大，从而使电压表的示值下降，所以也起到扩大电量测量范围的作用，故 C_1 又叫分路电容器。

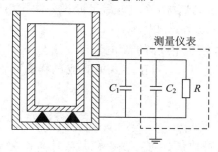

图 8-12 法拉第筒法测电量的装置

考虑到分路电容及连接导线的分布电容 C_3，则整个测量系统的电容应为

$$C = C_0 + C_1 + C_2 + C_3 \tag{8-7}$$

带电体的电量为

$$Q = Cu = (C_0 + C_1 + C_2 + C_3)u \tag{8-8}$$

2. 织物摩擦后面电荷密度的测量

织物摩擦后面电荷密度的测量由摩擦装置和法拉第筒装置共同完成。摩擦装置由垫板(如图 8-13(a))、垫座摩擦布和摩擦棒等组成，如图 8-13(b)所示。具体规范可参考日本工业标准 JISL-1094-1980。

织物摩擦电荷密度的测量步骤如下：

(1) 在待测织物上截取长、宽分别为 270 mm、250 mm 的三块试样，将试样的长边留 260 mm、留缝 10 mm，缝成套状，将摩擦棒插入缝好的套内并置于垫板上，勿使之折皱。

(2) 双手握持摩擦棒两端，用自身体重的一部分均匀加于摩擦棒上，将摩擦棒从前面向自己面前拉动以摩擦试样，摩擦频率为 1 次/秒，反复摩擦 10 次。

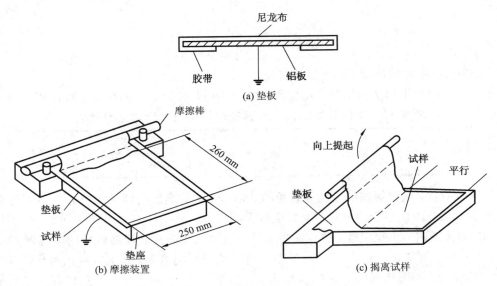

图 8-13 织物摩擦后面电荷密度的测量方法

（3）摩擦结束后立即握持摩擦棒的一端，如图 8-13(c)所示，使试样保持与垫板平行并将其向上提起，从垫板上揭离试样，约 1 s 后迅速投入法拉第筒内。在此过程中必须注意使试样离开人体或其他物体 300 mm 以上。

（4）读取试样投入法拉第筒内后的静电压 u，用电容计测量系统的总电容 C，按式(8-8)计算每块试样的带电量 Q，再由下式换算成试样的面电荷密度值 $\sigma_p(\mu C/m^2)$：

$$\sigma_p = \frac{Q}{S} = \frac{Cu}{S} \tag{8-9}$$

式中 S 为试样的有效摩擦面积。

注意 实际操作时应对每块试样进行多次测量，且每次测量前应除去试样、摩擦棒及垫板上残留的静电荷。

3. 防静电工作服摩擦带电量的测量

防静电工作服摩擦带电量的测量也是利用法拉第筒进行的，其原理如图 8-14 所示。测量按以下步骤进行：

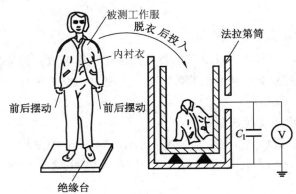

图 8-14 防静电工作服摩擦带电量的测量原理图

（1）穿着防静电工作服的操作者站在绝缘台上，其泄漏电阻应在 10^{14} Ω 以上。

（2）操作者用左、右手握着被测工作服的前衣襟下边，与内衬衣相摩擦，左右交替各 5 次，共计 10 次。摩擦的具体方法是将被测工作服左、右前衣襟向前、后紧拉摆动，目的是使被测工作服背部（后衣襟）与内衬衣能产生摩擦。

（3）摩擦结束后将被测工作服脱下，立即投入法拉第筒内。读取仪表指示的被测工作服带电的静电电压值 u，按式（8-8）计算被测工作服的带电量。

注意　实际操作时应对防静电工作服进行多次测量，且每次测量前应除去被测工作服上残留的静电荷，且操作者接地。

8.4　纺织材料电气特性参数的测量

在纺织静电测量中，常需测量纺织材料的电阻率、介电常数和静电半衰期等电气特性参数。

8.4.1　电阻率的测量

电阻率是表征纺织材料导电性能的物理量。根据以前的讨论知道，材料上起电和流散达到动态平衡时的饱和带电量以及反映材料上静电荷衰减快慢程度的静电半衰期都直接与电阻率有关，所以电阻率是衡量纺织材料静电效应强弱的重要指标。测量材料的电阻率对于判断静电危害的程度及制定消电措施都是很重要的。

1. 纤维电阻率的测量

纤维电阻率有质量电阻率和体积电阻率。质量电阻率可用专门仪器——Y-196 型质量电阻率测量仪测量，也可采用 ZC-36 型超高阻计测量。但测量质量电阻率时，制作试样很复杂，需将纤维一根根理直后再平行排列，拉成一定宽度的束状，同时还要切束称重，操作相当麻烦，容易增加人为因素而影响测量结果的准确性。因此，现在多改为测量散纤维的体积电阻率，并有专门仪器——YG-321 型纤维电阻率测量仪可供使用。以下介绍这种仪器的结构原理和使用方法。

1）结构原理

YG-321 型纤维电阻率测量仪由纤维测量盒和高阻表两部分组成。纤维测量盒为一长方形不锈钢盒，用以放置待测纤维。由于散乱的纤维在没有一定密度和形状的情况下是不可能测出其电阻率的，所以纤维测量盒开口的一端连有加压装置，摇动加压装置的手柄可以改变夹持纤维的两电极板的面积，以达到规定的待测纤维的体积密度。该体积密度是由纤维填充度 F 表征的。

先假定纤维测量盒内的纤维是均匀物质，其中不含有空气，则纤维的体积电阻率 ρ_{v} 为

$$\rho_{\mathrm{v}} = R \frac{S}{L} \tag{8-10}$$

式中，R 是纤维的电阻值，S 是夹持纤维的两电极板的面积，L 是电极间距。

然而实际上纤维并非均匀物质，其间有空气存在，所以纤维实际占据的体积不是纤维

测量盒的体积 SL，而是纤维的总质量 M 与纤维的质量密度 K 的比值 M/K。纤维实际占据的体积与纤维测量盒的体积(即纤维束的表观体积)之比称为纤维填充度 F，其表达式为

$$F = \frac{M/K}{SL} \tag{8-11}$$

YG-321 型纤维电阻率测量仪的 $S = 24 \ \text{cm}^2$，$L = 2 \ \text{cm}$，并规定纤维测量盒中盛放的纤维的质量 $M = 15 \ \text{g}$，故得

$$F = \frac{0.3125}{K} \tag{8-12}$$

依定义，纤维的体积电阻率为

$$\rho_{\text{v}} = \rho F = \frac{SRF}{L} = 3.75 + \frac{R}{K} \tag{8-13}$$

式中，ρ 是纤维的表观体积电阻率。

可见，只要利用仪器的高阻部分测出纤维的电阻 R，再根据各种纤维的质量密度 K 即可求出纤维的体积电阻率。

2）使用方法

（1）调试仪器。将放电-测试开关打到放电位置，倍率选择开关置于"∞"处，将仪器妥善接地后，开启电源开关。预热 30 min 后，慢慢调节"∞"调节旋钮，使电表指针指向"∞"。将倍率选择开关拨到"满度"位置，调节"满度"调节旋钮，使电表指针指向"1"处不动。然后反复调节"∞"和"满度"调节旋钮，以保证仪器的测量精度。

（2）准备试样。取被测试样 50 g，置于标准温湿度条件下平衡 4 h 以上，然后将试样采用精度为 0.01 g 的天平称取两份，每份重约 15 g，作测量用。

（3）测量。用镊子将纤维试样均匀填入纤维测量盒内，并转动加压装置的手柄，使定位指针指向定位刻度线上，此时电极面积为 24 cm²。将放电-测试开关拨在放电位置，等数秒后极板上的残留电荷全部消散，即可拨至测试位置。再拨动倍率选择开关，直到电表上有较清晰的读数，当测试电压为 100 V 时，表盘读数乘倍率即为被测纤维在标准密度条件下的电阻值；当测试电压为 50 V 时，应将表盘读数除以 2 后再乘倍率。

2. 织物电阻率的测量

织物电阻率(表面电阻率 ρ_{S} 和体积电阻率 ρ_{v})的测量与一般板状绝缘材料电阻率的测量相似，可使用通用的超高阻仪器如 ZC-36 型超高阻计及附属的同轴三电极系统进行测量。

1）结构和测量原理

ZC-36 型超高阻计是一种直读式仪表，其最高量限电阻为 $10^{17} \ \Omega$。该仪器由直流高压测试电源、测试放电装置(包括输入短路开关)、高阻抗直流放大器、指示仪表和电源等五部分组成，其面板如图 8-15 所示。

ZC-36 型超高阻计进行高阻测量时的主要原理如图 8-16 所示。被测织物与高阻抗直流放大器的输入电阻 R_0 串联，并跨接于直流高压测试电源上(由直流高压发生器产生)。高阻抗直流放大器将输入电阻上的分压信号 u_0 经放大后输出至指示仪表，由指示仪表直接读出被测织物的电阻值 R_{x}。由于满足条件 $R_{\text{x}} \gg R_0$，则有

$$R_{\text{x}} = \frac{u}{u_0} R_0 \tag{8-14}$$

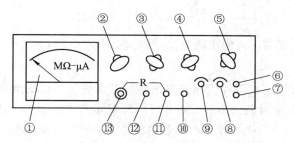

①—指示表头；②—倍率选择开关；③—测试电压选择开关；④—极性开关；⑤—放电-测试开关；
⑥—指示灯；⑦—电源开关；⑧—满度调节开关；⑨—"0、∞"调节旋钮；⑩—输入短开关；
⑪—高压端钮；⑫—接地端钮；⑬—输入端钮。

图 8-15　ZC-36 型超高阻计的面板示意图

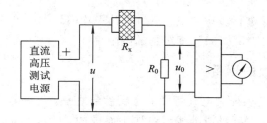

图 8-16　ZC-36 型超高阻计进行高阻测量时的原理图

当用 ZC-36 型超高阻计测量织物的表面电阻 R_S 或体积电阻 R_V 时，应与同轴三电极系统配合使用。同轴三电极系统的结构和尺寸是按国家标准制作的。测量 R_S 和 R_V 时同轴三电极系统中三电极的接线图分别如图 8-17 和 8-18 所示。两图中，圆柱状电极①为测量电极，圆盘状电极②为高压电极，圆环状电极③为保护电极，④为待测织物。

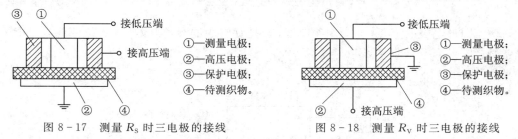

图 8-17　测量 R_S 时三电极的接线　　　　图 8-18　测量 R_V 时三电极的接线

当把仪器上的 R_S/R_V 转换开关拨到 R_S 处时，保护电极一端加上测试电压，测量电极接低压端，高压电极则接地，如图 8-17 所示。从 ZC-36 型超高阻计上读出待测积物的表面电阻值 R_S，再按下式求出其表面电阻率 ρ_S：

$$\rho_S = R_S \frac{2\pi}{\ln \dfrac{D_2}{D_1}} = 81.6 R_S \quad (\Omega) \tag{8-15}$$

式中，D_2 是保护电极的直径，$D_2 = 5.4$ cm；D_1 是测量电极的直径，$D_1 = 5.0$ cm。

把转换开关拨到 R_V 处，则在高压电极一端加上测试电压，测量电极接低压端，而保护电极接地，如图 8-18 所示。这时从 ZC-36 型超高电阻上读出的电阻是 R_V 值，再按下式计算体积电阻率：

$$\rho_{\mathrm{v}} = R_{\mathrm{v}} \frac{\pi D_1^2}{4h} = 21.237 \frac{R_{\mathrm{v}}}{h} \ (\Omega \cdot \mathrm{cm}) \tag{8-16}$$

式中，h 为织物试样的厚度，可用织物测厚仪测定，单位是 cm。

2）测量步骤

（1）按照 ZC-36 型超高阻计使用说明书的要求作好测量前的准备工作。

（2）将待测试样置于屏蔽盒内，上面放好圆环状电极和圆柱状电极，测量端红头导线与圆柱状电极连接，另一黑头导线与圆环状电极连接，转换开关视测量需要拨到 R_{s} 或 R_{v}。

（3）选择测试电压，根据被测电阻适当选择倍率，放电-测试开关拨到测试位置，充电 15 s 后，输入开关由短路拨向开路，进行读数，则所测电阻值为

$$R_{\mathrm{s}} = （表头读数 \times 10^6） \times （倍率） \times （电压系统）（\Omega）$$

测完后，应将输入开关再拨回短路，放电-测试开关拨向放电位置，经 1 min 放电后取出待测试样。

（4）对同一待测试样进行多次测量，最后取其平均值。

（5）按式（8-15）或式（8-16）计算织物的电阻率。

8.4.2 织物介电常数的测量

织物的介电常数也是表征其电气特性的重要参数之一。与一般绝缘介质介电常数的测量有所不同的是，织物是由纤维或纱线编织加工而成的，所以其也具有一定的填充度，在测量时必须对其施加一定的压力。

测量介电常数有电容法和微波法，现以电容法为例说明。电容法测量介电常数如图 8-19 所示。将待测织物制成圆片状试样，压入作为平板电容器的上、下两极之间，此时电容器的电容为

$$C = \frac{\varepsilon_0 \varepsilon_{\mathrm{r}} S}{h} = \frac{\varepsilon_0 \varepsilon_{\mathrm{r}} \pi D^2}{4h} \tag{8-17}$$

式中，D 为圆形电极的直径，h 为织物厚度，ε_0 是真空中的介电常数，ε_{r} 为待测织物的相对介电常数。

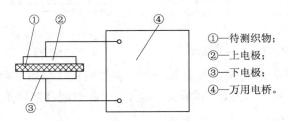

①——待测织物；
②——上电极；
③——下电极；
④——万用电桥。

图 8-19 电容法测量介电常数

由式（8-17）得

$$\varepsilon_{\mathrm{r}} = \frac{4hC}{\pi \varepsilon_0 D^2} \tag{8-18}$$

用万用电桥测出电容 C，用织物测厚仪测出织物厚度 h，并量出圆形电极的直径 D，即可按式（8-18）求出待测织物的介电常数。

必须注意的一个问题是，在用织物测厚仪测量 h 时，织物在织物测厚仪中所受压强应

当与测量电容时电极对织物所施加的压强一样，为此，应根据织物测厚仪规定的压强值来设计。例如，当两电极采用上、下放置时，作用于织物的正压力等于上电极的重量，而这个重量必须等于织物测厚仪中织物所承受的压力，据此就可以确定上电极的尺寸和材料。

8.4.3 静电半衰期的测量

静电半衰期是反映纺织材料的静电荷衰减快慢程度的物理量，是决定织物材料静电效应强弱的重要因素。在实验室条件下，按照使织物材料带电方式的不同，静电半衰期的测量方法可分为摩擦起电测量法和电晕放电测量法。摩擦起电测量法是指使织物在一定条件下与磨料摩擦而起电，停止摩擦后再测量织物静电压的衰减规律。采用摩擦起电测量法的仪器称为摩擦起电式静电仪。这类仪器虽然在起电过程中与织物实际服用时的起电情况比较一致，但存在着复现性不高、误差较大的缺点。针对这种情况，出现了电晕放电测量法。它是指利用针尖电晕放电使织物带电，然后测量织物的静电压随时间衰减的规律。采用电晕放电测量法的仪器称为电晕放电式静电仪。这种类型的仪器具有测量复现性好、精度高的优点，因而得到较广泛的应用。

电晕放电式静电仪测量静电半衰期的原理如图 8-20 所示。测量时将织物试样压放在转盘上，启动转盘，当织物试样通过高压放电针（放电）时就被充电，充电饱和后关闭高压直流电源，则织物试样上的静电荷通过圆盘向大地泄漏。由于带电织物试样是随转盘高速转动的，织物试样每通过感应电极（探头）下面一次，就使之感应带电一次，从而感应电极就向外输出一个周期的脉冲信号。又因为脉冲信号的高度应与织物试样上不断衰减的静电压成正比，所以由感应电极输出的脉冲信号的高度也在随时间衰减，如图 8-21 所示。将此信号送入放大器经放大后再进入记录仪，推动图笔描图记录，即在纸上画出织物试样表面静电压随时间衰减的曲线，据此，可求出静电半衰期。

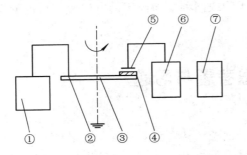

①—高压直流电源；
②—高压放电针；
③—转盘；
④—织物试样；
⑤—感应电极(探头)；
⑥—放大器；
⑦—记录仪。

图 8-20 电晕放电式静电仪测量静电半衰期的原理图

图 8-21 电晕放电式静电仪感应电极输出的脉冲信号

图 8-22 是用电晕放电测量法测出的 50/50 毛涤华达呢试样表面静电压随时间衰减的曲线，可据此求出该织物的静电半衰期。

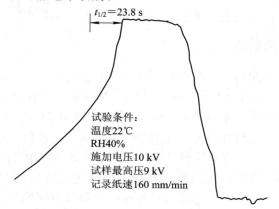

图 8-22 50/50 毛涤华达呢试样表面静电压衰减曲线

有时也采用下述简易方法测量织物的静电半衰期。织物静电半衰期的简易测量方法如图 8-23 所示。将待测织物牢固、平整地压在接地金属平板上，用摩擦的方法使之带电。取某一静电压值 u_0 作为起始电压，然后用非接触式静电电压表每隔一定时间间隔测量出待测织物表面上的静电压值 u_i。u_i/u_0 随时间 t 变化的曲线上与 $u_i/u_0=0.5$ 所对应的时间就是静电半衰期。此法简单、方便，

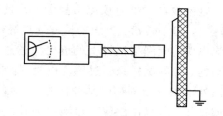

图 8-23 织物静电半衰期的简易测量方法

虽然测量精度低，但用于比较不同织物或同种织物经不同方法整理后的静电性能时，仍能说明问题。

思考题与习题八

8-1 纺织材料静电性能的定性测量方法有哪几种？

8-2 纺织材料常见的带电特性参数有哪几个？分别用什么仪器测量？

8-3 静电压的测量有哪几种测量方式？其特点是什么？

8-4 非接触式静电电压表分为哪几种主要类型？为什么直流放大式静电电压表不适宜作连续测量？

8-5 用非接触式仪表测量衣服上的静电压时，发现各处数值起伏较大且有时会出现极性反转，这是否意味着一定是仪表出了问题？为什么？有无鉴别、校准的办法？

8-6 某法拉第筒筒间电容为 291 pF，分路电容为 0.1 pF，与之配合的 QV 象限式静电电压表的输入电容为 30 pF，求测量系统的总电容。若测量织物带电量时，电压表读数为 780 V，试求织物的带电量。

8-7 织物介电常数的测量原理是什么？

第三篇 辐射度学、光度学和色度学基础

辐射度学是一门研究电磁辐射能测量的科学。辐射度学的基本概念和定律适用于整个电磁波段的辐射测量，但对于电磁辐射的不同波段，由于其特殊性，又往往有不同的测量手段和方法。由于辐射量是建立在物理测量基础上的客观物理量，它不受人眼主观视觉的限制，因此辐射度学的一些概念适用于整个电磁波谱范围。

使人眼产生总的目视刺激的度量是光度学的研究范畴。光度学除了包括光辐射能的客观度量，还应考虑人眼视觉机理的生理和感觉印象等心理因素。就光度量作为物理量度量来说，可认为光度量是用具有"标准人眼"视觉响应特性的人眼对所接收到的辐射量的度量。因此，光度学的方法是心理物理学方法，而不是纯粹的物理学方法，光度学的一些概念只适用于可见光波段。

色度学是研究人眼的颜色视觉规律、颜色测量理论与技术的科学。它是以物理光学、视觉生理、视觉心理等科学为基础的综合性科学，也是一门以大量实验为基础的实验性科学。

近年来，辐射度学、光度学和色度学的发展特别迅速，光源种类的发展日新月异，其发光效率和颜色得到了很大的改善。同时，光辐射探测器品种大大增加，性能显著提高，各种测量方法、技术以及测量仪器不断被提出并得到实现，使辐射度量和光度量物理测量的精确度大大提高，应用领域也不断扩展。色度学广泛应用于每一个与颜色相关的行业，例如有色制造、电子成像、数码相机、彩色电视、彩色摄影、纺织、染料、油漆、造纸、塑料、交通信号、照明以及现代高科技信息图像传递、军事伪装及识别。

第9章 辐射度学与光度学基础

辐射度学是研究电磁辐射能测量的科学，在整个电磁波谱范围内，辐射度学的基本概念和定律都是适用的。由于人们最先感知的是可见光，历史上首先对可见光的度量进行了比较充分的研究，引入了一些描述人眼对光敏感程度的物理量，并创建了研究光能测量的科学——光度学。本章主要介绍描述辐射度学和光度学的一些基本物理量、视觉的生理基础、光谱光效率等。

9.1 常用辐射量

9.1.1 立体角

立体角 Ω 是描述辐射能向空间发射、传输或被某一表面接收时的发散或会聚的角度，如图 9-1 所示。以锥体的顶点为球心作一球表面，锥体在球表面上所截取部分的表面积 S 和球半径 r 平方之比

$$\Omega = \frac{S}{r^2} \qquad (9-1)$$

称为这一锥体的立体角。立体角的单位是球面度(sr)。

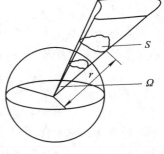

图 9-1 立体角

这样，在以锥体的顶点为中心、半径为 1 单位的球面上，锥体所截得的面积大小就准确地度量了立体角的大小。以球心为顶点的锥体在球体的表面切割出的、面积等于球半径平方的区域所张的立体角称为单位立体角，为 1 球面度。

对于半径为 r 的球体，其表面积等于 $4\pi r^2$，所以一个光源向整个空间发出辐射能或者一个物体从整个空间接收辐射能时，其对应的立体角为 4π 球面度，而半球空间所张的立体角为 2π 球面度。

在平面上，定义一段弧微分 $\mathrm{d}s$ 与其矢量半径 r 的比值为其对应的圆心角，记作 $\theta = \dfrac{\mathrm{d}s}{r}$，所以整个圆周对应的圆心角就是 2π。和圆心角的定义类似，定义曲面上面元 $\mathrm{d}S$ 与其矢量半径的二次方的比值为此面元对应的立体角，记作 $\Omega = \dfrac{\mathrm{d}S}{r^2}$。由此可得，任意闭合曲面的立体角都是 4π。

求空间一任意表面 S 对空间某一点 O 所张的立体角，可由点 O 向空间表面 S 的外边缘做一系列射线，由射线所围成的空间角即为表面 S 对点 O 所张的立体角。因而不管空间表面的凹凸

如何，只要对同一点 O 所作射线束围成的空间角是相同的，那么它们就有相同的立体角。

9.1.2　辐射量的名称、定义、符号及单位

辐射度学中所用到的辐射量较多，很长时间以来，国际上所采用的辐射量和光度量的名称、单位、符号等不统一。国际照明委员会(CIE)在 1970 年推荐采用的辐射量和光度量单位基本上和国际单位制(SI)一致，并在后来被越来越多的国家所采纳。

1. 辐射能(Q)

辐射能是以电磁波的形式发射、传输或接收的能量，其单位是焦耳(J)。辐射能简称辐能。

当描述辐射能量在一段时间内积累时，用辐射能来表示。例如，地球吸收太阳的辐射能，又向宇宙空间发射辐射能，使地球在宇宙中具有一定的平均温度，因此用辐射能来描述地球辐射能量的吸收、辐射平衡情况。

为进一步描述辐射能随时间、空间、方向等的分布特性，分别用以下辐射量来表示。

2. 辐射能密度(ω)

辐射场内单位体积中的辐射能称为辐射能密度，简称辐能密度，单位是 J/m³，其定义式为

$$\omega = \frac{\partial Q}{\partial V} \tag{9-2}$$

式中，V 为体积，单位是 m³。

因为辐射能还是波长、面积、立体角等许多因素的函数，所以 ω 和 Q 的关系用 Q 对 V 的偏微分来定义。同理，后面讨论的其他辐射量也将用偏微分来定义。

3. 辐射功率(P)和辐射通量(ϕ)

辐射功率就是发射、传输或接收辐射能的时间速率，用以描述辐射能的时间特性，用 P 表示，单位是 W，其定义式为

$$P = \frac{\partial Q}{\partial t} \tag{9-3}$$

式中，t 为时间，单位为 s。

在单位时间内通过某一面积的辐射能称为经过该面积的辐射通量，用 ϕ 表示，辐射通量也称为辐通量。辐射功率 P 与辐射通量 ϕ 混用。

4. 辐射强度(I)

辐射强度是描述点辐射源(简称点源)特性的物理量。下面先说明一下什么是点辐射源和扩展辐射源(简称扩展源或面源)。所谓点源，就是其物理尺寸可以忽略不计，理想上将其抽象为一个点的辐射源。若一个辐射源不是点源，那么它就是扩展源。真正的点源是不存在的。在实际情况下，能否把辐射源看成点源，首要问题不是辐射源的真实物理尺寸，而是它相对于观测者(或探测器)所张的立体角。例如，对于距地面遥远的一颗星体，它的真实物理尺寸可能很大，但是我们却可以将它看作点源。在不同场合，同一辐射源可以是点源，也可以是扩展源。例如，对于喷气式飞机的尾喷口，若在 1 km 以外处观测，则可以作为点源处理；若在 3 m 处观测，则可以作为一个扩展源。一般来讲，如果测量装置没有

使用光学系统，只要在比辐射源的最大尺寸大 10 倍的距离处观测，辐射源就可视为一个点源。如果测量装置使用了光学系统，则把辐射源视为点源还是扩展源的基本的判断标准是探测器的尺寸和辐射源在探测器表面上像的尺寸之间的关系。如果像比探测器小，则辐射源可看作一个点源；如果像比探测器大，则可认为辐射源是一个扩展源。换言之，充满光学系统视场的辐射源可看作扩展源，而未充满光学系统视场的辐射源则是点源。

现在来定义辐射强度。辐射源在某一方向上的辐射强度是指辐射源在包含该方向的单位立体角内所发出的辐射功率，用 I 表示。

辐射强度的定义示意图如图 9－2 所示。若一个点源在围绕某指定方向的小立体角 $\Delta\Omega$ 内发射的辐射功率为 ΔP，则 ΔP 与 $\Delta\Omega$ 之比的极限就是辐射源在该方向上的辐射强度 I，即

$$I = \lim_{\Delta\Omega \to 0} \frac{\Delta P}{\Delta\Omega} = \frac{\partial P}{\partial \Omega} \qquad (9-4)$$

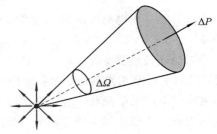

辐射强度就是点源在单位立体角内发射的辐射功率。因此，它是点源所发射的辐射功率在空间分布特性的描述。或者说，它是辐射功率在某方向上的角密度的度量。按照定义，辐射强度的单位是瓦/球面度（W/sr）。

图 9－2 辐射强度的定义示意图

辐射强度对整个发射立体角 Ω 的积分就是辐射源发射的总辐射功率 P，即

$$P = \int_{\Omega} I \, \mathrm{d}\Omega \qquad (9-5)$$

对于各向均匀辐射的辐射源，I 等于常数，则由式（9－5）得 $P = 4\pi I$。对于辐射功率在空间分布不均匀的辐射源，一般来讲，辐射强度 I 与方向有关，因此计算起来比较困难。

5. 辐射出射度（M）

辐射出射度简称辐出度，是描述扩展源辐射特性的量。辐射源单位表面积向半球空间（2π 立体角）内发射的辐射功率称为辐射出射度，用 M 表示。例如，太阳表面的辐射出射度是指太阳表面单位表面积向外部空间发射的辐射功率。

辐射出射度的定义示意图如图 9－3 所示。若面积为 A 的扩展源上围绕点 x 的一个小面元 ΔA 向半球空间内发射的辐射功率为 ΔP，则 ΔP 与 ΔA 之比的极限值就是该扩展源在点 x 的辐射出射度，即

$$M = \lim_{\Delta A \to 0} \frac{\Delta P}{\Delta A} = \frac{\partial P}{\partial A} \qquad (9-6)$$

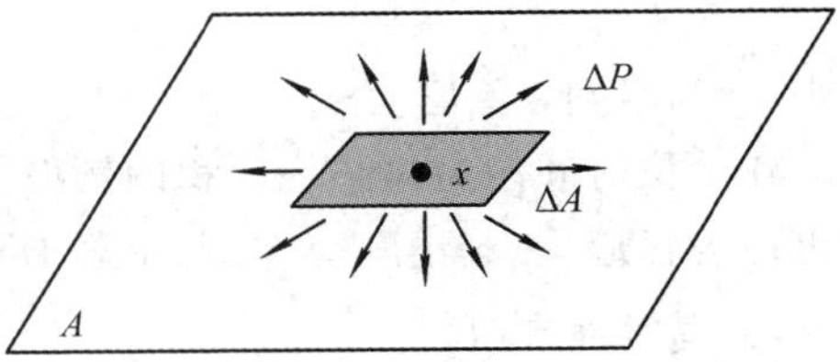

图 9－3 辐射出射度的定义示意图

辐射出射度是扩展源所发射的辐射功率在辐射源表面分布特性的描述。或者说，它是辐射功率在某一点附近的面密度的度量。按照定义，辐射出射度的单位是 W/m^2。

对于发射不均匀的辐射源表面，表面上各点附近将有不同的辐射出射度。一般来讲，辐射出射度 M 是辐射源表面上点 x 的位置的函数。辐射出射度 M 对辐射源发射表面积 A 的积分就是该辐射源发射的总辐射功率 P，即

$$P = \int_{A} M \, \mathrm{d}A \qquad (9-7)$$

如果辐射源表面的辐射出射度 M 为常数，则它所发射的辐射功率为 $P = MA$。

6. 辐射亮度（L）

辐射强度 I 只能描述点源在空间不同方向上的辐射功率分布，这个量不能适用于扩展源。这是因为对于扩展源，无法确定探测器对辐射源所张的立体角。而辐射出射度 M 可以描述扩展源在辐射源表面不同位置上的辐射功率分布。

为了描述扩展源所发射的辐射功率在辐射源表面不同位置上沿空间不同方向的分布特性，特别引入辐射亮度的概念。辐射亮度又叫辐射率或面辐射强度。

辐射亮度的定义示意图如图 9 - 4 所示。若在扩展源表面上某点 x 附近取一小面元 ΔA，则该面元向半球空间发射的辐射功率为 ΔP。如果进一步在与面元 ΔA 的法线夹角为 θ 的方向取一小立体角元 $\Delta \Omega$，那么从面元 ΔA 向立体角元 $\Delta \Omega$ 内发射的辐射功率是二级小量 $\Delta(\Delta P) = \Delta^2 P$。由于从 ΔA 向 θ 方向发射的辐射就是在 θ 方向观测到的来自 ΔA 的辐射，而在 θ 方向上看到的面元 ΔA 的有效面积，即投影面积（也称为表观面积）是 $\Delta A_\theta = \Delta A \cos\theta$，所以，在 θ 方向的立体角元 $\Delta \Omega$ 内发出的辐射就等效于从辐射源的投影面积 ΔA_θ 上发出的辐射。因此，在 θ 方向观测到的辐射源表面上点 x 处的辐射亮度就是 $\Delta^2 P$ 比 ΔA_θ 与 $\Delta \Omega$ 之积的极限值，即

$$L = \lim_{\substack{\Delta A \to 0 \\ \Delta \Omega \to 0}} \left(\frac{\Delta^2 P}{\Delta A_\theta \Delta \Omega} \right) = \frac{\partial^2 P}{\partial A \partial \Omega \cos\theta} \tag{9-8}$$

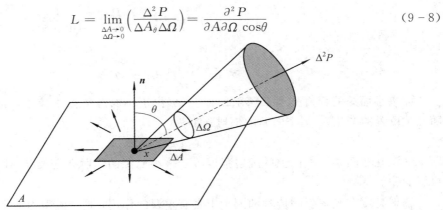

图 9 - 4　辐射亮度的定义示意图

上述定义描述如下，辐射源在某一方向上的辐射亮度是指在该方向上的单位投影面积向单位立体角中发射的辐射功率。这个定义表明，辐射亮度是扩展源所发射的辐射功率在空间分布特性的描述。辐射亮度的单位是 $W/(m^2 \cdot sr)$。

一般来说，辐射亮度的大小应该与辐射源表面上的点 x 的位置及方向 θ 有关。既然辐射亮度 L 和辐射出射度 M 都表征辐射功率在辐射源表面上的分布特性，而 M 是单位面积向半球空间内发射的辐射功率，L 是单位投影面积向特定方向上的单位立体角中发射的辐射功率，所以，我们可以推出两者之间的相互关系。

由式（9 - 8）可知，辐射源表面上的小面元 ΔA 在 θ 方向上的小立体角元 $\Delta \Omega$ 内发射的辐射功率为

$$d^2 P = L \cos\theta \, d\Omega \, dA \tag{9-9}$$

所以，小面元 ΔA 向半球空间（2π 球面度）内发射的辐射功率可以通过对立体角积分得到，即

$$dP = \int_{半球空间} d^2 P = \int_{2\pi 球面度} L \cos\theta \, d\Omega \, dA \qquad (9-10)$$

根据辐射出射度 M 的定义式,我们就得到 L 与 M 的关系为

$$M = \frac{dP}{dA} = \int_{2\pi 球面度} L \cos\theta d\Omega \qquad (9-11)$$

在实际测量辐射亮度时,总是用遮光板或光学装置将测量限制在扩展源的一小块面元 ΔA 上。在这种情况下,由于小面元 ΔA 比较小,因此可以确定处于某一 θ 方向上的探测器表面对小面元 ΔA 中心所张的立体角元 $\Delta\Omega$。此时,用测得的辐射功率 $\Delta(\Delta P(\theta))$ 除以被测小面元 ΔA 在该方向上的投影面积 $\Delta A \cos\theta$ 和探测器表面对 ΔA 中心所张的立体角元 $\Delta\Omega$,便可得到辐射亮度 L。从理论上讲,将在立体角元 $\Delta\Omega$ 内所测得的辐射功率 $\Delta(\Delta P(\theta))$ 除以立体角元 $\Delta\Omega$ 就是辐射强度 I。

在定义辐射强度时特别强调,辐射强度是描述点源辐射空间角分布特性的物理量。只有当辐射源的面积(严格讲应该是空间尺度)比较小时,才可将其看成点源。此时,将这类辐射源称为小面源或微面源。可以说,小面源是具有一定尺度的"点源",它是联系理想点源和实际面源的一个重要概念。对于小面源而言,它既具有点源的辐射强度,又有面源的辐射亮度。

对于上述测量的小面源,有

$$L = \frac{\partial^2 P}{\partial A \partial\Omega \cos\theta} = \frac{\partial}{\partial A \cos\theta}\left(\frac{\partial P}{\partial\Omega}\right) = \frac{\partial I}{\partial A \cos\theta} \qquad (9-12)$$

即

$$I = \int_{\Delta A} L \, dA \cos\theta \qquad (9-13)$$

如果小面源的辐射亮度 L 不随位置变化(由于小面源的面积较小,通常可以不考虑 L 随 ΔA 位置的变化),则小面源的辐射强度为

$$I = L\Delta A \cos\theta \qquad (9-14)$$

即小面源在空间某一方向上的辐射强度等于该小面源的辐射亮度乘以小面源在该方向上的投影面积。

辐射亮度在光辐射的传输和测量中具有重要的作用,是光源微面元在垂直传输方向辐射强度特性的描述。例如,描述螺旋灯丝白炽灯时,由于描述灯丝每一局部表面的发射特性常常是没有实用意义的,而把它作为一个整体,即一个点光源,描述其在给定观测方向上的辐射强度;而在描述天空辐射特性时,希望知道其各部分的辐射特性,则用辐射亮度描述天空各部分辐射功率在空间分布的特性。

7. 辐射照度(E)

以上讨论的各辐射量都是用来描述辐射源发射特性的量。对于一个被照表面接收辐射的分布情况,用上述各物理量均不能描述。为了描述一个物体表面被照的程度,在辐射度学中,引入辐射照度这一新的物理量。

被照表面的单位面积上接收到的辐射功率称为该被照射处的辐射照度,简称为辐照度,用 E 表示。辐射照度的定义示意图如图 9-5 所示。若在被照表面上围绕点 x 取小面元 ΔA,投射到 ΔA 上的辐射功率为 ΔP,则表面上点 x 处的辐射照度为

$$E = \lim_{\Delta A \to 0} \frac{\Delta P}{\Delta A} = \frac{\partial P}{\partial A} \qquad (9-15)$$

辐射照度的数值是投射到表面上每单位面积内的辐射功率，其单位是 W/m^2。

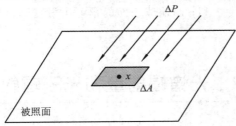

图 9-5　辐射照度的定义示意图

辐照照度和辐射出射度具有相同的定义式和单位，但应注意它们的差别。辐射出射度是描述辐射源表面所发射的辐射功率的面密度，它包括了辐射源向整个半球空间发射的辐射功率；而辐照度则是入射到被照表面上辐射功率的面密度，它可以是由一个或数个辐射源投射的辐射功率。

一般来说，辐射照度 E 与点 x 在被照面上的位置有关，而且还与辐射源的特性及被照面与辐射源的相对位置有关。

例如，有两个辐射强度完全相同的点源 S_1 和 S_2，它们投射到小面元 ΔA 上的辐射功率分别为 ΔP_1 和 ΔP_2，如图 9-6 所示，其中 S_1 在被照面的法线方向，S_2 位于与被照面法线夹角 θ 的方向。如果不考虑辐射传输过程中大气的影响，在离开点源 S_1 和 S_2 距离 l 处的辐射照度分别为

$$E_1 = \frac{\partial P_1}{\partial A} = \frac{I\,\partial\Omega_1}{\partial A} = \frac{I}{\partial A}\frac{\partial A}{l^2} = \frac{I}{l^2} \tag{9-16}$$

$$E_2 = \frac{\partial P_2}{\partial A} = \frac{I\,\partial\Omega_2}{\partial A} = \frac{I}{\partial A}\frac{\partial A\,\cos\theta}{l^2} = \frac{I\cos\theta}{l^2} \tag{9-17}$$

式(9-16)和式(9-17)表明，点源在被照面上产生的辐射照度与其辐射强度成正比，与点源到被照面的距离平方成反比，并与点源和被照面法线方向的夹角 θ 有关。

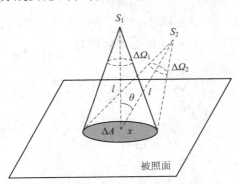

图 9-6　点源的辐射照度

如前所述，如果辐射源与被照面的距离超过辐射源最大尺寸的 10 倍，则在辐射照度的计算中可以把该辐射源当作点源，误差不大于 1%。如果辐射源为扩展源，则一般情况下，必须运用积分进行辐射照度的计算。

辐射照度和辐射出射度分别用来描述微面元发射和接收辐射功率的特性。如果一个面元能反射入射到其表面的全部辐射功率，那么该面元可看作一个辐射源表面，即其辐射出

射度在数值上等于照射辐射照度。地球表面的辐射照度是其各个面元接收太阳直射以及天空向下散射产生的辐射照度之和；而地球表面的辐射出射度则是其单位表面积向宇宙空间发射的辐射功率。

9.2　光谱辐射量和光子辐射量

前面所讨论的几个基本辐射量都只考虑了辐射功率的几何分布特征，如在表面上的面密度和空间的角分布等，并没有明确指出这些辐射功率是在怎样的波长范围内发射的。实际上，自任何一个辐射源发出的辐射功率，或投射到一个表面上的辐射功率，均有一定的波长分布范围。因此，已经讨论过的基本辐射量均应有相应的光谱辐射量，而且，在有关辐射传热、照明及颜色的研究和工程设计中，往往要考虑这些反映光谱特性的光谱辐射量。

9.2.1　光谱辐射量

前面讨论过的基本辐射量事实上是被认为包含了全部波长 $\lambda(0\sim\infty)$ 的全部辐射的辐射量，因此也可以把它们叫作全辐射量。如果我们关心的是在某特定波长 λ 附近的辐射特性，那么，就可以在指定波长 λ 处取一个小的波长间隔 $\Delta\lambda$，在此小波长间隔内的辐射量 X 的增量 ΔX 与 $\Delta\lambda$ 之比的极限值就定义为相应的光谱辐射量，并记为

$$X_\lambda = \lim_{\Delta\lambda\to 0}\frac{\Delta X}{\Delta\lambda} = \frac{\partial X}{\partial\lambda} \tag{9-18}$$

例如，光谱辐射功率为

$$P_\lambda = \lim_{\Delta\lambda\to 0}\left(\frac{\Delta P}{\Delta\lambda}\right) = \frac{\partial P}{\partial\lambda} \tag{9-19}$$

其表征在指定波长 λ 处单位波长间隔内的辐射功率，其单位是 W/μm。P_λ 通常是 λ 的函数，即

$$P_\lambda = P(\lambda) \tag{9-20}$$

式中，下标 λ 表示对 λ 的偏微分，而括号中的 λ 表示关于 λ 的函数。

仿此方法，我们也可以定义出其他的光谱辐射量。

光谱辐射出射度为

$$M_\lambda = \lim_{\Delta\lambda\to 0}\left(\frac{\Delta M}{\Delta\lambda}\right) = \frac{\partial M}{\partial\lambda} \tag{9-21}$$

光谱辐射强度为

$$I_\lambda = \lim_{\Delta\lambda\to 0}\left(\frac{\Delta I}{\Delta\lambda}\right) = \frac{\partial I}{\partial\lambda} \tag{9-22}$$

光谱辐射亮度为

$$L_\lambda = \lim_{\Delta\lambda\to 0}\left(\frac{\Delta L}{\Delta\lambda}\right) = \frac{\partial L}{\partial\lambda} \tag{9-23}$$

光谱辐射照度为

$$E_\lambda = \lim_{\Delta\lambda\to 0}\left(\frac{\Delta E}{\Delta\lambda}\right) = \frac{\partial E}{\partial\lambda} \tag{9-24}$$

在上述光谱辐射量的定义表达式中，我们均用脚标 λ 表示该光谱辐射量是在指定波长 λ 处的辐射量。

从式(9-19)可知，在指定波长 λ 处的小波长间隔 $\Delta\lambda$ 内的辐射功率(称为单色辐射功率)为

$$dP = P_\lambda \, d\lambda \tag{9-25}$$

由于 $\Delta\lambda$ 足够小，式(9-25)中的 dP 就可称为波长 λ 处的单色辐射功率。将式(9-25)从 λ_1 到 λ_2 积分即可得到在光谱带 $\lambda_1 \sim \lambda_2$ 之间的辐射功率 $P_{(\Delta\lambda)}$

$$P_{(\Delta\lambda)} = P_{(\lambda_1-\lambda_2)} = \int_{\lambda_1}^{\lambda_2} P_\lambda \, d\lambda \tag{9-26}$$

如果 $\lambda_1 = 0$ 和 $\lambda_2 = \infty$，则式(9-25)的积分结果就是全辐射功率，即

$$P = \int_0^\infty P_\lambda \, d\lambda \tag{9-27}$$

上述几个量的物理意义是有区别的。光谱辐射功率 P_λ 是单位波长间隔内的辐射功率，它是表征辐射功率随波长 λ 的分布特性的物理量，并非真正的辐射功率的度量。单色辐射功率 dP 是指在足够小的波长间隔内的辐射功率。光谱带内的辐射功率 $P_{(\Delta\lambda)}$ 是指在较大的波长间隔内的辐射功率。全辐射功率 P 是 $0 \sim \infty$ 的全部波长内的辐射功率的度量。dP、$P_{(\Delta\lambda)}$、P 的不同之处在于所占的波长范围不同，它们的单位都是瓦，都是真正的辐射功率的度量。其他各光谱辐射量、单色辐射量、某波长间隔内的辐射量和全辐射量仿此就可以加以区别。

9.2.2　光子辐射量

对于红外技术中常用的探测器，很重要的一类是光子探测器。对于入射辐射的响应，这类探测器往往着重考虑的不是入射辐射功率，而是它每秒接收到的光子数目。因此，描述这类探测器的性能和与其有关的辐射时，通常采用其每秒接收(或发射、传输)的光子数代替辐射功率来定义各辐射量，这样定义的辐射量叫作光子辐射量。

1. 光子数

光子数是辐射源发出的光子数目，用 N_p 表示。我们可以从光谱辐射能推导出光子数的表达式为

$$dN_p = \frac{Q_\nu \, d\nu}{h\nu} \tag{9-28}$$

式中，Q_ν 是频率 ν 处单位频率间隔内的辐射能，$Q_\nu \, d\nu$ 是频率 $\nu \sim \nu + d\nu$ 间隔内的辐射能，h 为普朗克常数，dN_p 为频率 $\nu \sim \nu + d\nu$ 间隔内的光子数目。根据爱因斯坦光子理论，一个光子的能量为 $h\nu$(h 为普朗克常数，ν 为频率)。

辐射源所发出的光子数目为

$$N_p = \int dN_p = \int_0^\infty \frac{Q_\nu}{h\nu} d\nu \tag{9-29}$$

2. 光子通量

光子通量是指辐射源在单位时间内发射、传输或接收到的光子数，用 ϕ_p 表示，即

$$\phi_p = \frac{\partial N_p}{\partial t} \tag{9-30}$$

ϕ_p 的单位是 $1/s$。

3. 光子辐射强度

光子辐射强度是辐射源在给定方向上的单位立体角内所发射的光子通量，用 I_p 表

示，即

$$I_\mathrm{p} = \frac{\partial \phi_\mathrm{p}}{\partial \Omega} \tag{9-31}$$

I_p 的单位是 $1/(\mathrm{s} \cdot \mathrm{sr})$。

4. 光子辐射亮度

辐射源在给定方向上的光子辐射亮度是指在该方向上的单位投影面积向单位立体角中发射的光子通量，用 L_p 表示。

辐射源在给定方向上的光子辐射亮度也说成辐射源单位投影面积向该方向单位立体角内发射的光子通量，即

$$L_\mathrm{p} = \frac{\partial^2 \phi_\mathrm{p}}{\partial \Omega \partial A \, \cos\theta} \tag{9-32}$$

L_p 的单位是 $1/(\mathrm{s} \cdot \mathrm{m}^2 \cdot \mathrm{sr})$。

它也说成辐射源单位投影面积在单位时间内向该方向单位立体角内发射的光子数目，即

$$L_\mathrm{p} = \frac{\partial^3 N_\mathrm{p}}{\partial \Omega \partial A \partial t \, \cos\theta} \tag{9-33}$$

5. 光子辐射出射度

辐射源的单位表面积在单位时间内向半球空间（2π 立体角）内发射的光子数目称为光子辐射出射度，用 M_p 表示，即

$$M_\mathrm{p} = \frac{\partial^2 N_\mathrm{p}}{\partial A \partial t} \tag{9-34}$$

M_p 的单位是 $1/(\mathrm{s} \cdot \mathrm{m}^2)$。

光子辐射出射度也说成辐射源的单位表面积向半球空间（2π 立体角）内发射的光子通量，即

$$M_\mathrm{p} = \frac{\partial \phi_\mathrm{p}}{\partial A} = \int_{2\pi} L_\mathrm{p} \cos\theta \, \mathrm{d}\Omega \tag{9-35}$$

6. 光子辐射照度

光子辐射照度是指被照表面上某一点附近，单位面积上接收到的光子通量，用 E_p 表示，即

$$E_\mathrm{p} = \frac{\partial \phi_\mathrm{p}}{\partial A} \tag{9-36}$$

E_p 的单位是 $1/(\mathrm{s} \cdot \mathrm{m}^2)$。

9.3　视觉的生理基础

9.3.1　眼睛的构造及功能

人的眼睛是一个直径约为 24 mm 的近似球状体，由眼球壁和眼球内容物构成，其解剖图如图 9-7 所示。

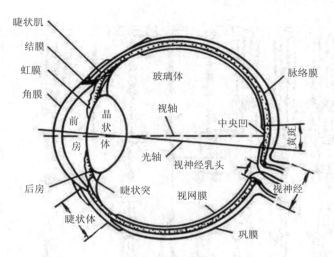

图 9-7　眼睛解剖图

眼球壁的正前方是一层占整个眼球壁面积 1/6 的弹性透明组织，称为角膜，其横径约为 11 mm，厚度约为 1 mm，略向眼外凸出，其内含有大量视觉纤维。角膜具有屈光功能，光线经角膜发生屈折进入人眼。眼球壁的其余 5/6 部分为白色不透明组织，称为巩膜，其厚为 0.5～1 mm，主要起巩固和保护眼球的作用。

眼球壁中层由脉络膜、虹膜和睫状体组成。脉络膜上有丰富的色素细胞，呈黑色，具有吸收外来杂散光的作用，可消除光线在眼球内的乱反射。虹膜位于角膜之后，晶状体之前，其根部与睫状体相连。虹膜中央有一圆孔，称为瞳孔。瞳孔的大小可以借助于虹膜的肌肉组织来调节，从而可以控制进入人眼内部的光通量，相当于照相机光圈的作用。虹膜上的瞳孔直径可从微弱光时的 8 mm 缩小到强光时的 2 mm。虹膜随不同种族有不同的颜色，如黑色、蓝色、褐色等。例如，中国人的虹膜呈黑色，西方人的虹膜呈蓝色。睫状体的内部有睫状肌和睫状突，起调节晶体的作用。

眼球壁内层包括视网膜和视神经乳头。视网膜位于脉络膜里层，与玻璃体相连，为眼球的最内层，为一透明薄膜，其中具有视觉感光细胞——锥体细胞和杆体细胞，故视网膜是人眼的感光部分。在人眼光轴一侧有一呈黄色的锥体细胞密集区域，称为黄斑，其直径约为 2～3 mm。黄斑中央有一小凹，叫作中央凹，是视觉最敏锐的地方。中央凹与晶体中心的连线构成了人眼的视轴。在距中央凹约 4 mm 的鼻侧，视神经纤维以及视网膜中央的动、静脉形成一个卵圆形的乳头，叫作视神经乳头。视神经乳头没有感光能力，所以也叫作盲点。神经纤维由视神经乳头穿过脉络膜和巩膜壁而形成视神经。

视网膜结构如图 9-8 所示。视网膜可大致分为三层，其最外层分布着锥体细胞 b 和杆体细胞 a，锥体细胞长度为 0.028～0.058 mm，直径为 0.0025 mm～0.0075 mm，形状略似头部为圆锥的圆柱；而杆体细胞长度为 0.04～0.06 mm，平均直径只有 0.002 mm，形状略似细长的杆。锥体细胞具有精细的分辨能力，能很好地分辨颜色，但感光灵敏度低；而杆体细胞感光灵敏度高，但分辨细节的能力低，不能分辨颜色。

图 9-8 中的 D、E、F、G 是锥体细胞系统，A、B、C 是杆体细胞系统，H 是锥体细胞与杆体细胞混合系统。锥体细胞 b 和杆体细胞 a 的末端靠近脉络膜，它们位于视网膜的最外层，光线由角膜进入眼球至视网膜，先通过视网膜的第三层和第二层，最后才到达锥体

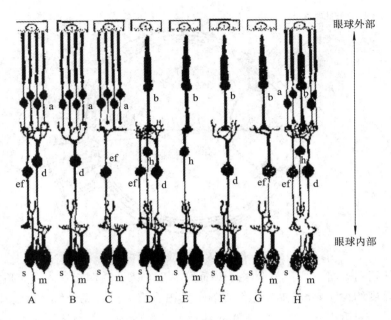

图 9-8 视网膜结构

细胞和杆体细胞。人和其他脊柱动物的眼睛都具有这种感光细胞在最外层的"倒置"的视网膜。视网膜的第二层为双极细胞(d、e、f、h)和其他细胞,锥体细胞和杆体细胞均与双极细胞相连。通常,一个锥体细胞连接一个双极细胞,这是为了在光亮条件下,每一个锥体细胞作为一个单元,能够精细地分辨外界对象的细节。而几个杆体细胞才连接一个双极细胞,这是为了在黑暗条件下通过几个杆体细胞对外界的微弱光刺激起总和作用。视网膜的第三层是最内层,最内层是神经节细胞(m、s),其外连双极细胞。神经节细胞的轴突形成视神经纤维,汇集于视神经乳头处,形成视神经。我们也把视网膜的三层分别称为感光细胞层、双极细胞层和神经节细胞层。

眼球内容物包括晶状体、房水及玻璃体,它们都是屈光介质。晶状体为一双凸形弹性透明体,位于玻璃体和虹膜之间,厚度为 $3.6 \sim 4.4$ mm,直径约为 9 mm。睫状肌的收缩可改变晶状体的屈光力,使不同距离处的物体均能成像在视网膜上,因此晶状体相当于一个曲率可变的凸透镜。角膜和晶状体之间是前房,虹膜与晶状体之间是后房,其内部都充满着房水。房水的功能是给角膜和晶状体等血管组织提供营养物质和维持眼内压。房水的折射率为 1.336。玻璃体在晶状体后、视网膜前,占眼球内容物的 4/5,是一种透明的半流体,其折射率也为 1.336。

当人观察物体时,物体发出的光通过角膜进入人眼,在角膜、房水、晶状体及玻璃体的作用下,成像在视网膜上。视网膜上的视感细胞接受光刺激转化为神经冲动,经视神经进入脑内的视觉中枢,从而产生物体大小、形状、亮暗和颜色等视感觉。

9.3.2 视觉的形成

人眼的作用类似于照相机,但只是类似而已。人对光线的知觉-视觉的形成要比照相机把物体的像记录在感光胶片上的过程复杂得多。正因为如此,我们在研究视觉现象时,就不得不采用一些与纯客观的物理测量不同的研究方法,不得不对客观描述光能量及其分布的辐射量用人眼的视觉特性加以评价。为了说明这一点，我们举一个历史上有名的例子。

　　通过中学阶段几何光学的学习我们已经知道，物体在视网膜上所成的像应是一个倒立的实像（如图 9 - 9 所示），但是我们并不把外界物体看成倒立的，而看成正立的，这是为什么呢？首先，外界物体的光刺激作用到视网膜上的感光细胞，这些细胞产生的神经冲动传导到大脑皮层的神经中枢。在传导过程中，刺激作用不再具有原来的空间关系。心理学家为了解答这个问题，还在自己身上做了一个实验。他戴上一副特制的眼镜，通过这副眼镜的光学系统，能够使物体投射在视网膜上的像成为正像。但是，在他戴上这副眼镜时，看到的视场是颠倒的，一切东西看起来都翻了个。开始时，他非常不习惯这种情景，视觉与触觉、动觉之间经常发生矛盾。经过一段时间的适应，视觉逐渐与触觉、动觉协调起来，行动的错误减少了。到了 21 天以后，他又能够行动自如，完全适应这种新的空间关系，不仅如此，他看到的景物又都正过来，周围的一切都恢复正常。不过，在他取掉眼镜之后，又出现整个环境倒转的现象，再需要几天的时间才能恢复正常。

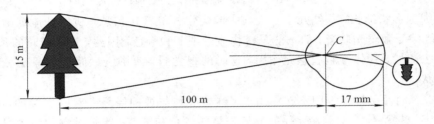

图 9 - 9　物体在视网膜上所成倒像图

　　这个有趣的例子说明，人在认识外部世界的时候，是作为一个统一的主体进行活动的，各种感觉器官（如触觉器官、视觉器官等）协调活动，相互传递和反馈信息，通过实践活动，最终能够正常地反应客观现实。视觉的形成并不是一个单纯的物理过程，而是与一系列生理过程与心理过程相联系的过程。

9.3.3　明视觉与暗视觉

　　我们白天在户外观察周围的物体时，不仅能区分各个物体的颜色在明暗上的不同，而且能区分同一个物体不同部分之间的差别，即能分辨细节。但若在夜晚，当只有微弱的光照明时，我们会觉得周围的物体都是朦朦胧胧的，失去了白昼的色彩。而且只能看出它们的大致轮廓，无法分辨细节。这种由于入射到人眼的光的强度不同而形成不同视觉感受的现象是因为视网膜上分布着两种感光细胞——锥体细胞和杆体细胞，它们执行着不同的视觉功能。

　　在视网膜中央的黄斑部位和中央凹大约 3° 视角范围内主要是锥体细胞，几乎没有杆体细胞。在黄斑以外，杆体细胞增多，而锥体细胞减少。在离中央凹 20° 的地方，杆体细胞的数目最多。人眼视网膜上大约有 650 万个锥体细胞和 1 亿个杆体细胞。视网膜的中央凹每平方毫米内有 140 000～160 000 个锥体细胞，视网膜上锥体细胞的数量决定着视觉的敏锐程度。图 9 - 10 绘出了由奥斯特伯格（G. Osterberg）计算的视网膜上锥体细胞和杆体细胞的分布情况。

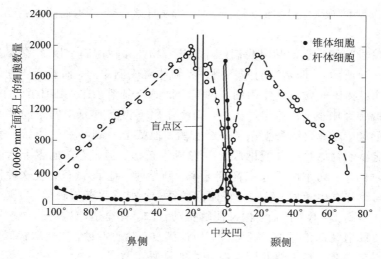

图 9-10　锥体细胞与杆体细胞分布图

　　杆体细胞形状细长，往往几十个连在一起向视神经输送信息，所以杆体细胞对光有高敏感性，能接受微弱光刺激，但不能分辨物体的细节和颜色。因此，在比较暗的条件下，锥体细胞失去活性，杆体细胞起感光作用，这时的视觉叫作暗视觉。暗视觉只能分辨物体的明暗和形状。

　　在光亮条件下，杆体细胞不起作用。而锥体细胞与视神经是一对一连接的，能在光亮条件下精细地接受外界的刺激，并能分辨物体的颜色和细节。锥体细胞的活动只有当亮度达到一定水平时才能被激发起来，这时的视觉称为明视觉。

　　1912 年，冯·凯斯(J. Von Kries)根据上述事实，提出了视觉的两重功能学说，他认为视觉有两重功能：视网膜中央的"锥体细胞视觉"和视网膜边缘的"杆体细胞视觉"，也分别叫作明视觉和暗视觉。

　　视觉的两重功能得到了病理学材料的证实。锥体细胞退化或机能丧失的日盲症患者的视网膜中央部位是全盲的，同时也是全色盲的。夜盲症患者是由于杆体细胞内缺少感光化学物质(视紫红质)，在黑暗条件下视觉便发生困难。另外，在一些昼视动物的视网膜中，只有锥体细胞，而无杆体细胞，昼视动物一般都能分辨颜色。大多数鸟类都是昼视动物。在夜视动物的视网膜中则只有杆体细胞，而无锥体细胞。夜视动物一般都是色盲。一些爬虫动物是夜视动物。

9.3.4　视觉的适应

　　人眼能在一个非常大的范围内适应视场亮度。随着外界视场亮度的变化，人眼视觉响应可分为以下三类。

1. 明视觉响应

　　当外界视场亮度大于或等于 3 cd/m² (坎德拉每平方米)时，视觉只由人眼的锥体细胞起作用，称为锥体细胞视觉，也称为明视觉，此时的人眼视觉响应称为明视觉响应。在明视觉条件下观察大面积表面时，只有少量杆体细胞参加活动。当外界视场亮度达到 10 cd/m² 以上时，可以认为完全是锥体细胞起作用的。

2. 暗视觉响应

当外界视场亮度小于或等于 0.001 cd/m² 时，视觉只由杆体细胞起作用，称为杆体细胞视觉，也称为暗视觉，此时的人眼视觉响应称为暗视觉响应。

3. 中间视觉响应

当外界视场亮度从 3 cd/m² 降至 0.001 cd/m² 时，人眼逐渐由锥体细胞的明视觉响应转向杆体细胞的暗视觉响应，锥体细胞和杆体细胞共同起作用。处在明视觉与暗视觉之间的亮度水平的人眼的响应称为中间视觉响应。

日常生活中广泛使用的自然光源和人工光源的明亮程度都在很宽的范围内变化，人眼在照度为 10⁵ lx 的直射日光下和在照度为 0.0004 lx 的没有月光的夜晚都能看到物体。由于人眼在如此宽广的照度范围内都能适应，说明人眼对照明条件的改变具有很好的适应性。适应主要包括明适应、暗适应和色彩适应三种。适应从以下两个方面调节。

（1）瞳孔大小的调节。人眼可通过改变相当于照相机光圈的瞳孔的大小来调节光通量。眼瞳大小是随着视场亮度而自动调节的。瞳孔直径的变化范围为 2～7 mm，可见由瞳孔实现的光通量调节能力达到 12 倍。

（2）视感细胞感光机制的适应。在杆体细胞内有一种紫红色的感光化学物质，叫作视紫红质。这种感光化学物质类似于照相底板上的感光乳胶剂，较强的光量使视紫红质被破坏而呈褐色。当眼睛进入黑暗中，视紫红质又重新合成而恢复其紫红色。视紫红质的恢复可大大降低视觉阈限。视觉的适应过程是与视紫红质的合成程度相应的。我们从光亮地方进入黑暗环境，经过一段时间便能看清物体，这就是暗适应现象。在黑暗中，杆体细胞内的视紫红质的合成需要维生素 A 参与，所以缺乏维生素 A 的人时常伴随夜盲症的视觉障碍。夜盲症患者在黄昏和夜晚时视觉能力显著降低。从明处进入暗处时，视觉由明视觉经中间视觉向暗视觉转移，这种变化要达到完全适应约需 40 min，可见人眼要达到暗适应是比较费时的。视觉的暗适应过程如图 9-11 所示。在黑暗中停留的初期，暗适应进行得较快，即阈限快速下降，视觉感受性快速提高；而在黑暗中停留的后期，暗适应进行得较慢。在黑暗中停留的最初 15 min 是暗适应的关键时期。在黑暗中停留 30 min，视觉感受性提高约十万倍。视觉达到完全暗适应大约需要 40 min。相反地，从暗处到明处时，视觉由暗视觉经中间视觉转为明视觉，这种视觉状态转换约需 1 min，然后人眼就会习惯明亮的条件。对视场亮度由暗到亮的适应称为亮适应。

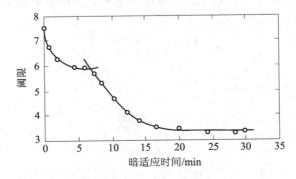

图 9-11　视觉的暗适应过程

人眼对色彩变化也有一个适应的过程，达到新的平衡所需要的时间会延迟。在亮度适应状态下，视觉系统对视场中颜色变化也会产生适应的过程。人眼对某一物体颜色适应后，观察另一物体颜色时，不能立即获得客观的颜色印象，而带有原物体颜色的补色成分，需经过一段时间后才会获得客观的颜色感觉，这个过程称为色彩适应过程。例如，当人眼注视一块大面积的绿纸一段时间后，再去看一张白纸时，会发现白纸显出红色，经过一段时间后，红色逐渐变淡，白纸逐渐成为白色。一般来讲，对某一颜色的光预先适应后再观察其他颜色，则其他颜色的明度和饱和度都会降低。

值得注意的是，红光只对中央视觉的锥体细胞起作用，而对边缘视觉的杆体细胞不起作用。这是由于红光不破坏杆体细胞内的视紫红质，所以红光不影响杆体细胞的暗适应过程。在黑暗环境(如暗室洗相或 X 光室)工作的人们，在进入光亮环境时戴上红色眼镜，再回到黑暗环境时，他们的视觉感受性仍能保持原先水平，不需要重新暗适应便可继续工作。重要的信号灯、车辆的红色尾灯以及飞机驾驶舱内的仪表采用红光照明等情况也均有利于暗适应。

9.3.5　视角

物体的大小对眼睛形成的张角称为视角。视角的大小决定视网膜映像的大小。某一确定物体对眼睛形成的视角越大，视网膜的映像也越大。视角不仅取决于物体本身的大小，也取决于物体与眼睛的距离。在视觉研究中，常用视角表示物体与眼睛的关系。

视角如图 9-12 所示。图中 D 表示物体的大小，它可以是一条线的长度、一个圆形的直径、两点之间的距离等，L 表示眼睛角膜到该物体的距离，α 表示视角，用下面公式计算视角 α：

$$\alpha = 2 \arctan \frac{D}{2L} \tag{9-37}$$

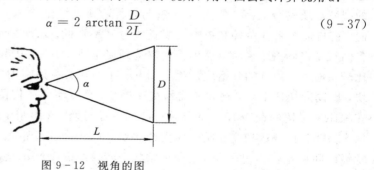

图 9-12　视角的图

当 α 较小时($\tan\alpha \doteq \alpha$)，可将角 α 的顶点作为圆心，D 作为圆周的弧，L 作为圆周的半径，用下面简便公式计算视角：

$$\alpha = \frac{D}{L} \tag{9-38}$$

式中 α 为弧度。

或

$$\alpha = \frac{57.3D}{L} \tag{9-39}$$

式中 α 为角度(1 弧度＝57.3°)。

式(9-38)、式(9-39)表明了物体的大小和距离与眼睛的关系。

显然，视角的大小与物体的距离成反比。物体远离观察者时，视角变小；物体靠近观察者时，视角增大。

9.4 光谱光效率

9.4.1 等亮曲线和等能曲线

人眼对不同波长的可见光的感受性是不同的。同样功率的光辐射在不同的光谱部位表现为不同的明亮程度。由于人眼可以判断出在同一视场中两束光线的明亮程度是否相同，却不能判断出一光束的明亮程度是另一束的几倍或几分之几，所以要定量研究人眼对光的感受性随波长变化的规律，就必须通过实验确定人眼观察不同波长的光达到同样亮度时所需的辐射能量。又由于人的视觉具有两重功能，所以按明视觉条件和暗视觉条件分别设计实验。

在光亮条件下，要求许多观察者依次调节可见光范围内各个波长（实际上是各个波长附近一定宽度的波长间隔）的光的强度，使它们看起来同一个固定亮度的白灯光具有相同的明亮程度。在这个"等亮"条件下，分别测出各个波长的光的辐射功率，把实验结果按相对辐射能量（用对数表示）和波长的关系画出来，便是锥体视觉的等亮曲线，如图 9 - 13 所示。

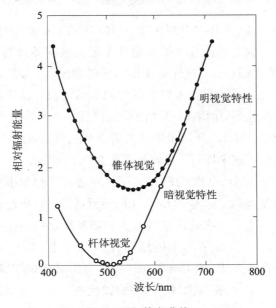

图 9 - 13 等亮曲线

在黑暗条件下，许多观察者依次调节各个波长的光的能量，直到达到视觉阈限水平，即达到刚看到光亮的程度，分别测出各个波长的光的辐射能量，按前述方法作图，就得到所谓杆体视觉的等亮曲线。

图 9 - 14 中所示的两条曲线是 1932 年吉布逊（K. S. Gibon）和廷德尔（E. P. T. Tyndall）总结了 200 多个观察者的实验数据所得到的平均结果。可以看出，锥体视觉与杆体视觉的最大感受性在光谱的不同部位。锥体细胞对光谱黄绿部位（555 nm 附近）最敏感，

而杆体细胞对光谱蓝绿部位(510 nm 附近)最敏感。应该指出,每个人的明视觉锥体细胞感受性和暗视觉杆体细胞感受性是有差异的,这主要是受人眼的光谱感受性中央黄斑区黄色素的影响(黄色素是吸收短波辐射的),而每个人视网膜中黄色素的密度不完全相同。此外,人眼的光谱感受性还受到年龄的影响,晶状体随年龄的增大而变黄,也造成明视觉与暗视觉感受性的个别差异。

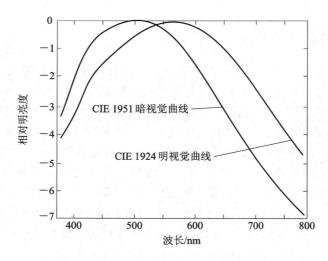

图 9-14　CIE 1924 明视觉曲线与 CIE 1951 暗视觉曲线

　　让我们再做这样一个设想,调节可见光谱各个波长区间的辐射能量(区间尽可能划分得小一些),使得它们彼此都相等,这样的光谱叫作等能光谱。显然,人眼看到的等能光谱的不同部位的明亮程度是不一样的。人眼感受性较高的波段,也就是等亮曲线上与较小纵坐标对应的波段,看起来较亮;而人眼感受性低的波段,也就是等亮曲线上与较大纵坐标对应的波段,看起来较暗。因此,要定量描述人眼看到的等能光谱的不同部位的相对明亮程度,只要把等亮曲线翻转过来即可,这就是等能曲线。

　　1924 年,国际照明委员会(简称 CIE)采用了吉布逊和廷德尔推荐的材料并规定了明视觉的等能光谱相对明亮度曲线,简称 CIE 1924 明视觉曲线。吉布逊和廷德尔的材料是根据他们自己的研究,同时参考了七项其他作者的实验结果得出的。这一曲线代表了 300 多名观察者的中央凹视觉(2°~3°)的平均光谱感受性。1951 年,CIE 又根据 1945 年沃尔德(G. Wald)和 1949 年格劳福德(B. H. Crawford)的实验结果规定了暗视觉的等能光谱相对明亮度曲线,简称 CIE 1951 暗视觉曲线。这一曲线代表了在完全暗适应条件下,对于年龄低于 30 岁的观察者,刺激物离开中央凹大于 5°的杆体细胞的平均光谱感受性。顺便指出,图 9-14 并不是图 9-13 的简单翻转。这是 CIE 为了使用方便,将两条曲线的最大值都归一为整数,即令两种情况下视觉感受性最大的波长的相对明亮度为 1 的缘故。

9.4.2　光谱光效率函数

　　上述明视觉曲线和暗视觉曲线定量描述了辐射能相等时不同光谱部位的可见光对人眼产生的明亮程度与波长之间的关系,也就是说它们代表可见光谱上不同波长的辐射能对人眼产生光感觉的效率，因此也称为明视觉光谱光效率函数和暗视觉光谱光效率函数，分别用 $V(\lambda)$ 和 $V'(\lambda)$ 表示。虽然暗视觉曲线与明视觉曲线的明亮度相差较大，但为了使用方便，CIE 将两条曲线的最大值都归一为整数（$\lg V_{\max} = 0$）。明视觉光谱光效率函数和暗视觉光谱光效率函数均成为相对数值。因此，波长 λ 处的明视觉光谱光效率函数 $V(\lambda)$ 是指在特定的光度条件下，波长为 λ 和波长为 λ_m（$= 555$ nm）的单色光在引起明亮感觉相等时的辐通量之比。用公式表达，在引起明亮感觉相等的条件下，

$$V(\lambda) = \frac{\phi_{e\lambda}(\lambda_m)}{\phi_{e\lambda}(\lambda)} \qquad (9-40)$$

式中 $\phi_{e\lambda}(\lambda_{m\lambda})$ 和 $\phi_{e\lambda}(\lambda)$ 分别为波长 λ_m 和 λ 处的辐通量。换句话讲，明视觉光谱光效率函数 $V(\lambda)$ 是 555 nm 波长处的辐通量 $\phi_{e\lambda}(555)$ 与某波长 λ 处能对平均人眼产生相同光视刺激的辐通量 $\phi_{e\lambda}(\lambda)$ 的比值。光谱光效率函数也称为光谱光视效率，历史上也曾叫作视在函数。

显然，λ_m 处的明视觉光谱光效率函数为

$$V(\lambda_m) = 1 \qquad (9-41)$$

暗视觉光谱光效率函数 $V'(\lambda)$ 的数值可用类似方法求得，不过这时 λ'_m 选在 507 nm 处。

CIE 正式推荐的明视觉光谱光效率函数曲线和暗视觉光谱光效率函数曲线是将图 9-14 上的两条曲线修匀后用算术坐标表示的两条近似对称的圆滑钟型曲线，如图 9-15 所示。明视觉、暗视觉光谱光效率函数 $V(\lambda)$ 和 $V'(\lambda)$ 与波长的关系如表 9-1 所示。在图 9-15 中，$V(\lambda)$ 和 $V'(\lambda)$ 的相对值代表等能光谱波长 λ 处的单色辐射所引起的明亮感觉的程度。明视觉光谱光效率函数曲线的最大值在 555 nm 处，即人眼对 555 nm 波长处的黄绿光感觉最明亮，对愈趋向光谱两端的光愈感觉发暗。暗视觉光谱光效率函数曲线的最大值在 507 nm 处，即人眼对 507 nm 处的光感觉最明亮。整个暗视觉光谱光效率函数曲线相对于明视觉光谱光效率函数曲线向短波方向推移，而且长波端的能见范围缩小，短波端的能见范围略有扩大。暗视觉光谱光效率函数曲线的形状主要是由杆体细胞分泌的感光化学物质的吸收特性决定的。从杆体细胞中提取的视紫红质的吸收曲线与暗视觉光谱光效率函数曲线很相似。

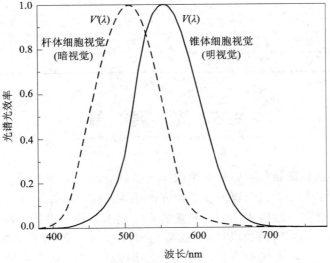

图 9-15　明视觉与暗视觉光谱光效率函数曲线

图 9-15 中的明视觉与暗视觉光谱光效率函数曲线和表 9-1 中相应的数值代表了参加实验的众多观察者在特定条件下的平均光谱感受性,CIE 明视觉光谱光效率函数和暗视觉光谱光效率函数在光度学中分别叫作"CIE 明视觉标准光度观察者"和"CIE 暗视觉标准光度观察者",其意义就是用它们作为标准来评价辐射能引起的光感觉。通俗地说,"CIE 标准光度观察者"就是"标准光度眼"。标准光度观察者概念的建立为光度测量由 1930 年以前的目视光度转到现代的物理光度奠定了基础(分光光度计与计算机技术则为此提供了有效的手段)。

表 9-1　明视觉、暗视觉光谱光效率函数 $V(\lambda)$、$V'(\lambda)$ 与波长的关系(最大值＝1)

波长/nm	$V(\lambda)$	$V'(\lambda)$	波长/nm	$V(\lambda)$	$V'(\lambda)$
380	0.000 04	0.000 589	590	0.757	0.0655
390	0.000 12	0.002 209	600	0.631	0.033 15
400	0.0004	0.009 29	610	0.503	0.015 93
410	0.0012	0.034 84	620	0.381	0.007 37
420	0.0040	0.0966	630	0.265	0.003 335
430	0.0116	0.1998	640	0.175	0.001 497
440	0.023	0.3281	650	0.107	0.000 677
450	0.038	0.455	660	0.061	0.000 312 9
460	0.060	0.567	670	0.032	0.000 148 0
470	0.091	0.676	680	0.017	0.000 071 5
480	0.139	0.793	690	0.0082	0.000 035 33
490	0.208	0.904	700	0.0041	0.000 017 80
500	0.323	0.982	710	0.0021	0.000 009 14
510	0.503	0.997	720	0.001 05	0.000 004 78
520	0.710	0.935	730	0.000 52	0.000 002 546
530	0.862	0.811	740	0.000 25	0.000 001 379
540	0.954	0.650	750	0.000 12	0.000 000 760
550	0.995	0.481	760	0.000 06	0.000 000 425
560	0.995	0.3288	770	0.000 03	0.000 000 241 3
570	0.952	0.2076	780	0.000 015	0.000 000 139 0
580	0.870	0.1212			

9.5　光　度　量

当外界物理辐射以能量(或功率)为单位来评价时,定义为辐射量,这是纯物理量,可以完全客观地定义和测量,属于辐射度学研究的范围。物理辐射作用在观察者的视觉器官便产生光的感觉,要定量地描述一定辐射量的光引起人眼的光感觉的强弱,就必须把辐射量与人眼的视觉特性相联系而加以评价(或称为加权),评价的结果定义为光度量,因此,光度量是具有"标准人眼"视觉响应特性的人眼对所接收到的辐射量的度量。下面首先研究光通量和辐通量的关系，然后定义其他一些光度量。

光度量和辐射度量的定义、定义方程是一一对应的。有时为了避免混淆，在辐射量符号上加下标"e"，而在光度量符号上加下标"V"。

9.5.1 光通量与辐通量的关系

在可见光范围内，某一波长 λ 附近波长间隔 $\lambda \sim \lambda + d\lambda$ 内的辐通量可表示为

$$d\phi_e = \phi_{e\lambda}(\lambda)d\lambda \tag{9-42}$$

式中 $\phi_{e\lambda}(\lambda)$ 为波长 λ 附近的光谱辐通量。

在波长 $\lambda_m(=555\ nm)$ 附近取与上述波长间隔宽度相等的波长间隔 $\lambda_m \sim \lambda_m + d\lambda$，则相应的辐通量可表示为

$$d\phi_{em} = \phi_{e\lambda}(\lambda_m)d\lambda \tag{9-43}$$

当把这两个等间隔的辐射调节到在人眼看来明亮程度相同时，按照明视觉光谱光效率函数的定义，应有

$$V(\lambda)d\phi_e = V(\lambda_m)d\phi_{em} \tag{9-44}$$

因为

$$V(\lambda_m) = 1$$

于是有

$$V(\lambda)\phi_{e\lambda}(\lambda)d\lambda = \phi_{e\lambda}(\lambda_m)d\lambda \tag{9-45}$$

即

$$V(\lambda)\phi_{e\lambda}(\lambda) = \phi_{e\lambda}(\lambda_m) \tag{9-46}$$

我们暂且定义

$$\phi'_{V\lambda}(\lambda) = V(\lambda)\phi_{e\lambda}(\lambda) \tag{9-47}$$

$\phi'_{V\lambda}$ 的物理意义是把波长 λ 附近单位波长间隔内的辐射功率折算成能在视觉上引起相同明亮程度的波长 $\lambda_m = 555\ nm$ 附近单位波长间隔内的功率。式(9-47)右端，把辐射量 $\phi_{e\lambda}$ 用 $V(\lambda)$ 来乘，这就是前面所说的用人眼的视觉特性"评价"（或"加权"）的意思；给等式左端的 $\phi'_{V\lambda}$ 加以脚标"V"，就是表明已具备光度量的特征，但是由于此处 $\phi'_{V\lambda}$ 的单位仍与辐射量 $\phi_{e\lambda}$ 的相同（$W \cdot nm^{-1}$），而非光度量的单位，所以给其冠以撇号"′"，作为定义光谱光通量的一个过渡量。

同样，在整个可见光范围，可暂且定义

$$\phi'_V = \int_{380}^{780} \phi'_{V\lambda}(\lambda)d\lambda = \int_{380}^{780} V(\lambda)\phi_{e\lambda}(\lambda)d\lambda \tag{9-48}$$

作为后面完整定义的过渡量。显然，这里 ϕ'_V 的单位与 ϕ_e 的相同，仍是 W。

光度学规定，光通量的单位用流明（lm）表示，所以还需再讨论一下光度量的基本单位，然后对光通量的定义给出完整的表达式。

9.5.2 发光强度单位坎德拉的新定义

在国际单位制（简称 SI，我国已经确定其为法定计量单位）中，共有七个基本单位。在中学阶段，我们已经学过其中的六个，它们是米（m，长度单位）、千克（kg，质量单位），秒

(s，时间单位)、安培(A，电流单位)、开尔文(K，热力学温度单位)和摩尔(mol，物质的量的单位)。现在我们来学习第七个——发光强度的单位坎德拉(cd)。

发光强度(I_V)的意义是点光源在给定方向上，向单位立体角发射的光通量，其数学表达式为

$$I_V = \lim_{\Delta\Omega \to 0} \frac{\Delta\phi_V}{\Delta\Omega} = \frac{\partial\phi_V}{\partial\Omega} \tag{9-49}$$

式中，$\Delta\Omega$ 为点光源在给定方向上的立体角，$\Delta\phi_V$ 为点光源向该立体角发射的光通量。

在国际单位制(SI)中，发光强度的单位为坎德拉(简写成"坎")，它是 Candela 的译音，简写成 cd。发光强度也有相应的光谱量——光谱发光强度，数学表达式为

$$I_{V\lambda}(\lambda) = \lim_{\Delta\lambda \to 0} \frac{\Delta I_V}{\Delta\lambda} = \frac{\partial I_V}{\partial\lambda} \tag{9-50}$$

点光源的发光强度 I_V 与辐射强度 I_e 之间的关系可以仿照光通量 ϕ_V 与辐通量 ϕ_e 之间的关系进行讨论。

同其他基本单位的确定一样，光度量基本单位的确定也经历了漫长、曲折的历程。1979 年，第十六届国际计量大会(CGPM)对发光强度的单位坎德拉重新做了定义：坎德拉是一光源在给定方向上的发光强度，该光源发出频率为 540×10^{12} Hz 的光谱辐射，且在此方向上的辐射强度为 $(1/683)$W · sr^{-1}。

在上述定义中，频率为 540×10^{12} Hz 的单色光在空气(折射率为 $n = 1.000\,28$)中的波长就是 555 nm，采用频率值是因为光的频率不随介质变化。

把发光强度的单位作为基本单位，光通量的单位就成了导出单位。比照前面所讲辐通量与辐射强度的关系式，光通量 ϕ_V(注意这里没有加撇号)与发光强度 I_V 的关系为

$$\phi_V = \int_\Omega I_V \, d\Omega \tag{9-51}$$

在 SI 中，光通量的单位是流明(lm)，它的大小规定为发光强度为 1 cd 的点光源在单位立体角(1 sr)内发出的光通量。

9.5.3　光谱光视效能

为了从式(9-48)中得到以瓦为单位的 ϕ_V' 过渡到以流明为单位的光通量 ϕ_V 的表达式，必须再介绍一个叫作光谱光视效能的物理量。事实上，坎德拉的新定义就是建立在这个量的基础上的。

光谱光视效能 K 定义为光通量 ϕ_V 与辐通量 ϕ_e 之比，即

$$K = \frac{\phi_V}{\phi_e} \tag{9-52}$$

由于人眼对不同波长的光的响应是不相同的，随着光的光谱成分的变化(即波长 λ 不同)，K 值也在变化，因此人们又定义了光谱光视效能 $K(\lambda)$，即

$$K(\lambda) = \frac{\phi_{V\lambda}(\lambda)}{\phi_{e\lambda}(\lambda)} \tag{9-53}$$

$K(\lambda)$ 值表示在某一波长上，每 1 瓦光功率对目视引起刺激的光通量，它是衡量光源产生视觉效能大小的一个重要指标，单位是 lm/W(流明/瓦)。显然，由于人眼对不同波长的光的敏感程度不同，因此，$K(\lambda)$ 值在整个可见光谱区域的每一波长处均不同。

有限区间的光谱光视效能为

$$K_{\lambda_1 \to \lambda_2} = \frac{\int_{\lambda_1}^{\lambda_2} \phi_{V\lambda} \, d\lambda}{\int_{\lambda_1}^{\lambda_2} \phi_{e\lambda} \, d\lambda} = \frac{\int_{\lambda_1}^{\lambda_2} K(\lambda) \phi_{e\lambda} \, d\lambda}{\int_{\lambda_1}^{\lambda_2} \phi_{e\lambda} \, d\lambda} \tag{9-54}$$

1977 年，由国际计量委员会(CIPM)讨论通过，确定最大光谱光视效能 K_m 为 683 lm·W^{-1}，并且指出这个值是波长为 555 nm 的单色光的光效率，即每瓦光功率发出 683 lm 的可见光。

对于明视觉，由于峰值波长为 555 nm，因此明视觉的最大光谱光视效能为

$$K_m = K(555) = \frac{\phi_{V\lambda}(555)}{\phi_{e\lambda}(555)} = 683 \text{ lm} \cdot \text{W}^{-1} \tag{9-55}$$

但对于暗视觉，$\lambda = 555$ nm，所对应的 $V'(555) = 0.402$，而峰值波长是 507 nm，即 $V'(507) = 1.000$，所以暗视觉的最大光谱光视效能为

$$K_m' = 683 \times \frac{1.000}{0.402} = 1699 \text{ lm} \cdot \text{W}^{-1}$$

按照国际实用温标(IPTS)的理论计算值，$K_m' = 1725$ lm·W^{-1}。

9.5.4 光通量的计算

光谱光视效能 $K(\lambda)$ 与明视觉光谱光效率函数 $V(\lambda)$ 在意义上有共同的地方——都是表示波长为 λ 的光谱辐射在视觉上引起明亮感觉的效率的高低。但是它们又有明显的区别。光谱光视效能表示该光谱辐射每瓦辐射功率转化成光通量的值，是个有单位的量；而明视觉光谱光效率函数表示等量条件下，该光谱辐射的功率与 λ 为 555 nm 辐射功率的比值的倒数，是个无单位的量。现在来推导它们之间的定量关系，并导出由辐射量计算光度量的表达式。

由式(9-53)及(9-55)得

$$\frac{K(\lambda)}{K_m} = \frac{\phi_{V\lambda}(\lambda) \phi_{e\lambda}(555)}{\phi_{e\lambda}(\lambda) \phi_{V\lambda}(555)} \tag{9-56}$$

由于

$$\frac{\phi_{e\lambda}(555)}{\phi_{e\lambda}(\lambda)} = V(\lambda)$$

且在等亮条件下应有

$$\phi_{V\lambda}(\lambda) = \phi_{V\lambda}(555)$$

因此

$$K(\lambda) = K_m V(\lambda) \tag{9-57}$$

根据 $V(\lambda)$ 与 K_m 的物理意义，这个结果是容易理解的。

将式(9-57)代入式(9-53)，得

$$\phi_{V\lambda}(\lambda) = K(\lambda) \phi_{e\lambda}(\lambda) = K_m V(\lambda) \phi_{e\lambda}(\lambda) \tag{9-58}$$

在整个可见光范围内有

$$\phi_V = \int_{380}^{780} \phi_{V\lambda}(\lambda) \, d\lambda = \int_{380}^{780} K_m V(\lambda) \phi_{e\lambda}(\lambda) \, d\lambda$$

$$= K_m \int_{380}^{780} V(\lambda) \phi_{e\lambda}(\lambda) \, d\lambda \tag{9-59}$$

式(9-59)为明视觉下光通量与辐通量的关系式。

比较式(9-47)与式(9-58)、式(9-48)与式(9-59),可以看出,$\phi'_{v\lambda}(\lambda)$ 与 $\phi_{v\lambda}(\lambda)$、ϕ'_v 与 ϕ_v 之间有一个共同的比例系数 K_m。K_m 在这里起的作用就是把等亮条件下已经折算到相当于波长为 555 nm 处的(亦即被按视觉特性评价了的)辐射功率值转换成用光度学单位表示的光度量。

对于暗视觉,光通量与辐通量的关系如下:

$$\phi'_v = K'_m \int_{380}^{780} \phi_e \lambda(\lambda) V'(\lambda) \, d\lambda \tag{9-60}$$

光通量是以一个特殊的单位——流明(lm)来表示的。光通量的大小反映某一光源所发出的光谱辐射引起人眼的光亮感觉的大小。

与 1 W 的辐通量相当的流明数随波长的不同而异。在红外区和紫外区,与 1 W 的辐通量相当的流明数为零。而在 $\lambda=555$ nm 处,光谱光视效能最大,即 $K_m=683$ lm·W^{-1},并由于 $V(555)=1$,则 1 W 的辐通量相当于 683 lm。对于其他波长,1 W 的辐通量相当于 $683V(\lambda)$lm。例如,对于波长为 650 nm 的红光而言,$V(\lambda)=0.1070$,所以 1 W 的辐通量就相当于 $0.1070\times683=73.08$ lm。相反,对于 $\lambda=555$ nm 时,由于 $V(555)=1$,要得到 1 lm 的光通量,需要的辐通量最小,为 1/683 W,即为 1.46×10^{-3} W。

若已知某光源的光谱功率分布(即辐通量 ϕ_e 随波长的分布,亦即 $\phi_{e\lambda}$ 的表达式或数表),结合 CIE 明视觉光谱光效率函数 $V(\lambda)$,就可用式(9-58)及式(9-59)计算出该光源的光通量。由于光源的光谱功率分布一般都是以数表的形式给出的,$V(\lambda)$ 也以数表给出,故在实际计算光通量时,并不是按式(9-59)进行积分,而是采取按一定波长间隔加权求和,即

$$\phi_v = K_m \sum_{\lambda=380}^{780} V(\lambda) \phi_{e\lambda}(\lambda) \Delta\lambda \tag{9-61}$$

进行求和运算时必须注意两点:第一,采用的 $V(\lambda)$ 数表与光源的光谱功率分布数表应是按相同的波长间隔编制的;第二,有些光谱功率分布数据所表示的实际上是 $\phi_{e\lambda}(\lambda)\cdot\Delta\lambda$,而非 $\phi_{e\lambda}(\lambda)$,因而在计算时不能再乘以波长间隔 $\Delta\lambda$。

例 9-1 有一光源的光谱功率分布如表 9-2(按 $\Delta\lambda=10$ nm 编制,功率为零的区间略去),求该光源的光通量。

例 9-1

表 9-2　某光源的光谱功率分布

波长 λ/nm	370	380	390	400	550	560	760	850
光谱功率分布/W	25	30	45	40	50	35	75	20

解 在表 9-1 中查出与表 9-2 中各波长对应的明视觉光谱光效率函数,列表 9-3 如下:

表 9-3　明视觉光谱光效率函数

λ/nm	370	380	390	400	550	560	760	850
$V(\lambda)$	0	0.000 04	0.000 12	0.0004	0.995	0.995	0.000 06	0

$$\begin{aligned}
\phi_v &= K_m \sum_{\lambda=380}^{780} V(\lambda) \phi_{e\lambda}(\lambda) \Delta\lambda \\
&= 683 \times (0\times25 + 0.000\,04\times30 + 0.000\,12\times45 + 0.0004\times40 + \\
&\quad 0.995\times50 + 0.995\times35 + 0.000\,06\times75 + 0\times20)\times10\times10^{-9} \\
&= 5.778\times10^{-4} \text{ lm}
\end{aligned}$$

9.5.5　发光效率

　　前面讲过，一个光源发出的总光通量的大小代表了这个光源发出可见光能力的大小。由于光源的发光机制不同，或其设计、制造工艺不同，因此尽管它们消耗的功率一样，但发出的光通量却可能相差很远。例如，对于一个功率为 1 kW 的电炉，尽管它很热，看起来却只是暗红，在黑暗中起不了多大作用；而功率为 1 kW 的电灯泡点起来就很亮。发光效率定义为光源每消耗 1 W 功率所发出的光通量，用 η_V 表示，即

$$\eta_V = \frac{\phi_V}{P} \tag{9-62}$$

发光效率的单位是 lm/W。

　　在蜡烛和煤油灯等火焰光源的时代，发光效率估计在 0.1～0.3 lm/W。爱迪生发明的碳丝电灯泡使发光效率提高到 2.5 lm/W 左右。人们在 1906 年开始使用的钨丝灯使发光效率又有一个较大的提高。从第一个气体放电灯于 1932 年问世以来，发光效率又有了很大的发展。例如，高压汞灯的发光效率从 32 lm/W 提高到近 60 lm/W，高压钠灯的发光效率从 90 lm/W 提高到 120 lm/W，低压钠灯的发光效率从 60 lm/W 提高到 180 lm/W。理论分析表明，接近白光的发光效率的理论极限是 250 lm/W，可见目前发光效率还有很大的发展空间。

9.5.6　光出射度

　　光源单位面积向半球空间发出的全部光通量称为光出射度，用 M_V 表示，即

$$M_V = \frac{\partial \phi_V}{\partial A} \tag{9-63}$$

M_V 的单位是流明每平方米（lm/m²）。

9.5.7　光亮度

　　光源在给定方向上的光亮度 L_V 是指在该方向上的单位投影面积向单位立体角中所发出的光通量。在与面元 ΔA 法线成 θ 角的方向上，如果面元 ΔA 在该方向上的立体角元 $\Delta \Omega$ 内发出的光通量为 $\Delta^2 \phi_V$，则其光亮度为

$$L_V = \lim_{\substack{\Delta A \to 0 \\ \Delta \Omega \to 0}} \frac{\Delta^2 \phi_V}{\Delta A \Delta \Omega \cos\theta} = \frac{\partial^2 \phi_V}{\partial \Omega \partial A \cos\theta} \tag{9-64}$$

　　根据发光强度的定义，光亮度又可表示为

$$L_V = \frac{\partial I_V}{\partial A \cos\theta} \tag{9-65}$$

即在给定方向上的光亮度也就是该方向上单位投影面积上的发光强度。光亮度简称亮度。

　　在国际单位制中，光亮度的单位是坎德拉每平方米（cd/m²）。

9.5.8　光照度

　　被照表面的单位面积上接收到的光通量称为该被照表面的光照度，用 E_V 表示，即

$$E_V = \frac{\partial \phi_V}{\partial A} \tag{9-66}$$

光照度的国际单位是勒克斯(lx)。光照度还有以下单位：在 SI 和米-千克-秒(MKS)制中，光照度的单位是勒克斯(1 lx＝1 lm/m²)；在厘米-克-秒(CGS)制中，光照度的单位是辐透(1 ph＝1 lm/cm²)；在英制中，光照度的单位是英尺烛光(1 fc＝1 lm/ft²)。光照度也简称照度。

9.5.9 光量

光量定义为光通量与辐射照射持续时间的乘积，用 Q_V 表示。如果光通量在所考虑的照射时间内是恒定的，则有

$$Q_V = \phi_V t \tag{9-67}$$

光量的单位是 lm·s。

如果光通量在所考虑的照射时间内不是恒定的，则有

$$Q_V = \int \phi_V(t) \mathrm{d}t \tag{9-68}$$

光量 Q_V 对于描述发光时间很短的闪光特别有用。例如，照相时使用的闪光灯，在闪光的瞬间看起来很亮，也就是它能在极短的时间里发出很大的光量。

思考题与习题九

9-1 什么是点源？什么是扩展源？一个辐射源是否既可以看成点源，又可以看成扩展源？

9-2 辐射强度和辐射亮度都是描述辐射源的功率在空间不同方向上的分布情况，其定义又都与立体角有关。试比较这两个量在概念上的区别。

9-3 辐照度与辐出度的定义式形式上一样，单位也相同，两者的区别是什么？

9-4 光谱辐射量与全辐射量之间有什么关系？怎样由光谱辐射量计算全辐射量？

9-5 请分别表述"光谱辐照度""单色辐照度""波长间隔 $\lambda_1 \sim \lambda_2$ 内的辐照度"及"整个波长区间上的辐照度"的意义，并写出它们的表达式。

9-6 设想在一半径为 R 的透明球壳的球心放置一辐射强度 I 为常数的点源，从球壳外面看，球壳表面相当于一个面源。试计算该面源的辐射出射度及距球心为 $r(r>R)$ 处的辐照度。

9-7 太阳半径约为 6.96×10^8 m，其表面的热力学温度约 6000 K，地球半径约 6.37×10^6 m，日地平均距离为 1.5×10^{11} m。根据上述数据估算地球大气层外垂直于太阳辐射的单位面积上在单位时间内接收到的太阳的辐射能(这个值被称为"太阳常数"，通过人造地球卫星实测到的太阳常数(年平均值)是 $I_{sc}=1353$ W·m^{-2}，把估算的值同这个值比较)。

9-8 人眼同照相机相比，有哪些地方相似？哪些地方不同？

9-9 为什么不能用纯客观的物理测量研究视觉现象？研究视觉现象时，对客观的辐射量应加以怎样的"处理"？

9-10 什么是视觉的两重功能？锥体细胞与杆体细胞各有什么特点？它们在视网膜上如何分布？

9-11 暗适应的生理机制是什么？请考虑除了本书中列举的例子，还有哪些场合需

要增强或保持暗适应，设计出具体方法。

9－12　什么是等亮条件？锥体细胞和杆体细胞的等亮曲线的测定过程及适用条件有何不同？

9－13　什么是等能光谱？等能曲线是怎样得到的？它如何描述人眼对光的感受性同波长的关系？

9－14　光谱光效率函数的物理意义是什么？它的最大值为多少？与这个最大值对应的波长是多少？某一给定波长 λ 下的光谱光效率函数是怎样确定的？

9－15　你对"CIE 标准光度观察者"是怎样认识的？

9－16　在明视觉条件下，测得一波长为 $\lambda_m = 555$ nm 的光谱辐射源的辐通量为 25 W，若要在观察者看来达到同样的明亮程度，下列波长的光谱辐射源的辐通量分别应是多少？$\lambda_1 = 400$ nm，$\lambda_2 = 510$ nm，$\lambda_3 = 600$ nm，$\lambda_4 = 660$ nm，$\lambda_5 = 700$ nm。

9－17　夜间一功率为 50 W 的红色（$\lambda_R = 700$ nm）信号灯刚好能被规定距离外的人所感知，若改用绿色（$\lambda_G = 510$ nm），其功率至少为多少？

9－18　光度量与辐射度量有什么不同？又有什么联系？

9－19　K_m 既然是波长 $\lambda_m = 555$ nm 处的光谱光视效能，为什么在计算任一波长的光谱光通量的计算式

$$\phi_{V\lambda} = K_m V(\lambda) \phi_{e\lambda}(\lambda)$$

与计算任一光源的光通量的计算式

$$\phi_V = K_m \int_{380}^{780} V(\lambda) \phi_{e\lambda}(\lambda) \mathrm{d}\lambda$$

中都可以乘以 K_m？

9－20　光谱光视效能 $K(\lambda)$ 与明视觉光谱光效率函数 $V(\lambda)$ 有何联系与区别？

9－21　光度学的单位是什么？它是如何定义的？

9－22　三个光谱的光谱辐通量分别为

$$\phi_{e\lambda}(510) = 40 \text{ W/nm}, \phi_{e\lambda}(610) = 40 \text{ W/nm}, \phi_{e\lambda}(660) = 329.84 \text{ W/nm}$$

分别计算它们的光通量并讨论其结果。

9－23　一光源的光谱功率分布如表 9－4 所示，请计算其光通量（按 $\Delta\lambda = 10$ nm 编制，功率为零的区间略去）。

表 9－4　光源的光谱功率分布

波长 λ /nm	400	420	460	480	500	555	540	560	580	600	610	630	700	750
光谱功率分布 /W	0.01	0.02	0.04	0.15	0.30	0.21	0.22	0.18	0.21	0.30	1.00	1.30	0.70	0.60

阅读材料

第 10 章　热辐射的基本定律

　　热辐射是物体在一定温度下发出电磁辐射的现象。一般情形下，热辐射的强度按频率的分布与辐射体的温度和性质都有关。物体辐射电磁波的同时，也吸收投射到它表面的电磁波，当辐射和吸收达到平衡时，物体的温度不再变化，这时的热辐射称为平衡热辐射。本章首先讨论任意物体在热平衡条件下的辐射规律，即基尔霍夫定律，然后讨论黑体辐射的基本定律、朗伯辐射源的辐射特性以及物体辐射量的计算，最后通过确定某一温度下物体的光谱发射率，把任意物体的辐射与黑体辐射联系起来。

10.1　黑体辐射的基本定律

10.1.1　热辐射

　　当加热一个铁棒时，温度在 300℃ 以下，只感觉它发热，看不见发光。随着温度的升高，不仅物体辐射的能量愈来愈大，而且颜色开始呈暗红色，继而变成赤红、橙红、黄白色，达到 1500℃，出现白光。其他物体加热时发光的颜色也有类似随温度而改变的现象。这说明在不同温度下物体能发出不同波长的电磁波。实验表明，任何物体在任何温度下，都向外发射各种波长的电磁波。在不同温度下，物体发出的各种电磁波的能量按波长的分布不同，这种能量按波长的分布随温度而不同的电磁辐射叫作热辐射。

　　为了定量描述某物体在一定温度下发出的辐射能随波长的分布，引入单色辐射出射度的概念。单色辐射出射度是指单位时间内从热力学温度为 T 的物体的单位面积上发出的波长在 λ 附近单位波长间隔内所辐射的电磁波能量，简称单色辐出度。显然，单色辐出度是物体的热力学温度 T 和波长 λ 的函数，用 $M_\lambda(T)$ 表示。从物体表面发射的电磁波包含各种波长，在单位时间内从热力学温度为 T 的物体的单位面积上所辐射出的各种波长的电磁波的能量总和称为辐射出射度，简称辐出度，它只是物体的热力学温度 T 的函数，用 $M(T)$ 表示，其值显然可由单色辐出度 $M_\lambda(T)$ 对所有波长的积分求得，即

$$M(T) = \int_0^\infty M_\lambda(T)\mathrm{d}\lambda \tag{10-1}$$

10.1.2　反射比、吸收比及透射比

　　任何物体在向周围发射辐射能的同时，也吸收周围物体所发射的辐射能。这就是说，物体在任何时候都存在发射和吸收电磁辐射的过程。如果某物体吸收的辐射能多于同一时间发出的辐射能，则其总能量增加，温度升高；反之总能量减少，温度降低。

当辐射能入射到一个物体表面时，将发生三个过程：一部分能量被物体吸收，一部分能量从物体表面反射，一部分能量从物体中透射出去。对于不透明的物体，一部分能量被吸收，另一部分能量从表面反射出去。

假设功率为 P 的入射辐射能投射到某半透明的样品表面上，其中一部分辐射功率 P_ρ 被样品表面反射，另一部分辐射功率 P_a 被媒质内部吸收，还有一部分辐射功率 P_τ 从媒质中透射过去。根据能量守恒，必有

$$P = P_\rho + P_a + P_\tau \tag{10-2}$$

因此得到

$$1 = \frac{P_\rho}{P} + \frac{P_a}{P} + \frac{P_\tau}{P} \tag{10-3}$$

如果我们把在样品上反射、吸收和透射的辐射功率与入射的辐射功率之比分别定义为该样品的反射比、吸收比和透射比，即

反射比 $$\rho = \frac{P_\rho}{P}$$

吸收比 $$\alpha = \frac{P_a}{P}$$

透射比 $$\tau = \frac{P_\tau}{P}$$

则三者满足如下关系：

$$\rho + \alpha + \tau = 1 \tag{10-4}$$

式中的反射比、吸收比和透射比均与样品的性质（材料种类、表面状态及均匀性等）和温度有关，并随着入射辐射能的波长及偏振状态变化。

如果入射到样品上的辐射是波长为 λ 的光谱辐射，则相应有

光谱反射比 $$\rho(\lambda) = \frac{P_{\lambda\rho}}{P_\lambda}$$

光谱吸收比 $$\alpha(\lambda) = \frac{P_{\lambda a}}{P_\lambda}$$

光谱透射比 $$\tau(\lambda) = \frac{P_{\lambda\tau}}{P_\lambda}$$

式中，$\rho(\lambda)$、$\alpha(\lambda)$ 和 $\tau(\lambda)$ 都是波长 λ 的函数，对于给定的波长 λ，它们也满足关系式(10-4)。

若入射的辐射功率是全辐射功率

$$P = \int_0^\infty P_\lambda \, \mathrm{d}\lambda \tag{10-5}$$

则反射、吸收和透射的全辐射功率分别为

$$P_\rho = \int_0^\infty \rho(\lambda) P_\lambda \, \mathrm{d}\lambda \tag{10-6}$$

$$P_a = \int_0^\infty \alpha(\lambda) P_\lambda \, \mathrm{d}\lambda \tag{10-7}$$

$$P_\tau = \int_0^\infty \tau(\lambda) P_\lambda \, \mathrm{d}\lambda \tag{10-8}$$

分别将反射、吸收和透射的全辐射功率与入射的全辐射功率的比值称为全反射比、全吸收比和全透射比。

全反射比与光谱反射比、全吸收比与光谱吸收比以及全透射比与光谱透射比之间的关系如下：

$$\rho = \frac{P_\rho}{P} = \frac{\int_0^\infty \rho(\lambda) P_\lambda \, \mathrm{d}\lambda}{\int_0^\infty P_\lambda \, \mathrm{d}\lambda} \qquad (10-9)$$

$$\alpha = \frac{P_\alpha}{P} = \frac{\int_0^\infty \alpha(\lambda) P_\lambda \, \mathrm{d}\lambda}{\int_0^\infty P_\lambda \, \mathrm{d}\lambda} \qquad (10-10)$$

$$\tau = \frac{P_\tau}{P} = \frac{\int_0^\infty \tau(\lambda) P_\lambda \, \mathrm{d}\lambda}{\int_0^\infty P_\lambda \, \mathrm{d}\lambda} \qquad (10-11)$$

只要将式(10-6)、式(10-7)和式(10-8)中的积分上下限换成从 λ_1 到 λ_2，就可以定义在光谱带 $\lambda_1 \sim \lambda_2$ 之间的相应量。

物体的反射比和吸收比也是随物体的温度和入射波的波长而改变的。物体在同一温度下，对不同波长的入射波的吸收本领是不同的。同样对于相同波长的入射波，在物体温度不同时，其吸收本领也不同。

物体在温度为 T 时，对于波长在 $\lambda \sim \lambda + \mathrm{d}\lambda$ 范围内辐射能的吸收比称为单色吸收比，用 $\alpha(\lambda, T)$ 表示。相应地，物体在温度为 T 时，对于波长在 $\lambda \sim \lambda + \mathrm{d}\lambda$ 范围内辐射能的反射比和透射比分别称为单色反射比和单色透射比，分别用 $\rho(\lambda, T)$ 和 $\tau(\lambda, T)$ 表示。它们也满足关系式(10-4)，即

$$\alpha(\lambda, T) + \rho(\lambda, T) + \tau(\lambda, T) = 1 \qquad (10-12)$$

10.1.3 绝对黑体

一般来说，入射到物体上的电磁辐射并不能全部被物体所吸收。物体吸收电磁辐射的能力随物体而异。我们设想有一物体，它能够在任何温度下吸收一切外来的电磁辐射，这种物体称之为绝对黑体，简称黑体。在自然界中，绝对黑体是不存在的，即使最黑的煤烟也只能吸收入射电磁辐射的 95%，因此黑体只是一种理想模型。如果在一个由任意材料(钢、铜、陶瓷或其他)做成的空腔壁上开一个小孔(如图10-1所示)，小孔口就可近似地当作黑体。

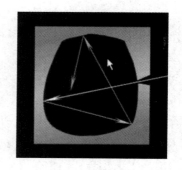

图 10-1 带有小孔的空腔作为黑体模型

这时因为射入小孔的电磁辐射要被腔壁多次反射，每反射一次，壁就要吸收一部分电磁辐射能，以致射入小孔的电磁辐射很少有可能从小孔逃逸出来。

在日常生活中，白天遥望远处楼房的窗口时会发现窗口特别幽暗，就类似于黑体。这是因为光线进入窗口后，经过墙壁多次反射吸收，很少再从窗口射出的缘故。在金属冶炼炉上开一个观测炉温的小孔，这里小孔口表面也近似于一个黑体的表面。现实世界中许多光源可近似认为是黑体，例如太阳、星球等。

10.1.4　基尔霍夫定律

设有如下一个理想实验，在温度为 T 的真空密闭的容器内，放置有若干不同材料的物体 B，A_1，A_2，A_3，$\cdots$，A_n（如图 10-2 所示），其中 B 是绝对黑体，而 A_1，A_2，A_3，$\cdots$，A_n 不是绝对黑体。由于容器内部为真空，因此各物体之间以及各物体与容器壁之间并无传导和对流，只能通过辐射能的发射和吸收来交换能量。实验指出，经过一段时间之后，整个系统将达到平衡，各个物体的温度都达到和容器相同的温度 T，而且保持不变。在这样的热平衡情况下，每个物体仍将随时发射辐射能，同时也吸收辐射能。但因温度保持不变，所以所吸收的辐射能必等于所发射的辐射能。在温度相同的情况下，各个物体的辐射本领是各不相同的，所以辐射出射度较大的物体吸收的辐射能也必定较多（也就是说，一个好的发射体必定是一个好的吸收体），这样才能使空间保持恒定的辐射能密度并保持各个物体的热平衡。由此可以肯定，各物体的辐射出射度和相应的吸收比之间必然有一定的正比关系。

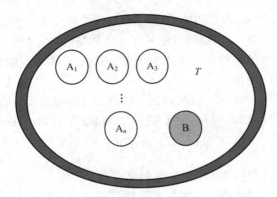

图 10-2　真空密闭容器内的物体

1859 年，基尔霍夫指出，物体的辐射出射度 M 和吸收比 α 的比值 M/α 与物体的性质无关，都等于同一温度下绝对黑体（$\alpha=1$）的辐射出射度 $M_B(T)$，即

$$\frac{M_1(T)}{\alpha_1(T)} = \frac{M_2(T)}{\alpha_2(T)} = \frac{M_3(T)}{\alpha_3(T)} = \cdots = M_B(T) \tag{10-13}$$

式（10-13）就是基尔霍夫定律。基尔霍夫定律不但对所有波长的全辐射成立，而且对任一波长 λ 的单色辐射都是成立的，即

$$\frac{M_{1\lambda}(T)}{\alpha_1(\lambda,T)} = \frac{M_{2\lambda}(T)}{\alpha_2(\lambda,T)} = \frac{M_{3\lambda}(T)}{\alpha_3(\lambda,T)} = \cdots = M_{B\lambda}(T) \tag{10-14}$$

基尔霍夫定律也说成任何物体的单色辐射出射度和单色吸收比之比等于同一温度绝对黑体的单色辐射出射度。

基尔霍夫定律是一切物体热辐射的普遍定律。根据基尔霍夫定律可知，吸收本领大的物体的发射本领也大。如果物体不能发射某波长的辐射能，则它也不能吸收该波长的辐射能，反之亦然。绝对黑体吸收任一波长的辐射能都比同温度下的其他物体要多。因此，绝对黑体既是最好的吸收体，同样也是最好的发射体。

10.1.5　黑体辐射定律

通过对黑体的实验与理论研究，得到黑体辐射定律包括普朗克辐射定律、斯特藩-玻尔兹曼定律、维恩位移定律和最大辐射定律。

1. 普朗克辐射定律

黑体的单色辐射出射度是波长 λ 和温度 T 的函数，寻找黑体的单色辐射出射度 $M_{B\lambda}(T)$ 与 λ、T 的具体函数表达式成为研究热辐射理论的最基本问题。历史上人们曾做了很长时间的理论与实验研究，然而用经典理论得到的公式始终不能完全解释实验事实。直到 1900 年，普朗克提出一种与经典理论完全不同的学说，这才建立了与实验完全符合的单色辐射出射度公式。

1900 年，德国物理学家普朗克为了得到与黑体辐射实验曲线相一致的公式，提出了一个与经典物理概念不同的假说：组成黑体腔壁的分子或原子可视为带电的线性谐振子，这些谐振子在和空腔中的辐射场相互作用过程中吸收和发射的能量是量子化的，能量只能取一些分立值：ε, 2ε, 3ε, $\cdots$, $n\varepsilon$，其中 n 为正整数。一个频率为 ν 的谐振子，吸收和发射能量的最小值 $\varepsilon = h\nu$(h 是普朗克常数)称为能量子，这就是说，空腔壁上的带电谐振子吸收和发射的能量只能是能量子的整数倍，称为量子数。这一能量分立的概念称为能量量子化。以上假说称为普朗克量子假说。

根据普朗克量子假说以及热平衡时谐振子能量分布满足麦克斯韦-玻尔兹曼统计规律，推导出黑体辐射出射度随波长 λ 和温度 T 的函数关系式，其形式为

$$M_{B\lambda}(T) = \frac{2\pi hc^2\lambda^{-5}}{e^{hc/(\lambda kT)}-1} \tag{10-15}$$

式中，c 是光速，k 是玻尔兹曼常量，h 是普朗克常数，其值为 $h = 6.626\times10^{-34}$ J·s。

公式(10-15)称为普朗克公式，它与实验结果符合得很好。式(10-15)也可变形为

$$M_{B\lambda}(T) = \frac{c_1}{\lambda^5\left[e^{c_2/(\lambda T)}-1\right]} \tag{10-16}$$

式中，c_1 称为第一辐射常数，$c_1 = 2\pi hc^2 = 3.7415\times10^8$ W·μm^4·m^{-2}；c_2 称为第二辐射常数，$c_2 = \dfrac{hc}{k} = 1.438\ 79\times10^4$ μm·K。

式(10-15)和式(10-16)是用波长表示的普朗克公式，同样普朗克公式也可用频率表示，下面简单推导这一表示式。

在单位时间内，从温度为 T 的黑体单位面积上，波长在 $\lambda \sim \lambda + d\lambda$ 范围内所辐射的能量为

$$M_{B\lambda}(T)d\lambda = \frac{c_1}{\lambda^5\left[e^{c_2/(\lambda T)}-1\right]}d\lambda \tag{10-17}$$

由于 $\lambda = \dfrac{c}{\nu}$，$d\lambda = -c\dfrac{d\nu}{\nu^2}$，且 $M_{B\lambda}(T)d\lambda = M_{B\nu}(T)(-d\nu)$，可得

$$M_{B\nu}(T) = \frac{2\pi h\nu^3}{c^2}\frac{1}{e^{h\nu/(kT)}-1} \tag{10-18}$$

式(10-18)即为用频率表示的普朗克公式。

图 10-3 给出了几种不同温度下黑体辐射出射度随波长变化的曲线。

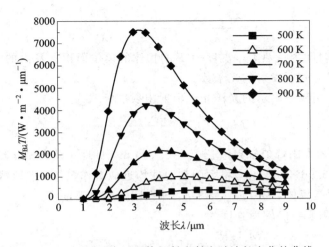

图 10 - 3　不同温度下黑体辐射出射度随波长变化的曲线

2. 斯特藩-玻尔兹曼定律

在全波长内对普朗克公式积分，得到黑体的辐射出射度与温度 T 之间的关系式为

$$M_B(T) = \int_0^\infty M_{B\lambda}(T)\mathrm{d}\lambda = \frac{c_1\pi^4}{15c_2^4}T^4 = \sigma T^4 \qquad (10-19)$$

式中，$\sigma = \dfrac{c_1\pi^4}{15c_2^4}$，叫作斯特藩-玻尔兹曼常数，其值为 $5.670\ 32\times10^{-8}\ \mathrm{W}\cdot\mathrm{m}^{-2}\cdot\mathrm{K}^{-4}$。

式(10-19)就是斯特藩-玻尔兹曼定律，该定律表明，黑体的辐射出射度与黑体的热力学温度的四次方成正比。

3. 维恩位移定律

黑体的光谱辐射是单峰函数，利用极值条件 $\dfrac{\partial M_{B\lambda}(T)}{\partial\lambda}=0$，求得峰值波长 λ_m 与黑体的热力学温度 T 之间满足下面关系式：

$$\lambda_m T = b \qquad (10-20)$$

式中，b 为常量，其值为 $2.898\times10^{-3}\ \mathrm{m}\cdot\mathrm{K}$。

式(10-20)就是维恩位移定律，该定律表明，当黑体的温度升高时，其光谱辐射的峰值波长向短波方向移动。

4. 最大辐射定律

将峰值波长 λ_m 代入普朗克公式，得到最大单色辐射出射度为

$$M_{B\lambda_m}(T) = BT^5 \qquad (10-21)$$

式中 $B=1.2862\times10^{-11}\ \mathrm{W}\cdot\mathrm{m}^{-2}\cdot\mu\mathrm{m}^{-1}\cdot\mathrm{K}^{-5}$。

式(10-21)称为最大辐射定律，该定律表明黑体的最大单色辐射出射度与黑体的热力学温度的五次方成正比。

5. 光谱光子辐射出射度公式

如果将普朗克公式除以一个光子的能量（能量子）$h\nu = \dfrac{hc}{\lambda}$，则可以得到用光子数表示的普朗克公式为

$$M_{\mathrm{B\it p\lambda}}(T) = \frac{c_1}{hc\lambda^4\left[\mathrm{e}^{c_2/(\lambda T)} - 1\right]} = \frac{2\pi c}{\lambda^4}\frac{1}{\mathrm{e}^{c_2/(\lambda T)} - 1} \qquad (10-22)$$

$M_{\mathrm{B\it p\lambda}}(T)$表示单位时间内从热力学温度为 T 的物体的单位面积上发出的波长在 λ 附近单位波长间隔内向半球空间所发射的光子数。

同样可以得到用频率表示的光谱光子辐射出射度公式为

$$M_{\mathrm{B\it p\nu}}(T) = \frac{2\pi\nu^2}{c^2}\frac{1}{\mathrm{e}^{h\nu/(kT)} - 1} \qquad (10-23)$$

例 10-1　已知太阳峰值辐射波长 $\lambda_{\mathrm{m}} = 0.48\ \mu\mathrm{m}$，日地平均距离 l 约为 1.5×10^8 km，太阳半径 R_{s} 约为 6.96×10^5 km，将太阳和地球均近似看作黑体，求地球表面的平均温度。

解　因为太阳是黑体，故 $\lambda_{\mathrm{m}}T_{\mathrm{s}} = 2898$，即太阳的表面温度 $T_{\mathrm{s}} = 6037.5\mathrm{K}$，所以太阳发射的辐射强度为

例 10-1

$$I_{\mathrm{s}} = \frac{\phi_{\mathrm{s}}}{4\pi} = \frac{M_{\mathrm{s}}4\pi R_{\mathrm{s}}^2}{4\pi} = M_{\mathrm{s}}R_{\mathrm{s}}^2 = \sigma T_{\mathrm{s}}^4 R_{\mathrm{s}}^2$$

地球吸收太阳的辐通量为

$$\phi_{\mathrm{ea}} = ES_{\mathrm{e}} = \frac{I_{\mathrm{s}}}{l^2}\pi R_{\mathrm{e}}^2 = \frac{\sigma T_{\mathrm{s}}^4 R_{\mathrm{s}}^2}{l^2}\pi R_{\mathrm{e}}^2$$

地球向外辐射的辐通量为

$$\phi_{\mathrm{ee}} = M_{\mathrm{e}}4\pi R_{\mathrm{e}}^2 = \sigma T_{\mathrm{e}}^4 4\pi R_{\mathrm{e}}^2$$

达到平衡时，$\phi_{\mathrm{ea}} = \phi_{\mathrm{ee}}$，温度保持平衡，得到

$$T_{\mathrm{e}} = T_{\mathrm{s}}\sqrt{\frac{R_{\mathrm{s}}}{2l}} = 289.55\mathrm{K} = 16.55℃$$

即地球表面的平均温度约为 $16.55℃$。

10.2　朗伯辐射源及其辐射特性

除了激光辐射具有很好的方向性，一般来讲，辐射源都不是定向发射辐射的，而且，它们所发射的辐射量在空间的不同方向上并不一定很均匀，往往有较复杂的角分布，这样，辐射量的计算通常就很麻烦了。例如，若不知道辐射亮度 L 与方向角 θ 的明显函数关系，则不可能运用式(9-11)由 L 计算辐射出射度 M。但是，在自然界和实际的工程设计中，经常会遇到一类特殊的辐射源，可以使辐射特性的计算变得十分简单。这类辐射源就是漫辐射源，它的辐射遵从朗伯余弦定律。

10.2.1　朗伯余弦定律

我们在生活中会发现，对于一个磨得很光或镀得很亮的反射镜，当一束光入射到它上面时，反射光具有很好的方向性，只有恰好逆着反射光线的方向观察时能看到十分耀眼的反射光，但是，只要稍微偏离一个不太大的角度观察时，就看不到这个耀眼的反射光。然而，对于一个表面粗糙的反射体(如毛玻璃)，其反射的光线没有方向性，在各个方向观察时，感到没有什么差别，这种反射称为漫反射。这也表明漫反射体反射的辐射在空间的角

分布与镜面反射体反射的辐射在空间的角分布是不同的，而且遵从某种新的规律。

对于理想漫反射体，其所反射的辐射功率的空间分布由下式描述：

$$\Delta^2 P = B \cos\theta \Delta A \Delta\Omega \tag{10-24}$$

式中 B 是一个与方向无关的常数。

式(10-24)表明，理想漫反射体单位表面积向空间某方向单位立体角内反射(或发射)的辐射功率和该方向与表面法线夹角的余弦成正比，这个规律就称为朗伯余弦定律。凡遵守朗伯余弦定律的辐射表面称为朗伯面，相应的辐射源称为朗伯辐射源或漫辐射源。

虽然朗伯辐射源是个理想化的概念，但在实践中遇到的许多辐射源的辐射在一定范围内都十分接近地遵守朗伯余弦定律。例如，黑体辐射就精确地遵守朗伯余弦定律。大多数绝缘材料表面的辐射，在相对于表面法线方向的观察角不超过 $60°$ 时，都遵守朗伯余弦定律。导电材料表面虽然有较大的差异，但在工程计算中，在相对于表面法线方向的观察角不超过 $50°$ 时，也能运用朗伯余弦定律。

10.2.2　朗伯辐射源的辐射特性

作为朗伯余弦定律的推论，现在进一步讨论朗伯辐射源的辐射特性。从这些讨论中，我们将得到朗伯辐射源各辐射量之间的简单关系。

1. 朗伯辐射源的辐射亮度

由朗伯余弦定律表达式(10-24)和辐射亮度的定义式(9-8)，可以得到朗伯辐射源辐射亮度的表达式为

$$L = \lim_{\substack{\Delta A \to 0 \\ \Delta\Omega \to 0}} \frac{\Delta^2 P}{\cos\theta \Delta A \Delta\Omega} = B \tag{10-25}$$

式(10-25)表明朗伯辐射源的辐射亮度就等于 B。由于 B 是一个与方向无关的常数，因此朗伯辐射源的辐亮度是一个与方向无关的常数。

2. 朗伯辐射源的辐射亮度与辐射出射度的关系

如前所述，若不知道辐射亮度 L 与方向角 θ 的明显函数关系，则难以从普遍关系式(9-11)由辐射亮度 L 计算出辐射出射度 M。但是，对于朗伯辐射源这种特殊情况而言，因辐射亮度 L 是一个与方向无关的常数，因此式(9-11)可写为

$$M = L \int_{2\pi球面度} \cos\theta \, \mathrm{d}\Omega \tag{10-26}$$

利用球坐标立体角元 $\mathrm{d}\Omega = \sin\theta \, \mathrm{d}\theta \, \mathrm{d}\varphi$，则式(10-26)中的积分变为

$$\int_{2\pi球面度} \cos\theta \, \mathrm{d}\Omega = \int_{2\pi球面度} \cos\theta \, \sin\theta \, \mathrm{d}\theta \, \mathrm{d}\varphi$$

$$= \int_0^{2\pi} \mathrm{d}\varphi \int_0^{\frac{\pi}{2}} \cos\theta \, \sin\theta \, \mathrm{d}\theta = \pi \tag{10-27}$$

因此

$$M = \pi L \quad \text{或} \quad L = \frac{M}{\pi} \tag{10-28}$$

利用式(10-28)，可使辐射出射度的计算大大简化。

3. 朗伯小面源的特征

设面积为 ΔA 很小的朗伯辐射源的辐射亮度为 L，如图 10-4 所示，在小面积 ΔA 上取微面元 dA，在与法线成 θ 角的方向取立体角元 $d\Omega$，由式(9-8)可知，在 $d\Omega$ 内发射的辐射功率为

$$d^2P = L\cos\theta\, dA\, d\Omega \qquad (10-29)$$

整个面积为 ΔA 的朗伯辐射源在与法线成 θ 角方向的立体角元 $d\Omega$ 内发射的辐射功率为

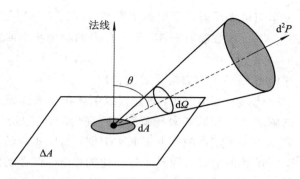

图 10-4 微面元 dA 的辐射功率

$$dP = \int_{\Delta A} d^2P = L\cos\theta\, d\Omega\, dA \qquad (10-30)$$

由于该朗伯辐射源的面积 ΔA 很小，因此其可以看成朗伯小面源，可以用辐射强度度量其辐射空间特性，故朗伯小面源的辐射强度为

$$I = \frac{dP}{d\Omega} = L\cos\theta\, \Delta A \qquad (10-31)$$

进一步可得

$$I = I_0\cos\theta \qquad (10-32)$$

式中，I_0 为面法线方向上的辐射强度，$I_0 = L\Delta A$。

式(10-32)表明，朗伯小面源在某一方向上的辐射强度等于面法线方向上的辐射强度乘以方向角的余弦，这就是朗伯余弦定律的另一种表达形式。

式(10-32)可以描绘出朗伯小面源的辐射强度分布曲线，如图 10-5 所示，它是一个与发射面相切的整圆形。在实际应用中，为了确定一个辐射面接近朗伯面的程度，通常可以测量其辐射强度分布曲线。如果一个辐射面的辐射强度分布曲线很接近图 10-5 所示的形状，则可认为该辐射面是一个朗伯面。

对于朗伯小面源，利用 $M = \pi L$，有如下关系：

$$I = L\cos\theta\Delta A = \frac{M}{\pi}\cos\theta\,\Delta A \qquad (10-33)$$

或

$$M = \pi L = \frac{\pi I}{\Delta A\,\cos\theta} \qquad (10-34)$$

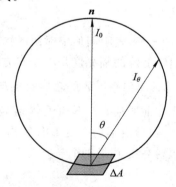

图 10-5 朗伯小面源的辐射强度分布曲线

利用上述关系式可简化计算。

例 10-2 已知太阳辐射亮度 L_s 为 $2\times10^7\,\text{W}/(\text{m}^2\cdot\text{sr})$，太阳半径 R_s 约为 $6.96\times10^8\,\text{m}$，地球半径 R_e 约为 $6.37\times10^6\,\text{m}$，太阳到地球的平均距离 l 为 $1.5\times10^{11}\,\text{m}$，求太阳的辐射出射度 M_s、辐射强度 I_s、辐通量 ϕ_s 以及地球接收到的太阳的辐通量 ϕ_e、地球大气层边沿的辐射照度 E_e。

解 太阳可假定为朗伯辐射源，则太阳的辐射出射度为

例 10-2

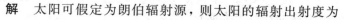

$$M_s = \pi L_s = 6.28 \times 10^7 \text{ W/m}^2$$

若认为太阳是一均匀发光体，则太阳的辐通量为

$$\phi_s = 4\pi R_s^2 M_s = 3.82 \times 10^{26} \text{ W}$$

太阳的辐射强度为

$$I_s = \frac{\phi_s}{4\pi} = 3.04 \times 10^{25} \text{ W/sr}$$

因为地球对太阳的立体角为 $\Omega = \pi R_e^2 / l^2 = 5.66 \times 10^{-9}$ sr，所以地球只接收了太阳总辐射能的 $5.66 \times 10^{-9}/4\pi = 4.51 \times 10^{-10}$，故地球接收到的太阳的辐通量为

$$\phi_e = I_s \Omega = 1.72 \times 10^{17} \text{ W}$$

地球大气层边沿的辐射照度为

$$E_e = \frac{I_s}{l^2} = 1.35 \times 10^3 \text{ W/m}^2$$

10.3　辐射量的计算

10.3.1　辐射量计算举例

1. 点源产生的辐射照度

点源产生的辐射照度如图 10-6 所示。设 O 为点源，它与受照微面元 dA 的距离为 l，微面元 dA 的法线与辐射方向的夹角为 θ，则 dA 对点源所张立体角为

$$d\Omega = \frac{dA \cos\theta}{l^2} \qquad (10-35)$$

若点源在该方向上的辐射强度为 I，则投射到 dA 上的辐射功率为

$$dP = I \, d\Omega = I \frac{dA \cos\theta}{l^2} \qquad (10-36)$$

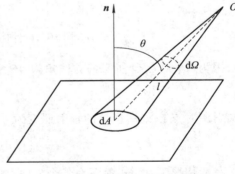

图 10-6　点源产生的辐射照度

因此，点源在微面元 dA 上所产生的辐射照度为

$$E = \frac{dP}{dA} = I \frac{\cos\theta}{l^2} \qquad (10-37)$$

式(10-37)表明，点源在微面元上产生的辐射照度与点源的发光强度成正比，与距离的平方成反比，并和微面元的法线与辐射线之间夹角的余弦成正比。这个结论就是辐射照度与距离平方反比定律，也称之为辐射照度的余弦法则。

当点源在微面元的法线上时，式(10-37)变为

$$E = \frac{I}{l^2} \qquad (10-38)$$

2. 面辐射源产生的辐射照度

面辐射源产生的辐射照度如图 10-7 所示。设 A_s 为面辐射源，Q 为受照面，在面辐射

源上取一微面元 dA，n_1 为微面元 dA 的法线，其与辐射方向的夹角为 β，n_2 为平面 Q 上点 O 处的法线，其与入射辐射方向的夹角为 α，dA 到点 O 的距离为 l。对于面辐射源 A_s 上的微面元 dA，运用距离平方定律可得点 O 处的辐射照度为

$$dE = \frac{I_\beta \cos\alpha}{l^2} \tag{10-39}$$

式中，I_β 为微面元 dA 在 β 方向上的辐射强度，其与该方向上辐射亮度 L_β 有如下关系：

$$I_\beta = L_\beta \, dA \cos\beta \tag{10-40}$$

将式(10-40)代入式(10-39)可得

$$dE = \frac{L_\beta \, dA \, \cos\beta \cos\alpha}{l^2} \tag{10-41}$$

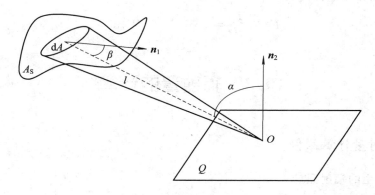

图 10-7　面辐射源产生的辐射照度

因为 dA 对点 O 所张的立体角为 $d\Omega = \dfrac{dA \cos\beta}{l^2}$，所以有

$$dE = L_\beta \cos\alpha d\Omega \tag{10-42}$$

面辐射源对点 O 处所产生的辐射照度为

$$E = \int_{A_s} dE = \int_{A_s} L_\beta \cos\alpha d\Omega \tag{10-43}$$

一般情况下，面辐射源在各个方向上的辐射亮度是不等的，用式(10-43)求辐射照度比较困难。但对于各个方向辐射亮度相等的朗伯辐射源，式(10-43)可简化为

$$E = L \int_{A_s} \cos\alpha d\Omega = L\Omega_s \tag{10-44}$$

式中，Ω_s 是面辐射源的立体角在平面 Q 上的投影，$\Omega_s = \int_{A_s} \cos\alpha d\Omega$，故称式(10-44)为立体角投影定律。例如，面辐射源 A_s 为朗伯小面源，其面积为 ΔA_s，小面源的辐射亮度为 L，小面源在 β 方向上的辐射强度为 $I = L\Delta A_s \cos\beta$，则朗伯小面源对点 O 处所产生的辐射照度为

$$E = \frac{L \, \Delta A_s \cos\beta \cos\alpha}{l^2} \tag{10-45}$$

由于 ΔA_s 对点 O 所张的立体角 $\Delta\Omega = \dfrac{\Delta A_s \cos\beta}{l^2}$，因此有

$$E = L\Delta\Omega \cos\alpha \tag{10-46}$$

式(10-46)表明，朗伯小面源对点 O 处所产生的辐射照度等于朗伯小面源的辐射亮度

与其对点 O 所张开的立体角以及被照面的法线和入射辐射方向夹角的余弦三者的乘积。

3. 朗伯大面积扩展源产生的辐射照度

朗伯大面积扩展源产生的辐射照度如图 10-8 所示。朗伯大面积扩展源是半径为 R 的圆盘 A（称为朗伯圆盘），计算圆盘中心轴线上距盘心 O 距离为 l_0 的点 P 处的辐射照度。以 O 为中心，任取一半径为 r、宽为 $\mathrm{d}r$ 的细环带，该细环带的面积 $\mathrm{d}A=2\pi r\,\mathrm{d}r$，细环带上各处面元距离点 P 的距离都为 l，细环带的法线方向与辐射方向的夹角为 β，点 P 处的法线方向与入射辐射方向的夹角为 α，显然 $\beta=\alpha$，则细环带上各处面元发射的辐射在距圆盘为 l_0 的点 P 处的辐射照度为

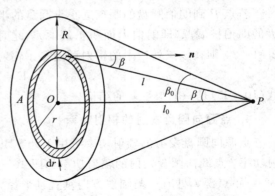

图 10-8　朗伯大面积扩展源产生的辐射照度

$$\mathrm{d}E = L\frac{\cos^2\beta}{l^2}2\pi r\,\mathrm{d}r \tag{10-47}$$

由图上的几何关系得

$$\begin{cases} \cos\beta = \dfrac{l_0}{l} \Rightarrow l = \dfrac{l_0}{\cos\beta} \\[2mm] \tan\beta = \dfrac{r}{l_0} \Rightarrow r = l_0\tan\beta \\[2mm] \mathrm{d}r = l_0\sec^2\beta\,\mathrm{d}\beta \end{cases} \tag{10-48}$$

将关系式（10-48）代入式（10-47），可得

$$\mathrm{d}E = 2\pi L\,\sin\beta\,\cos\beta\,\mathrm{d}\beta \tag{10-49}$$

则整个圆盘在轴上点 P 处产生的辐射照度为

$$E = \int_0^{\beta_0} 2\pi L\,\sin\beta\,\cos\beta\,\mathrm{d}\beta = \pi L\,\sin^2\beta_0 \tag{10-50}$$

式中 β_0 为点 P 对圆盘所张的半视场角。

由于

$$\sin^2\beta_0 = \frac{R^2}{R^2+l_0^2} \tag{10-51}$$

则

$$E = \pi L\frac{R^2}{R^2+l_0^2} \tag{10-52}$$

对于朗伯辐射源有 $M=\pi L$，则整个圆盘在轴上点 P 处产生的辐射照度为

$$E = M\frac{R^2}{R^2+l_0^2} \tag{10-53}$$

或

$$E = M\sin^2\beta_0 \tag{10-54}$$

式（10-53）或（10-54）即为朗伯大面积扩展源产生的辐射照度公式。

由此可见，朗伯大面积扩展源在某点处产生的辐射照度与辐射源的辐射出射度或者辐

射亮度成正比，与该点对朗伯大面积扩展源所张的半视场角 β_0 的正弦平方成正比。

若点 P 到朗伯圆盘的距离远小于圆盘的半径，即 $l \ll R$，则该朗伯圆盘可看成面积无限大的朗伯扩展源(即朗伯大面积扩展源)，此时该点对朗伯大面积扩展源所张的半场视角 $\beta_0 = \pi/2$，则在该点处产生的辐射照度等于辐射源的辐射出射度，即

$$E = M \tag{10-55}$$

式(10-55)是一个很重要的结论。

4. 点源向圆盘发射的辐射功率

点源向圆盘发射的辐射功率可用于计算距点源一定距离的光学系统或接收器接收的辐射功率。点源向圆盘发射的辐射功率如图 10-9 所示。点源 O 发出辐射，点源的辐射强度为 I，距点源 l_0 处有一与辐射方向垂直且半径为 R 的圆盘，其面积 $S = \pi R^2$。由于圆盘具有一定大小，且点源至圆盘上各点的距离不相等，因此圆盘上各处的辐射照度不均匀。

圆盘上微面元 dA 接收的辐射功率为

$$dP = E\,dA = \frac{I\cos\alpha}{l^2}\,dA \tag{10-56}$$

由于 $dA = r\,dr\,d\theta$，$\cos\alpha = \dfrac{l_0}{l} = \dfrac{l_0}{\sqrt{r^2 + l_0^2}}$，代入式(10-56)，并对 r 和 θ 积分，得到半径为 R 的圆盘接收的全部辐射功率为

$$P = \int dP = Il_0 \int_0^{2\pi} d\theta \int_0^R \frac{r}{(r^2 + l_0^2)^{\frac{3}{2}}}\,dr \tag{10-57}$$

$$P = 2\pi I\left[1 - \frac{l_0}{(l_0^2 + R^2)^{\frac{1}{2}}}\right] \tag{10-58}$$

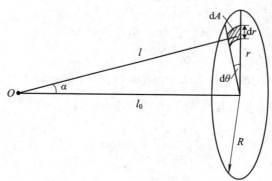

图 10-9 点源向圆盘发射的辐射功率

当圆盘距点源足够远，即 $l_0 \gg R$，$l \approx l_0$，$\cos\alpha \approx 1$ 时，圆盘接收的辐射功率为

$$P = \frac{I}{l_0^2}\pi R^2 = \frac{I}{l_0^2}S \tag{10-59}$$

即当圆盘距点源足够远时，圆盘上各点处产生的辐射照度可认为是相等的。

5. 朗伯圆盘的辐射强度和辐射功率

设朗伯圆盘的辐射亮度为 L，半径为 R，则其面积为 $S = \pi R^2$，如图 10-10 所示。朗伯圆盘在与其法线成 θ 角的方向上的辐射强度为

$$I_\theta = LS\cos\theta = I_0\cos\theta \tag{10-60}$$

式中，I_0 为朗伯圆盘在其法线方向上的辐射强度，$I_0 = LS$。

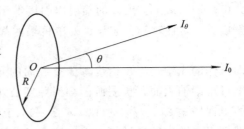

朗伯圆盘在与其法线成 θ 角的方向上向立体角 $d\Omega$ 内发射的辐射功率为

$$dP = LS \cos\theta \, d\Omega \qquad (10-61)$$

因为球坐标的 $d\Omega = \sin\theta \, d\theta \, d\varphi$，所以朗伯圆盘向半球空间发射的辐射功率为

$$P = \int dP = LS \int_0^{2\pi} d\varphi \int_0^{\frac{\pi}{2}} \cos\theta \, \sin\theta \, d\theta = \pi I_0$$

$$(10-62)$$

图 10-10　朗伯圆盘的辐射强度

也可按朗伯辐射源的辐射性质 $M = \pi L$ 计算，同样可得

$$P = MS = \pi LS = \pi I_0 \qquad (10-63)$$

可见，对于朗伯辐射源，利用辐射出射度计算辐射功率最简单。

6. 朗伯球面的辐射强度和辐射功率

设朗伯球面的辐射亮度为 L，球半径为 R，球面积为 A，如图 10-11 所示。在朗伯球面上选取一微面元 $dA = R^2 \sin\theta \, d\theta \, d\varphi$，该微面元在 $\theta = 0$ 方向上的辐射强度为

$$dI_0 = L \, dA \cos\theta = LR^2 \sin\theta \cos\theta \, d\theta \, d\varphi$$

则朗伯球面在 $\theta = 0$ 方向上的辐射强度为

$$I_0 = \int_{2\pi} dI_0 = LR^2 \int_0^{2\pi} d\varphi \int_0^{\frac{\pi}{2}} \sin\theta \cos\theta \, d\theta$$

$$= \pi LR^2 \qquad (10-64)$$

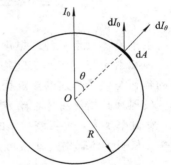

图 10-11　朗伯球面的辐射强度

同样可以计算出朗伯球面在 θ 方向上的辐射强度 $I_\theta = \pi LR^2$，可见朗伯球面在各方向上的辐射强度相等。

朗伯球面向整个空间发射的辐射功率为

$$P = \int_{4\pi} I \, d\Omega = \pi LR^2 \int_{4\pi} d\Omega = 4\pi^2 LR^2 = 4\pi I_0 \qquad (10-65)$$

式中，I_0 为朗伯球面的辐射强度，$I_0 = \pi LR^2$。

10.3.2　密闭空腔中的辐射

将黑体 B 放置于一等温真空腔体内，黑体 B 吸收腔内辐射的同时又发射辐射，最后黑体 B 与腔壁达到同一温度 T，这时称黑体 B 与空腔达到了热平衡状态。在热平衡状态下，黑体 B 发射的辐射功率必然等于它所吸收的辐射功率，否则黑体 B 将不能保持温度 T。于是有

$$M_B = \alpha_B E \qquad (10-66)$$

式中，M_B 是黑体的辐射出射度；α_B 是黑体 B 的吸收比，显然 $\alpha_B = 1$；E 是空腔内的辐射照度。

式(10-66)又可写为

$$M_B = E \qquad (10-67)$$

式(10-67)表明，黑体的辐射出射度等于空腔内的辐射照度。该式不仅对所有波长的全辐射成立，而且对任一波长 λ 的单色辐射都成立，即

$$M_{B\lambda} = E_\lambda \qquad (10-68)$$

即黑体的光谱辐射出射度等于空腔内的光谱辐射照度。而空腔在黑体上产生的光谱辐射照度可用朗伯大面积扩展源的辐射照度公式 $E_\lambda = M_\lambda \sin^2 \beta_0$ 求得。因为黑体对大面源空腔所张的半视场角 $\beta_0 = \pi/2$，所以 $\sin^2 \beta_0 = 1$，于是得 $E_\lambda = M_\lambda$，即空腔在黑体上产生的光谱辐射照度等于空腔内的光谱辐射出射度。与式(10-68)联系，则可得到

$$M_\lambda = M_{B\lambda} \qquad (10-69)$$

即密闭空腔内的光谱辐射出射度等于黑体的光谱辐射出射度。所以，密闭空腔中的辐射即为黑体辐射，而与构成空腔的材料的性质无关。

10.4 发射率和实际物体的辐射

由于黑体只是一种理想化的模型，因而实际物体的辐射与黑体的辐射有所不同。为了把黑体辐射定律推广到实际物体的辐射，下面引入一个叫作发射率的概念，以表征实际物体的辐射与黑体辐射的接近程度。

发射率是指该物体在给定温度 T 时的辐射量与同温度黑体的相应辐射量的比值。很明显，发射率越大，表明该物体的辐射与黑体的辐射越接近。并且，只要知道了某物体的发射率，利用黑体辐射定律就可知道该物体的辐射规律，从而可以计算出该物体的辐射量。

10.4.1 半球发射率

辐射源的辐射出射度与相同温度下黑体的辐射出射度之比称为半球发射率，半球发射率分为半球全发射率和半球光谱发射率两种。

半球全发射率定义为

$$\varepsilon_h(T) = \frac{M(T)}{M_B(T)} \qquad (10-70)$$

式中，$M(T)$ 是实际物体在温度为 T 时的全辐射出射度，$M_B(T)$ 是黑体在相同温度下的全辐射出射度。

半球光谱发射率定义为

$$\varepsilon_{h\lambda}(T) = \frac{M_\lambda(T)}{M_{B\lambda}(T)} \qquad (10-71)$$

式中，$M_\lambda(T)$ 是实际物体在温度为 T 时的光谱辐射出射度，$M_{B\lambda}(T)$ 是黑体在相同温度下的光谱辐射出射度。

由于在热平衡条件下，物体发射的辐射功率等于它所吸收的辐射功率，因此有以下关系式：

$$M_\lambda(T) = E_\lambda \alpha_\lambda(T) \qquad (10-72)$$

$$M_{B\lambda}(T) = E_\lambda \alpha_{B\lambda}(T) = E_\lambda \qquad (10-73)$$

式中，$\alpha_\lambda(T)$ 为实际物体在温度为 T 时的光谱吸收率，$\alpha_{B\lambda}(T)$ 为黑体在相同温度下的光谱

吸收率，E_λ 为光谱辐射照度。

联立式(10-71)、式(10-72)、式(10-73)，可以得到任意物体在温度 T 时的半球光谱发射率为

$$\varepsilon_{h\lambda}(T) = \alpha_\lambda(T) \tag{10-74}$$

由式(10-74)可见，任何物体的半球光谱发射率与该物体在相同温度下的光谱吸收率相等。同理可得出物体的半球全发射率与该物体在同温度下的全吸收率相等，即

$$\varepsilon_h(T) = \alpha(T) \tag{10-75}$$

式(10-74)和式(10-75)可看作是基尔霍夫定律的又一表示形式，即物体吸收辐射的本领越大，则其发射辐射的本领也越大。

10.4.2　方向发射率

方向发射率也称为定向发射本领，它是在与辐射表面的法线成 θ 角的小立体角内测量的发射率。θ 角为零时的方向发射率叫作法向发射率 ε_n。方向发射率也分为方向全发射率和方向光谱发射率两种。

方向全发射率定义为

$$\varepsilon(\theta) = \frac{L}{L_B} \tag{10-76}$$

式中，L 和 L_B 分别是实际物体和黑体在相同温度下的辐射亮度。尽管黑体的辐射亮度 L_B 是一个与方向无关的量，但是实际物体的辐射亮度 L 一般与方向有关，因此 $\varepsilon(\theta)$ 也与方向有关。

方向光谱发射率定义为

$$\varepsilon_\lambda(\theta) = \frac{L_\lambda}{L_{B\lambda}} \tag{10-77}$$

式中，L_λ 和 $L_{B\lambda}$ 分别为实际物体和黑体在相同温度下的光谱辐射亮度。因为实际物体的光谱辐射亮度 L_λ 不仅与方向有关，而且与波长有关，所以 $\varepsilon_\lambda(\theta)$ 是方向角 θ 和波长 λ 的函数。

从以上各种发射率的定义可以看出，对于黑体，各种发射率的数值均等于 1；而对于所有的实际物体，各种发射率的数值均小于 1。

10.4.3　朗伯辐射源的发射率

对于朗伯辐射源，其辐射出射度与辐射亮度、光谱辐射出射度与光谱辐射亮度之间具有下列关系：

$$\begin{cases} M = \pi L \\ M_\lambda = \pi L_\lambda \end{cases} \tag{10-78}$$

然而黑体又是朗伯辐射源，所以有

$$\begin{cases} M_B = \pi L_B \\ M_{B\lambda} = \pi L_{B\lambda} \end{cases} \tag{10-79}$$

这样可以得到朗伯辐射源的方向全发射率和方向光谱发射率为

$$\begin{cases} \varepsilon(\theta) = \dfrac{L}{L_B} = \dfrac{\pi L}{\pi L_B} = \dfrac{M}{M_B} = \varepsilon_h \\[3mm] \varepsilon_\lambda(\theta) = \dfrac{L_\lambda}{L_{B\lambda}} = \dfrac{\pi L_\lambda}{\pi L_{B\lambda}} = \dfrac{M_\lambda}{M_{B\lambda}} = \varepsilon_{h\lambda} \end{cases} \tag{10-80}$$

由式(10-80)可知,朗伯辐射源的方向全发射率和方向光谱发射率分别与其半球全发射率和半球光谱发射率相等。而朗伯辐射源的半球全发射率和半球光谱发射率都是与方向无关的量,因此朗伯辐射源的方向全发射率和方向光谱发射率与方向无关。

对于朗伯辐射源,三种发射率 ε_h、$\varepsilon(\theta)$ 和 ε_n 彼此相等。对于其他辐射源,除抛光的金属外,都在某种程度上接近于朗伯辐射源,其三种发射率的差别通常都比较小,甚至可以忽略不计。因此,除非需要区别半球发射率和方向发射率时要使用脚注,一般统一用 ε 表示全发射率(简称发射率),而用 ε_λ 表示光谱发射率。表 10-1 给出了几种常用材料的发射率。

表 10-1 常用材料的发射率

材料类别和表面状况	温度/℃	发射率 ε	材料类别和表面状况	温度/℃	发射率 ε
抛光的铬	150	0.058	抛光的银	200~600	0.02~0.03
铬镍合金	52~1034	0.64~0.76	石棉纸	40~400	0.94~0.93
灰色、氧化的铅	38	0.28	普通红砖	20	0.93
镀锌的铁皮	38	0.23	玻璃	38.85	0.94
具有光滑的氧化物表皮的钢板	20	0.82	白漆	100	0.92
抛光的钢	100	0.07	白胶膜纸	20	0.93
氧化的钢	200	0.79	硬橡皮	20	0.95
磨光的铁	100~1000	0.14~0.38	上釉的瓷件	20	0.93
氧化的铁	125~525	0.78~0.82	油毛毡	20	0.93
抛光的铜	20	0.03	抹灰的墙	20	0.94
氧化的铜	20	0.78	人类的皮肤	32	0.98
抛光的黄铜	100	0.03	雪	0	0.80
氧化的黄铜	100	0.61	雪	−10	0.85
抛光的铝	50~500	0.04~0.06	干土	20	0.92
严重氧化的铝	50~500	0.2~0.3	含有饱和水的土	20	0.95
抛光的金	200~600	0.02~0.03	蒸馏水	20	0.96

由表 10-1 可以看出,金属的发射率是较低的,但它随温度的升高而增加。并且当金属表面形成氧化层时,其发射率可以成 10 倍或更大倍数地增高。非金属的发射率要高些,一般大于 0.8,并随温度的增加而降低。金属及其他非透明材料的辐射发生在表面几微米内,因此发射率是材料表面状态的函数,而与基底无关。根据这一特性,涂敷或刷漆的表面的发射率是涂层本身的特性,我们可以在同一材料的表面涂以不同的染料(涂层)或覆盖

不同的金属膜来达到改善其辐射性能的目的。

特别应该指出，不能完全根据眼睛的观察判断物体发射率的高低。例如，根据眼睛观察，雪是很好的漫反射体，或者说它的反射率高而吸收率低，即它的发射率低。但由表 10-1 可以看出，雪的发射率是较高的。这是因为我们的眼睛只能感知 $0.38 \sim 0.78\ \mu m$ 这个波段（即可见光）范围的辐射，而雪的整个辐射能量的 98% 处于红外波段，所以眼睛的判断是无意义的。

10.4.4 热辐射体的分类

根据光谱发射率 ε_λ 随波长变化的规律，可将热辐射体分为以下三类。

1. 黑体（或普朗克辐射体）

黑体的发射率和光谱发射率均为 1，即 $\varepsilon = \varepsilon_\lambda = 1$。黑体的辐射特性严格遵守黑体辐射定律。

2. 灰体

灰体的发射率、光谱发射率均为小于 1 的常数，即 $\varepsilon = \varepsilon_\lambda =$ 常数（但小于 1）。若用脚注 g 表示灰体的辐射量，则其与同温度下黑体的相应的辐射量的关系为

$$\begin{cases} M_g = \varepsilon M_B \\ M_{g\lambda} = \varepsilon_\lambda M_{B\lambda} \end{cases} \tag{10-81}$$

普朗克公式和斯特藩-玻尔兹曼定律的形式分别为

$$\begin{cases} M_{g\lambda} = \varepsilon_\lambda M_{B\lambda} = \dfrac{\varepsilon_\lambda c_1}{\lambda^5 \left[e^{c_2/(\lambda T)} - 1 \right]} \\ M_g = \varepsilon M_B = \varepsilon \sigma T^4 \end{cases} \tag{10-82}$$

3. 选择性辐射体

选择性辐射体的光谱发射率随波长的变化而变化。图 10-12、图 10-13 分别给出了上述三类热辐射体的发射率、光谱辐射出射度与波长的关系（温度 $T = 800\ \text{K}$）。

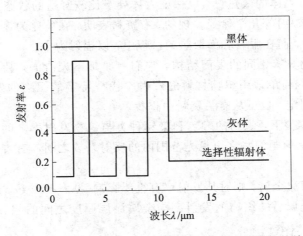

图 10-12 黑体、灰体、选择性辐射体的发射率与波长的关系

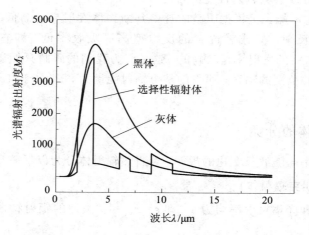

图 10-13　黑体、灰体、选择性辐射体的光谱辐射出射度与波长的关系

10.4.5　人体皮肤和服装的辐射

人体皮肤的发射率很高，在 4 μm 以上波段的平均值为 0.99。需要指出的是，这个值与肤色无关。皮肤温度是皮肤和周围环境之间辐射交换的复杂函数。在正常的室温环境下，空气温度约为 21℃，露在衣服外面的手和脸的温度大约为 32℃。为了计算人体皮肤的辐射，必须知道人体皮肤的辐射面积。假定人体皮肤是漫反射辐射体，其有效辐射面积等于人体的投影面积，男性的有效辐射面积的平均值可取作 0.6 m²。在皮肤温度为 32℃时，裸露男子的平均辐射强度（假定他是一个点源）为 93.5 W·sr⁻¹，在 30.5 m 的距离处（忽略大气吸收），他产生的辐射照度是 10⁻³ W·m⁻²。人体皮肤的辐射属于中红外和远红外区间，其辐射功率的 90% 以上在 6~42 μm 的波长范围内。当人体穿着服装时，这些数值要降低，因为服装的温度和发射率一般都低于裸露的皮肤的。

服装最主要的功能是防寒保暖和隔热防暑。也就是说，当外界环境温度发生变化时，我们通过着装来调节人体的散热量，以保证人体处于比较舒适的状态。人体通过服装传热是通过传导、对流、辐射等几个途径实现的。有资料表明，在风速为零的环境中，辐射散热量占总散热量的 2/3，而在服装表面散热的过程中，以辐射为主。

由于不同的织物具有不同的表面结构，它们一般是不光滑的，甚至是不连续的（如可能有网眼），因此不能简单地用织物材料的发射率代替特定的织物的发射率。织物材料的发射率一般应具体测定，也可从有关资料中查找。

在低温（人体温度）下，织物的颜色和染料种类与织物发射率之间不存在明显关系（例如表 10-2 中情况），但与织物在可见光范围内的反射系数之间却有着明显的关系（例如表 10-3 中情况）。

若在织物表面喷涂金属，则对其发射率有重要影响（见表 10-4）。研究表明，当辐射温度为 37℃时，喷涂金属后的织物的发射率与金属涂层厚度之间的相关关系具有双曲线特征，可用下面表达式表示：

$$\varepsilon = \varepsilon_0 - A'\delta^m \qquad\qquad (10-83)$$

式中，ε_0 表示喷涂金属前的织物的发射率；δ 表示金属涂层的厚度（单位 μm）；A' 为系数，与原料成分、所涂金属性能、金属与织物相互作用的能力等因素有关；m 是说明发射率 ε 与金属涂层的厚度 δ 相关性复杂特征的指标。

表 10-2 201 号粗平布的发射率 ε

织物的颜色	基本波长 /μm	用以下染料染色的织物的发射率 ε		
		直接染料	还原染料	活性染料
黑色	0.48	0.64	0.60	0.70
黄色	0.57	0.66	0.65	0.66
红色	0.50	0.65	—	0.64
橙色	0.61	—	0.64	
浅蓝色	0.47	0.65	0.66	0.63
白色	0.48	0.61	—	—

表 10-3 201 号染色粗平布的反射系数

染料种类	织物的颜色	当波长 $\lambda(\mu m)$ 为下列值时织物的反射系数/%							
		0.40	0.45	0.50	0.55	0.60	0.65	0.70	0.75
直接染料	漂白	80	82	85	86	86	86	87	88
	黄	11	18	48	73	82	85	86	87
	红	8	9	4	4	25	65	78	84
	淡蓝	20	26	17	10	6	7	12	12
	黑	5	4	4	4	4	4	7	19
活性染料	黄	13	15	54	78	81	82	84	84
	红	14	12	5	6	35	65	78	82
	淡蓝	17	38	23	10	7	10	30	65
	黑	4	4	3	3	4	5	11	22

表 10-4 27296 号织物在辐射温度为 37℃ 时的发射率 ε 与
金属涂层厚度的相关关系

金属涂层厚度	表面处理	发射率 ε	实验相对温差/%
0.000 μm	未经处理	0.70	2.6
0.005 μm	用聚乙酸乙烯酯乳化液处理，表面上漆	0.32	3.7
0.017 μm	用聚乙酸乙烯酯乳化液处理	0.22	1.8
0.024 μm	用聚乙酸乙烯酯乳化液处理	0.18	2.8
0.480 μm	用聚乙酸乙烯酯乳化液处理	0.14	2.9
0.030 μm	用聚乙酸乙烯酯乳化液处理，表面未上漆	0.39	1.03

为了减小喷涂金属后织物的发射率，使织物表面平坦，将突出纤维尾端展平是十分重要的。研究表明，采用辐射能力差的材料用作辐射阻挡层，以在服装中形成厚度为 5 mm 以下的稳定空气夹层，是提高服装保温性能的重要途径。如果多层服装的一面是采用辐射能力差的材料(例如金属涂层织物)制成的，那么服装总热阻提高 25%；如果两面都采用辐射能力差的材料制成，那么总热阻将提高 34%。在温度为 0℃和周围环境湿度达到 100% 的情况下，服装采用金属涂层，能使人体在躯干范围内的辐射——对流热损耗水平降低 22%，保温性能提高 25.7%。

思考题与习题十

10-1　试举出几个表面可以看成朗伯辐射源的实际物体。

10-2　什么是理想漫反射体？它的辐射亮度与辐射照度之间有什么关系？

10-3　在有些书籍中，把物体的发射率 ε 称为"黑度"。这里"黑"应该怎样理解？能否认为眼睛看来越黑的物体的"黑度"就越高？

10-4　通常将热辐射体分为哪三类？它们各有什么特征？

10-5　物体的发射率是材料表面状态的函数，而与其基底无关。请设想利用这一点，在工业设计和服装面料设计中可以做哪些事情？

10-6　应用斯特藩-玻尔兹曼定律 $M = \sigma T^4$，若测出物体的辐射出射度 M，同时知道该物体的发射率 ε，即可求出该物体的温度。今用辐射计测出一个人服装表面的辐射出射度为 4.13×10^2 W·m^{-2}，已知服装表面的发射率为 0.90，求服装表面的温度。

10-7　在现代战争中，人们经常利用高空飞行的侦察机或军事侦察卫星通过遥感技术采集地面物体发射的红外辐射，从而判断其究竟是真实的自然地貌(树木、草地、土丘)，还是经过伪装的作战人员及武器装备。试从侦察与反侦察(服装和工业设计工作者可能涉及后一方面的工作)的角度，分别讨论应怎样识别伪装或伪装得更好。

10-8　若将恒星表面的辐射近似地看成黑体辐射，则测得北极星辐射的峰值波长为 0.35 μm，试求其表面温度。

10-9　利用波长、频率及波数之间的关系，把普朗克公式分别用波数、频率等变量来表示。

10-10　黑体在某一温度时的辐射出射度为 5.67×10^4 W·cm^{-2}，试求这时光谱辐射出射度最大值所对应的波长 λ_m。

阅读材料

第11章　色度学基础

　　色度学是研究颜色度量和评价方法的一门学科，是颜色科学领域里的一个重要部分。外界光刺激→色感觉→色知觉是个复杂的过程，它涉及光学、光化学、视觉生理、视觉心理等各方面问题。要解决颜色的度量问题，首先必须找到外界光刺激与色知觉量之间的对应关系，以便能用对光物理量的测量方法间接地测得色知觉量，因此人们应用了心理物理学的方法，通过大量的科学实验，建立了现代色度学。现代色度学是一门以光学、视觉生理、视觉心理、心理物理为基础的综合性科学，也是一门以大量实验为基础的实验性科学。本章主要介绍各种 CIE 标准补充色度系统、CIE 色度的计算方法、CIE 均匀颜色空间以及 CIE 标准照明体和标准光源等。

11.1　光　与　视　觉

11.1.1　可见光辐射

　　光是一定波长范围内的电磁辐射。电磁辐射的波长范围很广，最短的如宇宙射线，其波长只有千兆兆分之几米（$10^{-15} \sim 10^{-14}$ m），最长的如交流电，其波长可达数千千米。在整个电磁辐射中，只有很小的一段进入人眼后能引起视觉感知，这部分光辐射称为可见光辐射，简称可见光。一般认为可见光的波长范围为 $380 \sim 780$ nm，如图 11-1 所示。因此，广义上的光指的是包括 X 射线、紫外光、可见光、红外光等在内的光辐射，而狭义上的光通常就是指可见光。

　　不同波长的可见光辐射引起人们不同的颜色感觉，单一波长的光辐射表现为一种颜色，称为单色光或光谱色。单色光的波长由长到短对应的颜色感觉由红到紫，一般认为，红色光的波长范围为 $620 \sim 780$ nm，橙色光的波长范围为 $590 \sim 620$ nm，黄色光的波长范围为$560 \sim 590$ nm，黄绿色光的波长范围为 $530 \sim 560$ nm，绿色光的波长范围为 $500 \sim 530$ nm，青色光的波长范围为 $470 \sim 500$ nm，蓝色光的波长范围为 $430 \sim 470$ nm，紫色光的波长范围为 $380 \sim 430$ nm。这种划分只是给出了大致的范围，实际上单色光的颜色是连续渐变的，不存在严格的界限。同时，实验指出可见光区域内除了 572 nm、503 nm 和 478 nm 这三个光谱点不受光强度变化的影响，其他各波长的单色光颜色感觉都会随着光强度的不同而变化。例如，对于波长为 660 nm 的红色光，当视网膜照度由 2000 楚兰德减少到 100 楚兰德时，其波长必须减少 34 nm 才能使其保持原来的颜色。图 11-2 是各种波长的恒定颜色线。

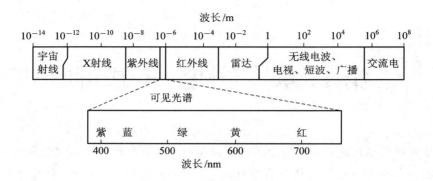

图 11-1　可见光在电磁波谱中的范围

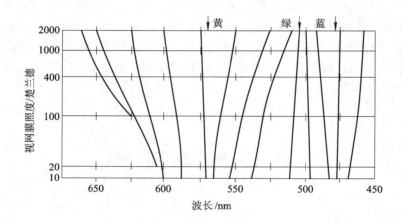

图 11-2　各种波长的恒定颜色线

　　人们在日常生活中见到单色光的机会不多，一般接触到的都是如自然界中的太阳光等所谓的复色光，它是由不同波长的单色光组合而成的混色光。复色光的不同波长辐射的相对功率分布决定了人们对它的颜色感觉。所以，一定成分的复色光对应一种确定的颜色。但是，一种颜色感觉并不只对应一种光谱组合，即两种成分完全不同的复色光有可能引起完全相同的颜色感觉，这就是颜色科学中很重要的同色异谱问题。

11.1.2　视网膜的颜色感知特性

　　当眼睛注视着某一点时，以这点为中心眼睛所看到的范围称为眼睛的视野。一般讲，垂直视野为 140℃，单只眼睛的水平视野为 150℃，双眼的水平视野为 180℃。分辨色彩的视野为色视野。

　　由于视网膜的中央凹和边缘部位的视感细胞的分布不同，其中中央视觉主要由锥体细胞起作用，而边缘视觉则主要由杆体细胞起作用，所以视网膜不同区域的颜色感受性亦有所不同。因此，正常颜色视觉的人的视网膜中央能分辨各种颜色，由中央凹向边缘过渡，锥体细胞减少，杆体细胞增加，对颜色的分辨能力逐渐减弱，最后对颜色的感觉消失。在与中央凹相邻的外周区，先丧失对红色、绿色的感受性，视觉呈红绿色盲。在这里，眼睛只能看到红色和绿色所具有的明暗程度，即把这两种颜色及其混合色看成不同明暗的灰色，而黄蓝颜色感觉仍保留。在视网膜的更外围边缘，对黄色、蓝色的感受性也丧失，成为全色盲区。在这个区域只有明暗感觉，而无颜色感觉，各种颜色都被看成不同明暗的灰色。因此，人的正常色视野的大小随颜色而不同。在同一光亮条件下，白色视野的范围最大，其次是黄蓝色视野，而红绿色视野最小。右眼视网膜的颜色区如图 11-3 所示。即使在中央凹范围内，对颜色的感受性也不一样。在中央凹中心 15′ 视角的区域内，对红色的感受性最强，但对蓝色和黄色的感受性丧失，所以人们在远距离观察信号灯光时常会发生误认现象。这是因为视网膜中央的黄斑区被一层黄色素覆盖，因而降低了对光谱短波（如蓝色）的感受性。黄色素在中央凹处密度最大，向外逐渐减弱，从而造成观察小面积和大面积物体时颜色的差异。当观察大于 4℃ 视场的物体颜色时，在视场正中会看到一个略带红色的圆斑，称为麦克斯韦尔圆斑，此圆斑就是由中央的黄色素造成的。黄色素对人眼的颜色视觉有一定的影响，并且黄色素随着年龄的增长而变化，年龄大的人的黄色素变得越黄，因此，不同年龄的人的颜色感受性也会有差异。

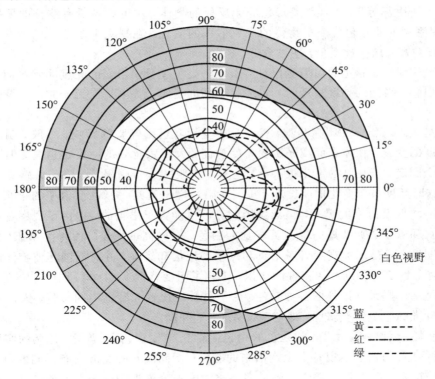

图 11-3　右眼视网膜的颜色区

11.1.3　颜色的分类和颜色的特性

人类很早就知道用挖掘出来的矿物颜料涂饰自己居住的洞穴墙壁，用植物色素染原始的衣服，但如何确切地表示颜色这个问题，却是在 20 世纪 20 年代以后才引起人们的普遍关注并取得较大进展的。以前，人们用许多不同的方式来给颜色命名，其中最常用的是用自然界最常见的植物或动物来命名与它们的颜色相近的颜色，如"玫瑰红""苹果绿""孔雀蓝"等。也有人用颜料的来源、产地、化学名称来命名颜色。某些颜色的特殊用途有时也会反过来作为颜色的名称。这些形形色色的命名法的缺陷是显而易见的。首先它们不能准确地表示事实上千差万别的颜色。据有些学者的研究，人眼可以分辨的表面色有一千多万种，而其中有商业价值的约有五十万种。更重要的是，上述命名法很难准确地传递有关颜色的信息和在没有样品的情况下复现颜色。这在人类社会商业活动日益频繁、信息交流剧增的现代社会就成了一个突出的问题。20 世纪 60 年代有研究表明，全世界由于上述问题造成的金钱和商品的损失，每年总计达数十亿美元。正是在这样的背景下，许多艺术家、心理学家和物理学家致力于如何客观地表示颜色的研究，并且取得了显著的成绩。下面简要介绍大多数学者对颜色的分类及颜色的特性。

颜色可分为非彩色和彩色两大类。颜色是非彩色和彩色的总称。非彩色指白色、黑色和各种深浅不同的灰色。它们可以排成一个系列，由白色逐渐到浅灰，再到中灰、深灰，直至黑色，叫作白黑系列。白黑系列中由白到黑的变化可以用一条垂直线表示，其一端是纯白，另一端是纯黑，中间有各种过渡的灰色。纯白是理想的完全反射的物体，对可见光所有波长的反射率都等于 1；纯黑是理想的无反射的物体，对可见光所有波长的反射率都等于 0。白黑系列的非彩色代表了物体的光反射率的变化，在视觉上是明度的变化。愈接近白色，明度愈高；愈接近黑色，明度愈低。

对于光来说，非彩色的白黑变化对应于光的亮度变化。当光的亮度非常高时，人眼感觉到的是白色；当光的亮度很低时，人眼感觉到的是暗或发灰；当无光时，人眼感觉到的是黑色。

明度是人眼对物体的明亮感觉，受视觉感受性和过去经验的影响。一般，明度的变化对应于亮度的变化。物体表面或光源的亮度愈高，人眼感觉到的明度也愈高，但二者的关系并不完全固定。若亮度的变化很微小，达不到人眼的分辨阈限，则眼睛就感觉不出明度的变化，这时亮度虽有变化而明度却不变。在暗环境中观察一张高反射率的书页，在亮环境中观察一块低反射率的黑墨，虽然黑墨的亮度可能大于书页的，但由于观察者已经知道它们是书页和黑墨，所以其仍将书页感觉为白色，有较高的明度；而将黑墨感觉为黑色，有较低的明度。这是因为观察者对书页和黑墨的记忆和经验，并有周围其他物体的相对明度作为参考，以及对不同照明条件的认识，影响了明度感觉。

彩色是指白黑系列以外的各种颜色。为了科学地比较和鉴别不同彩色，人们制定出了衡量彩色标准的三个独立属性，即色调、明度、饱和度。

(1) 色调。色调就是色别，或是色的相貌，如红、橙、黄、绿、蓝等。色调的实质就是可见光谱不同波长的辐射在视觉上表现出来的感觉。不同波长的光波具有不同的色调，它们是一一对应的，一般视觉正常的人眼最多能够清晰地分辨出 100 个左右的色调。光源的色调取决于辐射的光谱组成对人眼所产生的感觉。物体的色调取决于光源的光谱组成和物体表面所反射(或透射)的各波长辐射的比例对人眼所产生的感觉。

(2) 明度。明度是彩色光明暗、深浅的程度。彩色光的亮度愈高，人眼就愈感觉明亮，或者说有较高的明度。彩色物体表面的光反射率愈高，它的明度就愈高。各种色调的明度是不相同的，黄色的明度最高，紫色的明度最低。

(3) 饱和度。饱和度是指彩色的纯洁性，又称纯度。可见光谱中的各种单色光是最饱和的彩色。光谱色中掺入的白光成分愈多，就愈不饱和。当光谱色中掺入的白光成分达到很大比例时，在眼睛看来，它就不再成为一个彩色光，而成为白光。物体色的饱和度取决于该物体表面反射光谱辐射的选择性程度。物体对光谱某一较窄波段的反射率很高，而对其他波长的反射率很低或没有反射，表明它有很高的光谱选择性，这一颜色的饱和度就高。

11.1.4　颜色立体

用一个三维空间纺锤体可以将颜色的三个基本属性——色调、明度、饱和度全部表示出来，该三维空间纺锤体称为颜色立体，如图 11-4 所示。在颜色立体中，垂直轴代表白黑系列明度的变化，顶端是白色，底端是黑色，中间是各种过渡的灰色。色调由水平面的圆周表示，圆周上的各点代表光谱上各种不同的色调。圆形的中心是中灰色，中灰色的明度和圆周上各种色调的明度相同。从圆周向圆心过渡表示颜色饱和度逐渐降低。从圆周向上（白）、下（黑）方向变化也表示颜色饱和度逐渐降低。颜色色调和饱和度的改变不一定伴随明度的变化。当颜色在颜色立体同一平面上变化时，只改变色调或饱和度，而不改变明度。但只要颜色离开圆周，它就不是最饱和的颜色了。

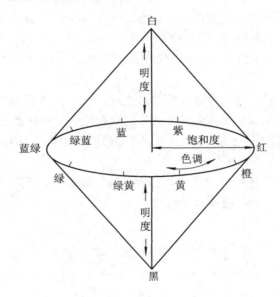

图 11-4　颜色立体

这个颜色立体只是一个理想化了的示意模型，目的是使人们更容易理解颜色的三个属性的相互关系。在真实的颜色关系中，饱和度最大的黄色并不在中等明度的地方，而是在靠近白色明度较高的地方；饱和度最大的蓝色在靠近黑色明度较低的地方。因此，颜色立体中部的色调圆形平面应该是倾斜的，黄色部分较高，蓝色部分较低。而且该平面的圆周上的各种饱和色调离开垂直轴的距离也不一样，某些颜色能达到更高的饱和度，所以这个圆形平面并不是真正的圆形。

11.1.5　格拉斯曼颜色混合定律

1854 年，格拉斯曼（H. Grassmann）将颜色混合现象总结成颜色混合的定性规律，称为格拉斯曼颜色混合定律，这为现代色度学的建立奠定了基础。该定律内容如下：

（1）人的视觉只能分辨颜色的三种属性的变化，即明度、色调、饱和度。

（2）在由两种成分组成的混合色中，如果一种成分连续地变化，则混合色的外貌也连续地变化。由这一定律可进一步导出两个定律：

① 补色律：每一种颜色都有一个相应的补色。如果某一颜色与其补色以适当比例混合，则产生白色或灰色；如果两者按其他比例混合，则产生近似比重大的颜色成分的非饱和色。

② 中间色律：若任何两个非补色相混合，则产生中间色，其色调取决于两颜色的相对数量，其饱和度取决于两者在色调顺序上的远近。

（3）对于颜色外貌相同的光，不管它们的光谱组成是否一样，它们在颜色混合中具有相同的效果。换言之，凡是在视觉上相同的颜色都是等效的。由这一定律可导出颜色的代替律。

代替律：相似色混合后仍相似。如果颜色 A＝颜色 B，颜色 C＝颜色 D，那么

$$颜色\ A＋颜色\ C＝颜色\ B＋颜色\ D$$

代替律表明，只要在感觉上颜色是相似的，便可以互相代替，所得的视觉效果是同样的。设颜色 A＋颜色 B＝颜色 C，如果没有颜色 B，而颜色 X＋颜色 Y＝颜色 B，那么颜色 A＋（颜色 X＋颜色 Y）＝颜色 C。这个由代替而产生的混合色与原来的混合色在视觉上具有相同的效果。

根据代替律，可以利用颜色混合方法来产生或代替各种所需要的颜色。颜色混合的代替律是一条非常重要的定律，现代色度学就是建立在这一定律基础上的。

（4）混合色的总亮度等于组成混合色的各颜色光亮度的总和，这一定律叫作亮度相加律。

上面所说的格拉斯曼颜色混合定律是色度学的一般规律，适用于各种颜色光的相加混合，但这些定律不适用于染料或涂料的混合。

11.2 颜 色 匹 配

11.2.1　颜色匹配实验

根据格拉斯曼颜色混合定律，外貌相同的颜色可以相互代替，相互代替的颜色可以通过颜色匹配实验找到。把两个颜色调节到视觉上相同或相等的方法叫作颜色匹配。颜色混合可以是颜色光的混合，也可以是染料的混合，这两种混合方法所得到的结果是不同的，前者称为颜色相加混合，后者称为颜色相减混合。用几种颜色光同时或快速先后刺激人的视觉器官，便产生不同于原来颜色光的新的颜色感觉，这就是颜色相加混合方法。图 11-5 中所示的颜色匹配实验就是利用颜色光相加来实现的。图的左侧是一块白色屏幕，上方为红、绿、蓝三原色光，下方为待测色光，三原色光照射白色屏幕的上半部分，待测色光照射白色屏幕的下半部分，白色屏幕上下两部分用一黑挡屏隔开，由白色屏幕反射出来的光通过小孔抵达右方观察者的眼内，人眼看到的视场如图 11-5 右下方所示，视场范围

在 2°左右，被分成两部分。图 11-5 的右上方还有一束光，它投射在小孔周围的背景屏上，因而视场周围有一圈色光作为背景光，这束光的颜色和强度都可以调节。在此实验装置上可以进行一系列实验。待测色光的颜色可以通过调节上方三种原色光的强度来混合形成。当视场中两部分光色相同时，视场中的分界线消失，两部分视场合为同一视场，此时认为待测色光的光色与三原色光的混合光色达到色匹配。当不同的待测色光达到匹配时，三原色光的强度值不同。视场中两部分光色达到匹配后，改变背景光的明暗程度，视场中颜色会发生变化。例如，在暗背景光照明下感知的视场颜色为饱和的橘红色，而在亮背景光照明下感知的视场颜色为暗棕色，但是视场中两部分光色还是匹配的。这个实验证明了一条颜色匹配的基本定律，称为颜色匹配恒常律：两个相互匹配的颜色，尽管处在不同的条件下，两个颜色仍始终匹配，即不管颜色周围环境如何变化，或者人眼已经对其他色光适应后再来观察，视场中的两种颜色始终保持匹配。

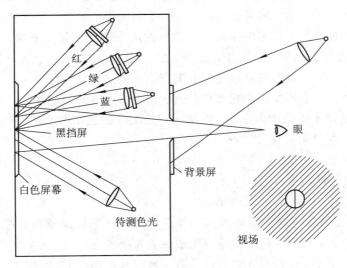

图 11-5　颜色匹配实验

通过颜色匹配实验还发现，这三个原色不一定是红、绿、蓝三色，也可以是其他三种颜色，条件是三个原色中的任何一个不能由其余两个相加混合出来。实验证明，用红、绿、蓝三原色产生其他颜色最方便，所以这三种颜色是最优的三原色。

需要说明的是，在上述颜色匹配实验中，由三原色光组成的颜色光的光谱组成与被匹配的颜色光的光谱组成可能很不一致。例如，由红、绿、蓝三个颜色光混合的白光与连续光谱的白光在视觉上一样，但它们的光谱组成却不一样。我们称这一颜色匹配为"同色异谱"的颜色配对。由三原色混合成的颜色只表达被匹配颜色的外貌，而不能表达它的光谱组成情况。

不同的颜色刺激同时作用到与视网膜非常邻近的部位，也可产生颜色混合现象。例如，在彩色电视机荧光屏幕上，密集地布满细小的红、绿、蓝发光荧光粉条或粉点，它们刺激与视网膜非常邻近的感光细胞，以致视觉不能区分独立的粉条或粉点。通过调节屏幕上相邻的三色粉条或粉点的亮度比例，就在视觉上产生各种颜色混合效果。

11.2.2 颜色匹配方程

图 11-5 所示的颜色匹配实验的结果可用格拉斯曼颜色混合定律来阐述,也可以用代数式和几何图形来表示。颜色匹配方程就是表示颜色匹配的代数式。如果用(C)代表被匹配的颜色,以(R)、(G)、(B)分别代表产生混合色的红、绿、蓝三原色,又以 R、G、B 分别代表红、绿、蓝三原色的数量(把为了匹配某一特定颜色所需的三原色数量叫作三刺激值),则

$$(C) \equiv R(R) + G(G) + B(B) \qquad (11-1)$$

方程(11-1)即为颜色匹配方程,简称"颜色方程"。它在形式上是一个代数方程,但本质上与我们熟悉的代数方程有很大的不同。首先,颜色方程式中的"≡"的意义是方程两边的颜色是匹配的,即视觉上相等,与代数方程中的恒等号意义不同;其次,方程中加号"+"的意义表示颜色的混合,实质上是代表一个实验操作,而非一种数量运算。

在上述颜色匹配实验中,如果在屏幕上被匹配的一侧是光谱上非常饱和的颜色光(即接近光谱色),而在屏幕的另一侧仍用红、绿、蓝三原色的混合光去匹配,就会发现大部分光谱色的饱和度太高,不能用三原色光产生满意的配对。在这种情况下,可选取三原色光中的一种,少量地加入被匹配的颜色光中,然后用剩下的两种原色光去匹配这个已同原来的被匹配的颜色稍微不同的颜色光。假设加入被匹配的颜色光中的原色光是蓝原色光,那么这一颜色匹配关系可用方程

$$(C) + B(B) \equiv R(R) + G(G) \qquad (11-2)$$

表达,这一方程在色度学中可写成

$$(C) \equiv R(R) + G(G) - B(B) \qquad (11-3)$$

例如,对于光谱中的黄单色光,就不能用三原色的混合光取得满意的匹配。这时,只用红和绿两原色光相混合,而把少量的蓝原色光加到黄光谱色的一侧,才能实现满意的匹配。

在颜色匹配实验中,待测色光也可以是某一种波长的单色光(亦称为光谱色),对应一种波长的单色光可以得到一组三刺激值 R、G、B。对不同波长的单色光做一系列类似的匹配实验,可以得到对应于各种波长的单色光的三刺激值。如果将各单色光的辐射能量值都保持为相同(这样的光谱分布称为等能光谱)来做上述一系列实验,则所得到的三刺激值称为光谱三刺激值,也就是为匹配等能光谱色所需的三原色的数量,用符号 $\bar{r}$、$\bar{g}$、$\bar{b}$ 表示。光谱三刺激值又称为颜色匹配函数,它的数值只取决于人眼的视觉特性。为匹配波长 λ 的等能光谱色(C_λ)的颜色方程为

$$(C_\lambda) \equiv \bar{r}(R) + \bar{g}(G) + \bar{b}(B) \qquad (11-4)$$

式(11-4)中光谱三刺激值 $\bar{r}$、$\bar{g}$、$\bar{b}$ 之一可能是负值。

本书中,我们约定用 $\bar{r}$、$\bar{g}$、$\bar{b}$ 表示某一光谱色(C_λ)的三刺激值,而用 R、G、B 表示某一混合色(非光谱色(C))的三刺激值。

在上述可能具有负值方程的颜色匹配条件下,所有的颜色,包括白黑系列的各种灰色、各种色调和饱和度的颜色,都能由红、绿、蓝三原色的相加混合产生。综上所述,任何一种颜色,包括可见光谱的全部颜色,都能用红、绿、蓝三原色相加混合出来,条件是三个原色中的任何一个不能由其余两个相加产生。

11.2.3　色度坐标和色度图

在色度学中，我们有时不直接用三刺激值 R、G、B 来表示颜色，而用三原色各自在三刺激值总和（$R+G+B$）中的相对比例来表示颜色，把三原色各自在三刺激值总和（$R+G+B$）中的相对比例叫作色度坐标，用符号 r、g、b 表示。某一光谱色（C_λ）的色度坐标为

$$r = \frac{\bar{r}}{\bar{r}+\bar{g}+\bar{b}}, \quad g = \frac{\bar{g}}{\bar{r}+\bar{g}+\bar{b}}, \quad b = \frac{\bar{b}}{\bar{r}+\bar{g}+\bar{b}} \tag{11-5}$$

而某一非光谱色（C）的色度坐标为

$$r = \frac{R}{R+G+B}, \quad g = \frac{G}{R+G+B}, \quad b = \frac{B}{R+G+B} \tag{11-6}$$

由于 $r+g+b=1$，故色度坐标实质上只有两个独立量，所以只用 r 和 g 即可表示一个颜色。某一特定颜色（C）的方程可写成

$$(C) \equiv r(R) + g(G) + b(B) \tag{11-7}$$

在色度学里，三刺激值不是以物理量为单位的，而选用色度学单位，也称为三 T 单位。色度学单位的确定方法是选某一特定的白光作为标准，另外选定三个特定波长的红、绿、蓝三原色光进行混合，直到三原色光以适当比例匹配出标准白光。若测得所需要的三原色光的光通量值满足：（R）光的光通量为 l_R 流明，（G）光的光通量为 l_G 流明，（B）光的光通量为 l_B 流明，则把每一原色光的光通量值作为一个单位来看待，三者的比例关系定为 1∶1∶1。换言之，将比值 l_R∶l_G∶l_B 定为三刺激值的相对亮度单位，即色度学单位。例如，匹配 F_C 流明的（C）光需要 F_R 流明的（R）光、F_G 流明的（G）光和 F_B 流明的（B）光，写出颜色方程为

$$F_C(C) \equiv F_R(R) + F_G(G) + F_B(B) \tag{11-8}$$

式（11-8）中各单位是以 1 流明表示的。若用色度学单位表示，则方程为

$$C(C) \equiv R(R) + G(G) + B(B) \tag{11-9}$$

式中

$$C = R + G + B$$

$$R = \frac{F_R}{l_R}, \quad G = \frac{F_G}{l_G}, \quad B = \frac{F_B}{l_B}$$

显然，为了匹配标准白光，三原色的数量 R、G、B（三刺激值）相等，即 $R=G=B=1$，将标准白（W）的三刺激值代入式（11-6），得其色度坐标为

$$r = \frac{1}{1+1+1} = 0.33, \quad g = \frac{1}{1+1+1} = 0.33, \quad b = \frac{1}{1+1+1} = 0.33 \tag{11-10}$$

因而

$$(W) \equiv 0.33(R) + 0.33(G) + 0.33(B) \tag{11-11}$$

标定一个颜色时还可以在色度图上用色度坐标定出它的位置。麦克斯韦（J. C. Maxwell）首先提出一个三角形色度图来表示颜色，所以这一色度图称为麦克斯韦颜色三角形。该色度图是一个直角三角形的平面坐标图，如图 11-6 所示。三角形的三个顶点对应于三原色（R）、（G）、（B），纵坐标为色度坐标 g，横坐标为色度坐标 r。标准白（W）在色度图上的位置是 $r=0.33$，$g=0.33$。只需给出 r 和 g 两个坐标值就可确定任意颜色在色度图上的位置。

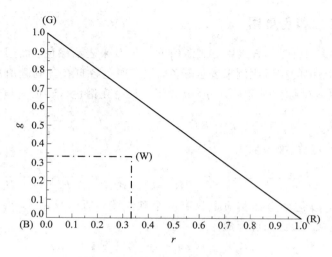

图 11-6 麦克斯韦颜色三角形

11.2.4 三刺激值计算公式

CIE 色度学系统用三刺激值来定量描述颜色,但是要得到每种颜色的三刺激值不可能都用颜色匹配实验来测得。

根据格拉斯曼颜色混合的代替律,如果两种颜色的三刺激值分别为 R_1、G_1、B_1 和 R_2、G_2、B_2,则它们相加混合后所得的混合色的三刺激值为

$$R = R_1 + R_2$$
$$G = G_1 + G_2$$
$$B = B_1 + B_2$$

混合色的三刺激值为各组成色三刺激值之和,这一规律称为颜色相加原理。该原理不仅适用于两个颜色的相加,而且可以扩展到许多颜色的相加。因此,一个任意光源的三刺激值应等于匹配该光源各波长光谱色的三刺激值之和。

对于一个光源的光谱,用特定的三原色匹配每一波长的光谱色时所需的三刺激值的比例是不同的。但是对于任何光源,匹配同波长光谱色的三刺激值的比例关系却是固定的,只是在改变光源时,由于光源的光谱功率分布不同,需要对匹配各个波长光谱色的固定三刺激值分别乘以不同的因数。如果将各种波长光谱色的辐射能量值都保持为相同,在可见光 380~780 nm 范围内,每隔一定波长间隔(如 5 nm),对各个波长的光谱色进行一系列颜色匹配实验,可以得到对应于各种波长光谱色的三刺激值,可以用一组方程表示:

$$\begin{cases} (C_{380}) \equiv \bar{r}_{380}(R) + \bar{g}_{380}(G) + \bar{b}_{380}(B) \\ (C_{385}) \equiv \bar{r}_{385}(R) + \bar{g}_{385}(G) + \bar{b}_{385}(B) \\ (C_{390}) \equiv \bar{r}_{390}(R) + \bar{g}_{390}(G) + \bar{b}_{390}(B) \\ \quad\quad\quad \vdots \\ (C_{780}) \equiv \bar{r}_{780}(R) + \bar{g}_{780}(G) + \bar{b}_{780}(B) \end{cases} \quad (11-12)$$

经过这样的颜色匹配实验,就可以得到颜色视觉正常的标准人眼用这三原色匹配各波长光谱色所需要的三刺激值,即标准观察者的光谱三刺激值 $\bar{r}(\lambda)$、$\bar{g}(\lambda)$、$\bar{b}(\lambda)$。

因此，我们就得到一种测量颜色的方法。当我们规定三个原色光，并且已知标准观察者的光谱三刺激值 $\bar{r}(\lambda)$、$\bar{g}(\lambda)$、$\bar{b}(\lambda)$ 时，就可以此为标准计算光谱功率分布不同的光源的三刺激值和色度坐标。计算方法是将待测光的光谱功率分布 $S(\lambda)$ 按波长加权光谱三刺激值，得出每一波长的光谱三刺激值，再进行积分，就得出该待测光的三刺激值，即

$$
\begin{cases}
R = \displaystyle\int_{\lambda} kS(\lambda)\bar{r}(\lambda)\mathrm{d}\lambda \\[2mm]
G = \displaystyle\int_{\lambda} kS(\lambda)\bar{g}(\lambda)\mathrm{d}\lambda \\[2mm]
B = \displaystyle\int_{\lambda} kS(\lambda)\bar{b}(\lambda)\mathrm{d}\lambda
\end{cases}
\qquad (11-13)
$$

11.3 CIE 1931 标准色度系统

现代色度学采用 CIE 所规定的一套颜色测量原理、数据和计算方法，称为 CIE 标准色度学系统。这一色度学系统以两组基本视觉实验数据为基础。一组数据叫作"CIE 1931 标准色度观察者"，适用于 1°～4° 视场的颜色测量。另一组数据叫作"CIE 1964 补充标准色度观察者"，适用大于 4° 视场的颜色测量。按照 CIE 规定，必须在明视觉条件下使用这两组标准观察者的数据。

用三刺激值来定量描述颜色的数量是一种可行的方法。为了测得物体颜色的三刺激值，首先必须研究人眼的颜色视觉特性，测出光谱三刺激值。实验证明，不同观察者的视觉特性多少是有差异的，但是对于具有正常颜色视觉的人，此差异是不大的，故有可能根据一些观察者进行颜色匹配实验，将它们的实验数据加以平均，确定一组匹配等能光谱色所需要的三原色数据。此数据称为"标准色度观察者光谱三刺激值"，以此代表人眼的平均视觉特性。当时，不少科学工作者进行了这类实验，但是由于选用的三原色不同及确定三刺激值单位的方法不一致，因而数据无法统一。1931 年，国际照明委员会（CIE）在英国剑桥举行的 CIE 第 8 次会议上统一了上述实验结果，建立起 CIE 1931 标准色度系统，从而奠定了现代色度学的基础。

11.3.1 1931 CIE – RGB 系统

1931 CIE – RGB 系统是建立在莱特（W . D. Wright）和吉尔德（J. Guild）两项颜色匹配实验基础上的。

在 1928～1929 年间，莱特选择红（650 nm）、绿（530 nm）和蓝（460 nm）三种单色作为三原色进行光谱色匹配实验，在 2° 视场范围内，用这三种原色匹配等能光谱的各种颜色。三刺激值单位是这样规定的：相等数量的绿和蓝原色匹配波长为 494 nm 的蓝绿色，相等数量的红和绿原色匹配波长为 582.5 nm 的黄色，得出它们的相对亮度单位为 $l_R : l_G : l_B$。由 10 名观察者在他设计的目视色度计上进行实验，测得一组光谱三刺激值数据。

吉尔德在 1931 年选用红（630 nm）、绿（542 nm）和蓝（460 nm）作为三原色来匹配等能

光谱的各种颜色，三刺激值单位是在以三原色相加匹配白色光源的条件下，认为三原色的刺激值相等定出它们的相对亮度单位为 $l_R : l_G : l_B$。在他设计的目视测色计上由 7 名观察者在 2°观察视场下进行了颜色匹配实验，测得了一组独立的光谱三刺激值数据。

CIE 综合了上述两项实验结果，并将他们两人使用的三原色转换成红(700 nm)、绿(546.1 nm)和蓝(435.8 nm)三原色，并以相等数量的三原色光匹配出等能白光(又称为 E 光源)来确定三刺激值单位。然后重新比较两组实验数据，发现其结果非常接近。因此，CIE 于 1931 年采用了他们两人的实验结果的平均值来定出匹配等能光谱色的 RGB 三刺激值，用 $\bar{r}$、$\bar{g}$、$\bar{b}$ 来表示。这一组数据叫作"1931 CIE - RGB 系统标准色度观察者光谱三刺激值"，简称"1931 CIE - RGB 系统标准色度观察者"，其数据如表 11 - 1 所示，光谱三刺激值曲线如图 11 - 7 所示。图 11 - 8 是根据 1931 CIE - RGB 系统标准色度观察者光谱三刺激值所绘制的 1931 CIE - RGB 系统色度图。

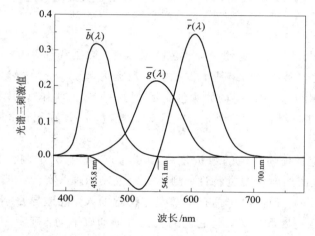

图 11 - 7　1931 CIE - RGB 系统标准色度观察者光谱三刺激值曲线

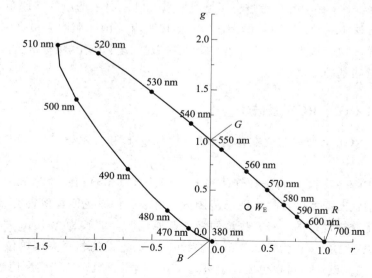

图 11 - 8　1931 CIE - RGB 系统色度图

表 11 - 1　1931 CIE - RGB 系统标准色度观察者光谱三刺激值

波长 λ /nm	$\bar{r}(\lambda)$	$\bar{g}(\lambda)$	$\bar{b}(\lambda)$	波长 λ /nm	$\bar{r}(\lambda)$	$\bar{g}(\lambda)$	$\bar{b}(\lambda)$
380	0.000 03	−0.000 01	0.001 17	585	0.279 89	0.116 86	−0.000 93
385	0.000 05	−0.000 02	0.001 89	590	0.309 28	0.097 54	−0.000 79
390	0.000 10	−0.000 04	0.003 59	595	0.331 84	0.079 09	−0.000 63
395	0.000 17	−0.000 07	0.006 47	600	0.344 29	0.062 46	−0.000 49
400	0.000 30	−0.000 14	0.012 14	605	0.347 56	0.047 76	−0.000 38
405	0.000 47	−0.000 22	0.019 69	610	0.339 71	0.035 57	−0.0003
410	0.000 84	−0.000 41	0.037 07	615	0.322 65	0.025 83	−0.000 22
415	0.001 39	−0.0007	0.066 37	620	0.297 08	0.018 28	−0.000 15
420	0.002 11	−0.0011	0.115 41	625	0.263 48	0.012 53	−0.000 11
425	0.002 66	−0.001 43	0.185 75	630	0.226 77	0.008 33	−0.000 08
430	0.002 18	−0.001 19	0.247 69	635	0.192 33	0.005 37	−0.000 05
435	0.000 36	−0.000 21	0.290 12	640	0.159 68	0.003 34	−0.000 03
440	−0.002 61	0.001 49	0.312 28	645	0.129 05	0.001 99	−0.000 02
445	−0.006 73	0.003 79	0.3186	650	0.101 67	0.001 16	−0.000 01
450	−0.012 13	0.006 78	0.3167	655	0.078 57	0.000 66	−0.000 01
455	−0.018 74	0.010 46	0.311 66	660	0.059 32	0.000 37	0.000 00
460	−0.026 08	0.014 85	0.298 21	665	0.043 66	0.000 21	0.000 00
465	−0.033 24	0.019 77	0.272 95	670	0.031 49	0.000 11	0.000 00
470	−0.039 33	0.025 38	0.229 91	675	0.022 94	0.000 06	0.000 00
475	−0.044 71	0.031 83	0.185 92	680	0.016 87	0.000 03	0.000 00
480	−0.049 39	0.039 14	0.144 94	685	0.011 87	0.000 01	0.000 00
485	−0.053 64	0.047 13	0.109 68	690	0.008 19	0.000 00	0.000 00
490	−0.058 14	0.056 89	0.082 57	695	0.005 72	0.000 00	0.000 00
495	−0.064 14	0.069 48	0.062 46	700	0.004 10	0.000 00	0.000 00
500	−0.071 73	0.085 36	0.047 76	705	0.002 91	0.000 00	0.000 00
505	−0.081 20	0.105 93	0.036 88	710	0.002 10	0.000 00	0.000 00
510	−0.089 01	0.1286	0.026 98	715	0.001 48	0.000 00	0.000 00
515	−0.093 56	0.152 62	0.018 42	720	0.001 05	0.000 00	0.000 00
520	−0.092 64	0.174 68	0.012 21	725	0.000 74	0.000 00	0.000 00
525	−0.084 73	0.191 13	0.0083	730	0.000 52	0.000 00	0.000 00
530	−0.071 01	0.203 17	0.005 49	735	0.000 36	0.000 00	0.000 00
535	−0.053 16	0.210 83	0.0032	740	0.000 25	0.000 00	0.000 00
540	−0.031 52	0.214 66	0.001 46	745	0.000 17	0.000 00	0.000 00
545	−0.006 13	0.214 87	0.000 23	750	0.000 12	0.000 00	0.000 00
550	0.022 79	0.211 78	−0.000 58	755	0.000 08	0.000 00	0.000 00
555	0.055 14	0.205 88	−0.001 05	760	0.000 06	0.000 00	0.000 00
560	0.0906	0.197 02	−0.0013	765	0.000 04	0.000 00	0.000 00
565	0.1284	0.185 22	−0.001 38	770	0.000 03	0.000 00	0.000 00
570	0.167 68	0.170 87	−0.001 35	775	0.000 01	0.000 00	0.000 00
575	0.207 15	0.154 29	−0.001 23	780	0.000 00	0.000 00	0.000 00
580	0.245 26	0.1361	−0.001 08				

在图 11-8 所示的色度图中，偏马蹄形曲线是所有光谱色色度坐标点连接起来的轨迹，称为光谱轨迹。容易看到，光谱轨迹上很大一部分的 r 坐标都是负值。1931 CIE-RGB 系统用 (R)(700 nm)、(G)(546.1 nm) 和 (B)(435.8 nm) 作为三原色，是因为 (R)(700 nm) 是可见光谱的红色末端，(G)(546.1 nm) 和 (B)(435.8 nm) 是两个较为明显的汞亮线谱，三者都比较容易精确地产生出来。1931 CIE-RGB 系统规定用等量的三原色光匹配等能白光。经实验和计算确定，匹配等能白的三原色的相对亮度比为 1.0000∶4.5907∶0.0601，它们的辐射亮度比率为 72.0962∶1.3791∶1.0000。

从图 11-7 和图 11-8 可看到，光谱三刺激值 $\bar{r}$、$\bar{g}$、$\bar{b}$ 和光谱轨迹的色度坐标有很大一部分出现负值，负值出现的物理意义可以从匹配实验的过程中来理解它。

1931 CIE-RGB 系统的光谱三刺激值 $\bar{r}$、$\bar{g}$、$\bar{b}$ 是从实验得出的，本来可以用于色度学的计算，但计算中会出现负值，用起来不方便，又不易理解，因此，1931 年，CIE 推荐了一个新的国际通用的色度系统——1931 CIE-XYZ 系统。

11.3.2 1931 CIE-XYZ 系统

1. 1931 CIE-RGB 系统向 1931 CIE-XYZ 系统的转换

1931 年，CIE 在 1931 CIE-RGB 系统的基础上，改用三个假想的原色 (X)、(Y)、(Z) 建立了一个新的色度图——CIE 1931 色度图，并用它匹配等能光谱的三刺激值，定名为"CIE 1931 标准色度观察者光谱三刺激值"，简称为"CIE 1931 标准色度观察者"。相应的系统叫作"CIE 1931 标准色度学系统"或"1931 CIE-XYZ 系统"，故 CIE 1931 色度图也叫作 1931 CIE-XYZ 系统色度图。

1931 CIE-XYZ 系统中三个假想原色的确定主要考虑下面几个问题：

(1) 规定 (X)、(Y) 两原色只代表色度，没有亮度，光度量只与三刺激值 Y 成正比。XZ 线称为无亮度线，它在 r-g 色度图中的方程应满足无亮度线的条件。

由于 (R)、(G)、(B) 三原色的相对亮度比是 $l_R∶l_G∶l_B=1.0000∶4.5907∶0.0601$，因此在色度图上，若某一颜色的色度坐标为 r、g、b，则它的亮度方程可写成

$$l(\text{C})=r+4.5907g+0.0601b \tag{11-14}$$

如果此颜色在无亮度线上，则 $l(\text{C})=0$，所以

$$r+4.5907g+0.0601b=0 \tag{11-15}$$

将 $b=1-r-g$ 代入，则得

$$r+4.5907g+0.0601-0.0601r-0.0601g=0 \tag{11-16}$$

整理后得 XZ 线的方程为

$$0.9399r+4.5306g+0.0601=0 \tag{11-17}$$

(2) 在此系统中，光谱三刺激值和光谱轨迹上以及轨迹以内的色度坐标都成为正值。要达到此目的，在选择三原色时，必须使三原色所形成的颜色三角形能包括整个光谱轨迹。也就是这三个原色在色度图上必须落在光谱轨迹之外，而不能在光谱轨迹的范围之内。这就决定了选用三个假想的原色 (X)、(Y)、(Z)，其中 (X) 代表红原色，(Y) 代表绿原色，(Z) 代表蓝原色，它们虽不真实存在，但 X、Y、Z 所形成的虚线三角形却包含了整个光谱轨迹。

(3) 光谱轨迹从 540 nm 附近至 700 nm，在 RGB 色度图中基本上是一条直线，用这段线上的两个颜色相混合可以得到两色之间的各种颜色，新的 XYZ 三角形的 XY 边应与这

条直线重合,因为在这段线上光谱轨迹只涉及(X)原色和(Y)原色的变化,不涉及(Z)原色,使计算方便。

光谱轨迹从 540 nm 至 700 nm 这条直线的方程为

$$r + 0.99g - 1 = 0 \tag{11-18}$$

这就是 XY 线的方程。

另外,新的 XYZ 三角形的 YZ 边应尽量与光谱轨迹短波部分的一点(503 nm)靠近。由于上述 XY 边与红端光谱轨迹相切,因此可以使光谱轨迹内的真实颜色尽量落在 XYZ 三角形内较大部分的空间,从而减少三角形内设想颜色的范围。

YZ 边取与光谱轨迹波长 503 nm 点相靠近的直线,其直线方程为

$$1.45r + 0.55g + 1 = 0 \tag{11-19}$$

由于以上三条直线相交,因此得到(X)、(Y)、(Z)三原色点在 1931 CIE - RGB 系统色度图中的坐标值,它们是

$$(X): r = 1.2750, \ g = -0.2778, \ b = 0.0028$$
$$(Y): r = -1.7392, \ g = 2.7671, \ b = -0.0279$$
$$(Z): r = -0.7431, \ g = 0.1409, \ b = 1.6022$$

以上确定了假想的三原色(X)、(Y)、(Z)在 1931 CIE - RGB 系统色度图中的位置(即色度坐标),从而确定了新的 XYZ 三角形,如图 11-9 所示。但在 1931 CIE - RGB 系统色度图中,这个三角形是个钝角三角形,用起来很不方便。需要将 1931 CIE - RGB 系统色度图转换成 1931 CIE - XYZ 系统色度图。

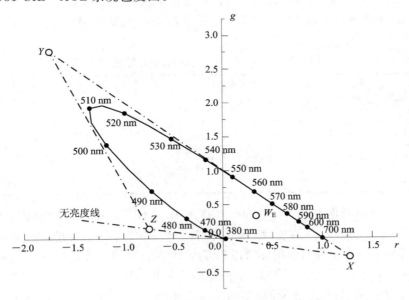

图 11-9 1931 CIE - RGB 系统色度图中 X、Y、Z 的位置

假想的三原色(X)、(Y)、(Z)在 1931 CIE - XYZ 系统色度图中的坐标应是

$$(X): x = 1, \ y = 0, \ z = 0$$
$$(Y): x = 0, \ y = 1, \ z = 0$$
$$(Z): x = 0, \ y = 0, \ z = 1$$

确定了三个原色坐标之后，还必须选择一个标准白，以确定三刺激值的单位。1931 CIE－XYZ 系统是用相等数量的三原色刺激值匹配出等能白(E)来定各原色刺激值单位的。等能白在 r-g 坐标系统内的坐标为

$$r = 0.3333, \quad g = 0.3333$$

在 x-y 坐标系统内的坐标为

$$x = 0.3333, \quad y = 0.3333$$

知道了三原色和等能白在 r-g 坐标系和 x-y 坐标系中的位置后，经过坐标转换，可求得 1931 CIE－XYZ 系统和 1931 CIE－RGB 系统的三原色刺激值之间的转换关系式为

$$\begin{cases} X = 2.7689R + 1.7517G + 1.1302B \\ Y = 1.0000R + 4.5907G + 0.0601B \\ Z = 0.0000R + 0.0565G + 5.5943B \end{cases} \tag{11-20}$$

同样经过转换，也可以找到它们之间的色度坐标转换关系式为

$$\begin{cases} x = \dfrac{0.490\,00r + 0.310\,00g + 0.200\,00b}{0.666\,97r + 1.132\,40g + 1.200\,63b} \\[2mm] y = \dfrac{0.176\,97r + 0.812\,40g + 0.010\,63b}{0.666\,97r + 1.132\,40g + 1.200\,63b} \\[2mm] z = \dfrac{0.000\,00r + 0.0100\,0g + 0.990\,00b}{0.666\,97r + 1.132\,40g + 1.200\,63b} \end{cases} \tag{11-21}$$

由 CIE 推荐的 1931 CIE－RGB 系统的三原色(R)、(G)、(B)的波长分别为 700 nm、546.1 nm、435.8 nm，按照关系式(11-21)可以根据其在 1931 CIE－RGB 系统中的色度坐标(r, g, b)计算出它们在 1931 CIE－XYZ 系统中的色度坐标(x, y, z)，如表 11-2 所示。

表 11-2　三原色(R)、(G)、(B)的色度坐标

三原色	1931 CIE－RGB 系统			1931 CIE－XYZ 系统		
	r	g	b	x	y	z
(R)	1	0	0	0.734 69	0.265 31	0.000 00
(G)	0	1	0	0.273 68	0.717 43	0.008 90
(B)	0	0	1	0.166 54	0.008 88	0.824 58

因此，可以根据转换关系式(11-21)计算出 1931 CIE－RGB 系统中各波长的光谱在 1931 CIE－XYZ 系统中相应的色度坐标，将各波长谱线的坐标点连接起来就形成 1931 CIE－XYZ 系统色度图，即目前国际通用的 CIE 1931 色度图。如图 11-10 所示，图中 W_E 表示等能白(E)的色度点。可以看到，由假想的三原色(X)、(Y)、(Z)在 1931 CIE－RGB 系统色度图中的位置(即色度坐标)确定的钝角三角形在 1931 CIE－XYZ 系统色度图中就成为麦克斯韦直角三角形。

2. CIE 1931 标准色度观察者

通过式(11-20)，可将表 11-1 中的 1931 CIE－RGB 系统标准色度观察者光谱三刺激值 $\bar{r}$、$\bar{g}$、$\bar{b}$ 数据转换成表 11-3 中的 CIE 1931 标准色度观察者光谱三刺激值 $\bar{x}(x)$、$\bar{y}(x)$、$\bar{z}(x)$ 数据。波长间隔一般取 5 nm 或者 10 nm，得到的一组数据称为"CIE 1931 标准色度观

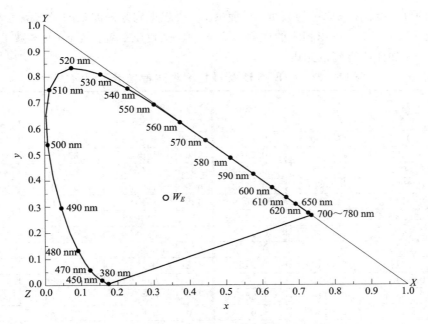

图 11-10　1931 CIE-XYZ 系统色度图（颜色三角形）

察者"。这组数据中 $\bar{x}$、$\bar{y}$、$\bar{z}$ 代表了匹配各波长等能光谱色的三个假想原色的三刺激值。图 11-11 就是 CIE 1931 标准色度观察者光谱三刺激值曲线图。1931 CIE-XYZ 系统给色度学的计算带来很大的方便，它的特点是 $\bar{x}$、$\bar{y}$、$\bar{z}$ 的数值全部为正值。

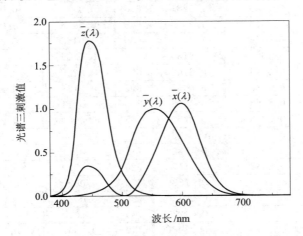

图 11-11　CIE 1931 标准色度观察者光谱三刺激值曲线图

由于在 1931 CIE-XYZ 系统中选择三原色时就考虑到只有 Y 值既代表色度又代表亮度，而 X、Z 只代表色度，因此 $\bar{y}(\lambda)$ 与明视觉光谱光效率函数一致，即 $\bar{y}(\lambda) = V(\lambda)$。因而用已知的 CIE 1931 色度图的光谱轨迹色度坐标 $x(\lambda)$、$y(\lambda)$、$z(\lambda)$ 和光谱光效率函数 $V(\lambda)$ 就可求得光谱三刺激值 $\bar{x}(\lambda)$、$\bar{y}(\lambda)$、$\bar{z}(\lambda)$ 为

$$\bar{x}(\lambda) = \frac{x(\lambda)}{y(\lambda)}V(\lambda), \quad \bar{y}(\lambda) = V(\lambda), \quad \bar{z}(\lambda) = \frac{z(\lambda)}{y(\lambda)}V(\lambda) \qquad (11-22)$$

CIE 1931 标准色度观察者光谱三刺激值 $\bar{x}$、$\bar{y}$、$\bar{z}$ 曲线分别代表匹配各波长等能光谱刺

激所需要的红、绿、蓝三原色的数量。在理论上，要想得到某一波长的光谱颜色，可以从表 11-3 中或图 11-11 上查出相应的三刺激值 $\bar{x}$、$\bar{y}$、$\bar{z}$，也就是说，按 $\bar{x}$、$\bar{y}$、$\bar{z}$ 数量的红、绿、蓝设想原色相加便能得到该光谱色。

表 11-3　CIE 1931 标准色度观察者光谱三刺激值

波长 λ /nm	$\bar{x}(\lambda)$	$\bar{y}(\lambda)$	$\bar{z}(\lambda)$	波长 λ /nm	$\bar{x}(\lambda)$	$\bar{y}(\lambda)$	$\bar{z}(\lambda)$
380	0.0014	0.0000	0.0065	585	0.9786	0.8163	0.0014
385	0.0022	0.0001	0.0105	590	1.0263	0.7570	0.0011
390	0.0042	0.0001	0.0201	595	1.0567	0.6949	0.0010
395	0.0076	0.0002	0.0362	600	1.0622	0.6310	0.0008
400	0.0143	0.0004	0.0679	605	1.0456	0.5668	0.0006
405	0.0232	0.0006	0.1102	610	1.0026	0.5030	0.0003
410	0.0435	0.0012	0.2074	615	0.9384	0.4412	0.0002
415	0.0776	0.0022	0.3713	620	0.8544	0.3810	0.0002
420	0.1344	0.0040	0.6456	625	0.7514	0.3210	0.0001
425	0.2148	0.0073	1.0391	630	0.6424	0.2650	0.0000
430	0.2839	0.0116	1.3856	635	0.5419	0.2170	0.0000
435	0.3285	0.0168	1.6230	640	0.4479	0.1750	0.0000
440	0.3483	0.0230	1.7471	645	0.3608	0.1382	0.0000
445	0.3481	0.0298	1.7826	650	0.2835	0.1070	0.0000
450	0.3362	0.0380	1.7721	655	0.2187	0.0816	0.0000
455	0.3187	0.0480	1.7441	660	0.1649	0.0610	0.0000
460	0.2908	0.0600	1.6692	665	0.1212	0.0446	0.0000
465	0.2511	0.0739	1.5281	670	0.0874	0.0320	0.0000
470	0.1954	0.0910	1.2876	675	0.0636	0.0232	0.0000
475	0.1421	0.1126	1.0419	680	0.0468	0.0170	0.0000
480	0.0956	0.1390	0.8130	685	0.0329	0.0119	0.0000
485	0.0580	0.1693	0.6162	690	0.0227	0.0082	0.0000
490	0.0320	0.2080	0.4652	695	0.0158	0.0057	0.0000
495	0.0147	0.2586	0.3533	700	0.0114	0.0041	0.0000
500	0.0049	0.3230	0.2720	705	0.0081	0.0029	0.0000
505	0.0024	0.4073	0.2123	710	0.0058	0.0021	0.0000
510	0.0093	0.5030	0.1582	715	0.0041	0.0015	0.0000
515	0.0291	0.6082	0.1117	720	0.0029	0.0010	0.0000
520	0.0633	0.7100	0.0782	725	0.0020	0.0007	0.0000
525	0.1096	0.7932	0.0573	730	0.0014	0.0005	0.0000
530	0.1655	0.8620	0.0422	735	0.0010	0.0004	0.0000
535	0.2257	0.9149	0.0298	740	0.0007	0.0002	0.0000
540	0.2904	0.9640	0.0203	745	0.0005	0.0002	0.0000
545	0.3597	0.9803	0.0134	750	0.0003	0.0001	0.0000
550	0.4334	0.9950	0.0087	755	0.0002	0.0001	0.0000
555	0.5121	1.0000	0.0057	760	0.0002	0.0001	0.0000
560	0.5945	0.9950	0.0039	765	0.0001	0.0000	0.0000
565	0.6784	0.9786	0.0027	770	0.0001	0.0000	0.0000
570	0.7621	0.9520	0.0021	775	0.0001	0.0000	0.0000
575	0.8425	0.9154	0.0018	780	0.0000	0.0000	0.0000
580	0.9163	0.8700	0.0017	总和	21.3714	21.3714	21.3714

图 11-11 中，$\bar{x}$、$\bar{y}$、$\bar{z}$ 各曲线所包括的总面积分别用 X、Y、Z 代表。表 11-3 中 CIE 1931 CIE 标准色度观察者光谱三刺激值中等能光谱各波长的 $\bar{x}$ 总量、$\bar{y}$ 总量和 $\bar{z}$ 总量是相等的，都是 21.3714（$X=Y=Z=21.3714$）。这个 21.3714 数值是相对数，没有绝对意义，它表明一个等能光谱的等能白（E）是由相同数量的 X、Y、Z 组成的。

CIE 1931 标准色度观察者的数据适用于 2°视场的中央视觉观察条件（视场范围 1°～4°）。在观察 2°视场的小面积物体时，主要是锥体细胞起作用。对于极小面积的颜色观察，此数据不再有效，对于大于 4°视场的观察面积，另有 10°视场的"CIE 1964 补充标准色度观察者"数据。

3. CIE 1931 色度图

光谱色的色度坐标由以下方程计算：

$$\begin{cases} x(\lambda) = \dfrac{\bar{x}(\lambda)}{\bar{x}(\lambda) + \bar{y}(\lambda) + \bar{z}(\lambda)} \\[3mm] y(\lambda) = \dfrac{\bar{y}(\lambda)}{\bar{x}(\lambda) + \bar{y}(\lambda) + \bar{z}(\lambda)} \\[3mm] z(\lambda) = \dfrac{\bar{z}(\lambda)}{\bar{x}(\lambda) + \bar{y}(\lambda) + \bar{z}(\lambda)} \end{cases} \tag{11-23}$$

利用式（11-23）可直接根据光谱三刺激值 $\bar{x}(\lambda)$、$\bar{y}(\lambda)$、$\bar{z}(\lambda)$ 求得光谱色的色度坐标值，将光谱色的色度坐标点连成马蹄形曲线，此曲线称为 CIE 1931 色度图的光谱轨迹，如图 11-12 所示。可以看到，从光谱的红端到 540 nm 一带的绿色，光谱轨迹几乎是直线。此后光谱轨迹突然转弯，颜色从绿色转为蓝绿色，蓝绿色又从 510 nm 到 480 nm 伸展开来，带

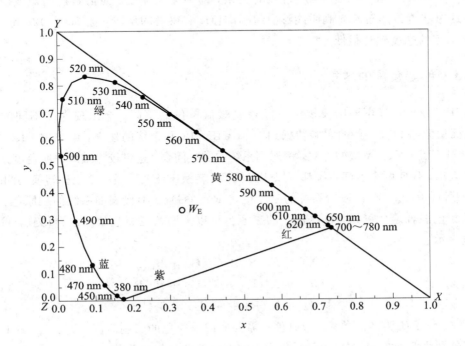

图 11-12　CIE 1931 色度图的光谱轨迹

有一定的曲率,蓝色和紫色波段却压缩在光谱轨迹尾部的较短范围内。连接 400 nm 和 700 nm 的直线是光谱上所没有的由紫到红的颜色。光谱轨迹曲线以及连接光谱轨迹两端所形成的马蹄形内包括一切物理上能实现的颜色。

(X)、(Y)、(Z)三原色处在麦克斯韦颜色三角形的三个角上,它们都落在光谱轨迹的外面,也就是说,三原色点的色度是假想的,在物理上不可能实现的。同样,凡是落在光谱轨迹和由红端到紫端直线范围以外的颜色也都是不能由真实光线产生的颜色。

在 CIE 1931 色度图上,光谱轨迹还表现出如下的颜色视觉特点:

(1) 靠近长波末端 700~780 nm 的光谱波段具有一个恒定的色度值,都是 $x=0.734\ 69$,$y=0.265\ 31$,$z=0$,所以在色度图上只由一个点来表示。只要将 700~780 nm 这段光谱轨迹上的任何两个颜色调整到相同的明度,则这两个颜色在人眼看来都是一样的。

(2) 光谱轨迹 540~700 nm 这一段在颜色三角形上的坐标满足 $x+y=1$,这是一段与 XY 边重合的直线。这表明,在这段光谱范围内的任何光谱色都可通过 540 nm 和 700 nm 两种波长的光以一定比例相加混合产生。

(3) 光谱轨迹 380~540 nm 一段是一条曲线,在此范围内的一对光谱色的混合不能产生二者之间的位于光谱轨迹上的颜色,而只能产生光谱轨迹所包围面积内的混合色。图 11-12 上的 W_E 代表的是等能白(E)的色度点,该点位于 XYZ 颜色三角形的中心处。光谱轨迹上的颜色饱和度最高,而离开轨迹愈靠近色度点的颜色饱和度越低。

(4) 连接色度点 400 nm 和 700 nm 的直线称为紫红轨迹,亦称紫线。因为将 400 nm 的蓝色刺激与 700 nm 的红色刺激混合后会产生紫色。

(5) $y=0$ 的直线(XZ 边)与亮度没有关系,即为无亮度线。光谱轨迹的短波段紧靠这条线,这意味着虽然短波光刺激能够引起标准色度观察者的反应,但 380~420 nm 波长在视觉上引起的亮度感觉很低。

11.3.3 色度系统的转换

由于三原色选择不同以及规定三原色刺激值单位的不同,会出现许多不同的色度系统。前面由莱特和吉尔德的实验数据到 1931 CIE-RGB 系统的建立,由 1931 CIE-RGB 系统到 1931 CIE-XYZ 系统的建立,都遇到系统的转换问题。这里较详细地说明色度系统的一般转换方法。任何两个色度系统都可以相互转换,转换方法实质是一个坐标转换的问题。

令(X)、(Y)、(Z)代表新系统的三原色,(R)、(G)、(B)代表旧系统的三原色。根据格拉斯曼颜色混合定律可知,每单位新的三原色可以由旧的三原色相加混合得到,可用下列方程组表示:

$$\begin{cases} (X) = R_x(R) + G_x(G) + B_x(B) \\ (Y) = R_y(R) + G_y(G) + B_y(B) \\ (Z) = R_z(R) + G_z(G) + B_z(B) \end{cases} \qquad (11-24)$$

式中,R_x、G_x、B_x 为匹配单位(X)原色所需要的旧三原色的三刺激值,R_y、G_y、B_y 以及 R_z、G_z、B_z 分别为匹配单位(Y)、(Z)原色所需的旧三原色的三刺激值。

某一颜色(C)在旧系统中的颜色方程为

$$C(C) = R(R) + G(G) + B(B) \tag{11-25}$$

在新系统中的颜色方程为

$$C(C) = X(X) + Y(Y) + Z(Z) \tag{11-26}$$

将方程(11-24)代入式(11-26)中整理后得

$$C(C) = (R_x X + R_y Y + R_z Z)(R) + (G_x X + G_y Y + G_z Z)(G) +$$
$$(B_x X + B_y Y + B_z Z)(B) \tag{11-27}$$

比较式(11-25)与式(11-27)可得到旧系统的三刺激值与新系统的三刺激值之间的关系为

$$\begin{cases} R = R_x X + R_y Y + R_z Z \\ G = G_x X + G_y Y + G_z Z \\ B = B_x X + B_y Y + B_z Z \end{cases} \tag{11-28}$$

令

$$\begin{cases} m_1 = R_x + G_x + B_x \\ m_2 = R_y + G_y + B_y \\ m_3 = R_z + G_z + B_z \end{cases} \tag{11-29}$$

如果知道新系统的三原色在旧系统内的色度坐标为

$$(X): r_x, g_x, b_x$$
$$(Y): r_y, g_y, b_y$$
$$(Z): r_z, g_z, b_z$$

则有

$$\begin{cases} r_x = \dfrac{R_x}{m_1}, \quad g_x = \dfrac{G_x}{m_1}, \quad b_x = \dfrac{B_x}{m_1} \\[2mm] r_y = \dfrac{R_y}{m_2}, \quad g_y = \dfrac{G_y}{m_2}, \quad b_y = \dfrac{B_y}{m_2} \\[2mm] r_z = \dfrac{R_z}{m_3}, \quad g_z = \dfrac{G_z}{m_3}, \quad b_z = \dfrac{B_z}{m_3} \end{cases} \tag{11-30}$$

故式(11-28)可改写成

$$\begin{cases} R = m_1 r_x X + m_2 r_y Y + m_3 r_z Z \\ G = m_1 g_x X + m_2 g_y Y + m_3 g_z Z \\ B = m_1 b_x X + m_2 b_y Y + m_3 b_z Z \end{cases} \tag{11-31}$$

式(11-31)用矩阵式表示为

$$\begin{bmatrix} R \\ G \\ B \end{bmatrix} = \begin{bmatrix} m_1 r_x & m_2 r_y & m_3 r_z \\ m_1 g_x & m_2 g_y & m_3 g_z \\ m_1 b_x & m_2 b_y & m_3 b_z \end{bmatrix} \begin{bmatrix} X \\ Y \\ Z \end{bmatrix} \tag{11-32}$$

式中 m_1、m_2、m_3 为未知数。

由式(11-31)可得

$$
\begin{cases}
X = \dfrac{g_y b_z - g_z b_y}{m_1 \Delta'} R + \dfrac{r_z b_y - r_y b_z}{m_1 \Delta'} G + \dfrac{r_y g_z - r_z g_y}{m_1 \Delta'} B \\[2mm]
Y = \dfrac{g_z b_x - g_x b_z}{m_2 \Delta'} R + \dfrac{r_x b_z - r_z b_x}{m_2 \Delta'} G + \dfrac{r_z g_x - r_x g_z}{m_2 \Delta'} B \\[2mm]
Z = \dfrac{g_x b_y - g_y b_x}{m_3 \Delta'} R + \dfrac{r_y b_x - r_x b_y}{m_3 \Delta'} G + \dfrac{r_x g_y - r_y g_x}{m_3 \Delta'} B
\end{cases}
\tag{11-33}
$$

式中

$$
\Delta' = r_x(g_y b_z - g_z b_y) + r_y(g_z b_x - g_x b_z) + r_z(g_x b_y - g_y b_x)
$$

由于已经知道新系统的三原色在旧系统内的色度坐标，因此只要求出 m_1、m_2、m_3 三个值，则两个系统之间三刺激值的转换式就确定了。如果知道一种颜色(例如参照白)在新、旧系统中的三刺激值 R_0、G_0、B_0 和 X_0、Y_0、Z_0，则将其代入式(11-32)或式(11-33)就可求得 m_1、m_2、m_3。

现以 1931 CIE-RGB 系统向 1931 CIE-XYZ 系统的转换为例，说明解转换方程的步骤。

第一步，列出 1931 CIE-XYZ 系统的三原色在 1931 CIE-RGB 系统中的色度坐标：

$$（X）：r_x = 1.2750,\ g_x = -0.2778,\ b_x = 0.0028$$

$$（Y）：r_y = -1.7392,\ g_y = 2.7671,\ b_y = -0.0279$$

$$（Z）：r_z = -0.7431,\ g_z = 0.1409,\ b_z = 1.6022$$

选定等能白(E)作为系统的参照白，其在新、旧系统的三刺激值分别为

$$X_E = 100,\ Y_E = 100,\ Z_E = 100;\ R_E = 100,\ G_E = 100,\ B_E = 100$$

第二步，将(X)、(Y)、(Z)三原色在 1931 CIE-RGB 系统中的色度坐标代入式

$$
\Delta' = r_x(g_y b_z - g_z b_y) + r_y(g_z b_x - g_x b_z) + r_z(g_x b_y - g_y b_x)
$$

中，得 $\Delta' = 4.882\,87$。

第三步，将等能白(E)在新、旧系统的三刺激值及已经求出的 Δ' 值代入式(11-33)，分别解得 $m_1 = 1.8546$，$m_2 = 0.5155$，$m_3 = 0.6299$。

第四步，将 m_1、m_2、m_3 代入式(11-30)，得

$$
\begin{cases}
R_x = 2.3646,\ G_x = -0.5152,\ B_x = 0.0052 \\
R_y = -0.8966,\ G_y = 1.4265,\ B_y = -0.0144 \\
R_z = -0.4681,\ G_z = 0.0887,\ B_z = 1.0092
\end{cases}
\tag{11-34}
$$

第五步，将所得出的式(11-34)代入式(11-31)，解出转换方程为

$$
\begin{cases}
R = 2.365X - 0.897Y - 0.468Z \\
G = -0.515X + 1.426Y + 0.089Z \\
B = 0.005X - 0.014Y + 1.009Z
\end{cases}
\tag{11-35}
$$

写成矩阵形式为

$$
\begin{bmatrix} R \\ G \\ B \end{bmatrix} =
\begin{bmatrix}
2.365 & -0.897 & -0.468 \\
-0.515 & 1.426 & 0.089 \\
0.005 & -0.014 & 1.009
\end{bmatrix}
\begin{bmatrix} X \\ Y \\ Z \end{bmatrix}
\tag{11-36}
$$

可进一步求出 1931 CIE‐XYZ 系统向 1931 CIE‐RGB 系统转换的转换方程的逆式，用矩阵表示为

$$\begin{bmatrix} X \\ Y \\ Z \end{bmatrix} = \begin{bmatrix} 0.4899 & 0.3102 & 0.1999 \\ 0.1769 & 0.8127 & 0.0104 \\ 0.0000 & 0.0097 & 0.9902 \end{bmatrix} \begin{bmatrix} R \\ G \\ B \end{bmatrix} \tag{11-37}$$

或用方程表示为

$$\begin{cases} X = 0.4899R + 0.3102G + 0.1999B \\ Y = 0.1769R + 0.8127G + 0.0104B \\ Z = 0.0000R + 0.0097G + 0.9902B \end{cases} \tag{11-38}$$

注意： 由于匹配等能白(E)的(R)、(G)、(B)三原色的相对亮度比为 1.0000∶4.5907∶0.0601，并且 Y 本身代表亮度，因此某一颜色的亮度方程为

$$Y = R + 4.5907G + 0.0601B$$

将式(11‐38)右侧各项系数同乘以 $1/0.1769 = 5.6529$，则式(11‐38)变为

$$\begin{cases} X = 2.7694R + 1.7535G + 1.1300B \\ Y = 1.0000R + 4.5907G + 0.0601B \\ Z = 0.0000R + 0.0548G + 5.5975B \end{cases} \tag{11-39}$$

式(11‐39)即为 1931 CIE‐XYZ 系统和 1931 CIE‐RGB 系统的三刺激值之间的转换关系式。

11.4　CIE 1964 补充标准色度系统

CIE 1931 标准色度系统建立后，经过多年实践证明，CIE 1931 标准色度系统的数据代表了人眼 2°视场的色觉平均特性。但是，当观察视场增大到 4°以上时，某些研究者从实验中发现 $x(\lambda)$、$y(\lambda)$、$z(\lambda)$ 在波长 380～460 nm 区间内的数值偏低。这是由于在大面积视场观察条件下，杆体细胞的参与以及中央凹内黄色素的影响使颜色视觉会发生一定的变化。这主要表现为饱和度的降低以及颜色视场出现不均匀的现象。因此，为了适合大视场颜色测量的需要，CIE 在 1964 年规定了一组"CIE 1964 补充标准色度观察者光谱三刺激值"，简称为"CIE 1964 补充标准色度观察者"，对应的系统称为 CIE 1964 补充标准色度系统，也叫作 10°视场 $X_{10}Y_{10}Z_{10}$ 色度系统。

"CIE 1964 补充标准色度观察者"是建立在斯泰尔斯(W. S. Stiles)与伯奇(J. M. Burch)以及斯伯林斯卡娅(N. I. Speranskaya)两项颜色匹配实验基础上的。斯泰尔斯和伯奇用 49 名观察者在视场角度为 10°的目视色度计上进行颜色匹配实验，使用的三原色光的波长分别是：(R)光的波长为 645.2 nm，(G)光的波长为 526.3 nm，(B)光的波长为 444.4 nm。为了避免杆体细胞的参与，他们在实验中使用高亮度的颜色刺激，二人在上述实验条件下确定出了补充标准色度观察者大视场时匹配等能光谱的三刺激值。斯伯林斯卡娅则用 18 名观察者(后来增加到 27 名)进行颜色匹配实验，她也用 10°视场，但为了消除麦克斯韦圆

斑的影响,其将视场中心部分(2°范围)遮住。她所用的亮度较低,约为斯泰尔斯和伯奇所用亮度的三十至四十分之一,所以没有排除杆体细胞的作用。斯伯林斯卡娅使用的也是三原色光,波长分别是:(R)光的波长为 640 nm,(G)光的波长为 545 nm,(B)光的波长为 465 nm。她在上述实验条件下测出了大视场时的光谱三刺激值,并将实验数据也转换成波长为 645.2 nm(R)、526.3 nm(G)、444.4 nm(B)的数据。

贾德对上述两项实验结果进行加权整理,按观察者人数给予斯泰尔斯和伯奇的结果较大的加权量(3∶1),并对斯伯林斯卡娅的结果作了杆体细胞参与的修正,从而确定出 1964 CIE - RGB 系统补充标准色度观察者光谱三刺激值 $\bar{r}_{10}(\lambda)$、$\bar{g}_{10}(\lambda)$、$\bar{b}_{10}(\lambda)$,其曲线如图 11 - 13 所示。

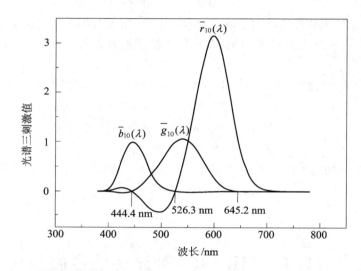

图 11 - 13 1964 CIE - RGB 系统补充标准色度观察者光谱三刺激值曲线

由图 11 - 13 中可以看出,1964 CIE - RGB 系统补充标准色度观察者光谱三刺激值曲线中有一部分为负值。类似于 CIE 1931 标准色度系统,将 1964 CIE - RGB 系统向 1964 CIE - XYZ 系统进行坐标转换,可得到 1964 CIE - XYZ 系统 10°视场补充标准色度观察者光谱三刺激值 $\bar{x}_{10}(\lambda)$、$\bar{y}_{10}(\lambda)$、$\bar{z}_{10}(\lambda)$,$\bar{r}_{10}(\lambda)$、$\bar{g}_{10}(\lambda)$、$\bar{b}_{10}(\lambda)$ 和 $\bar{x}_{10}(\lambda)$、$\bar{y}_{10}(\lambda)$、$\bar{z}_{10}(\lambda)$ 之间的转换关系式如下:

$$\begin{cases} \bar{x}_{10}(\lambda) = 0.3414\bar{r}_{10}(\lambda) + 0.1883\bar{g}_{10}(\lambda) + 0.390\bar{b}_{10}(\lambda) \\ \bar{y}_{10}(\lambda) = 0.1390\bar{r}_{10}(\lambda) + 0.8372\bar{g}_{10}(\lambda) + 0.0736\bar{b}_{10}(\lambda) \\ \bar{z}_{10}(\lambda) = 0.0000\bar{r}_{10}(\lambda) + 0.0375\bar{g}_{10}(\lambda) + 2.0389\bar{b}_{10}(\lambda) \end{cases} \quad (11-40)$$

可以进一步求出转换方程(11-40)的逆式如下:

$$\begin{cases} \bar{r}_{10}(\lambda) = 3.2122\bar{x}_{10}(\lambda) - 0.6960\bar{y}_{10}(\lambda) - 0.5896\bar{z}_{10}(\lambda) \\ \bar{g}_{10}(\lambda) = -0.5341\bar{x}_{10}(\lambda) + 1.3121\bar{y}_{10}(\lambda) + 0.0549\bar{z}_{10}(\lambda) \\ \bar{b}_{10}(\lambda) = 0.0098\bar{x}_{10}(\lambda) - 0.0241\bar{y}_{10}(\lambda) + 0.4895\bar{z}_{10}(\lambda) \end{cases} \quad (11-41)$$

CIE 1964 补充标准色度观察者光谱三刺激值 $\bar{x}_{10}(\lambda)$、$\bar{y}_{10}(\lambda)$、$\bar{z}_{10}(\lambda)$($\Delta\lambda = 5$ nm)如表 11 - 4 所示,曲线如图 11 - 14 所示。

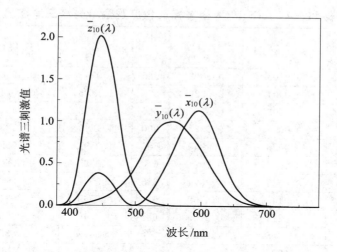

图 11-14　CIE 1964 补充标准色度观察者光谱三刺激值曲线

光谱色的色度坐标由以下方程计算：

$$\begin{cases} x_{10}(\lambda) = \dfrac{\overline{x}_{10}(\lambda)}{\overline{x}_{10}(\lambda) + \overline{y}_{10}(\lambda) + \overline{z}_{10}(\lambda)} \\[2mm] y_{10}(\lambda) = \dfrac{\overline{y}_{10}(\lambda)}{\overline{x}_{10}(\lambda) + \overline{y}_{10}(\lambda) + \overline{z}_{10}(\lambda)} \\[2mm] z_{10}(\lambda) = \dfrac{\overline{z}_{10}(\lambda)}{\overline{x}_{10}(\lambda) + \overline{y}_{10}(\lambda) + \overline{z}_{10}(\lambda)} \end{cases} \qquad (11-42)$$

利用式(11-42)可计算得到光谱色的色度坐标值。CIE 1964 补充标准色度系统色度图光谱轨迹的色度坐标($\Delta\lambda = 5$ nm)如表 11-5 所示，CIE 1964 补充标准色度系统色度图如图11-15 所示。

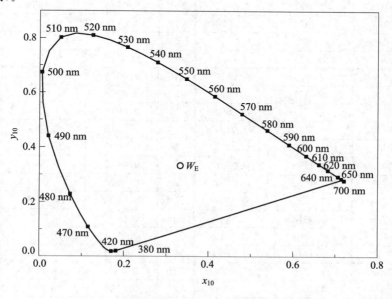

图 11-15　CIE 1964 补充标准色度系统色度图

表 11 - 4　CIE 1964 补充标准色度观察者光谱三刺激值

波长 λ /nm	$\bar{x}_{10}(\lambda)$	$\bar{y}_{10}(\lambda)$	$\bar{z}_{10}(\lambda)$	波长 λ /nm	$\bar{x}_{10}(\lambda)$	$\bar{y}_{10}(\lambda)$	$\bar{z}_{10}(\lambda)$
380	0.0002	0.0000	0.0007	585	1.0743	0.8256	0.0000
385	0.0007	0.0001	0.0029	590	1.1185	0.7774	0.0000
390	0.0024	0.0003	0.0105	595	1.1343	0.7204	0.0000
395	0.0072	0.0008	0.0323	600	1.1240	0.6583	0.0000
400	0.0191	0.0020	0.0860	605	1.0891	0.5939	0.0000
405	0.0434	0.0045	0.1971	610	1.0305	0.5280	0.0000
410	0.0847	0.0088	0.3894	615	0.9507	0.4618	0.0000
415	0.1406	0.0145	0.6568	620	0.8563	0.3981	0.0000
420	0.2045	0.0214	0.9725	625	0.7549	0.3396	0.0000
425	0.2647	0.0295	1.2825	630	0.6475	0.2835	0.0000
430	0.3147	0.0387	1.5535	635	0.5351	0.2283	0.0000
435	0.3577	0.0496	1.7985	640	0.4316	0.1798	0.0000
440	0.3837	0.0621	1.9673	645	0.3437	0.1402	0.0000
445	0.3867	0.0747	2.0273	650	0.2683	0.1076	0.0000
450	0.3707	0.0895	1.9948	655	0.2043	0.0812	0.0000
455	0.3430	0.1063	1.9007	660	0.1526	0.0603	0.0000
460	0.3023	0.1282	1.7454	665	0.1122	0.0441	0.0000
465	0.2541	0.1528	1.5549	670	0.0813	0.0318	0.0000
470	0.1956	0.1852	1.3176	675	0.0579	0.0226	0.0000
475	0.1323	0.2199	1.0302	680	0.0409	0.0159	0.0000
480	0.0805	0.2536	0.7721	685	0.0286	0.0111	0.0000
485	0.0411	0.2977	0.5701	690	0.0199	0.0077	0.0000
490	0.0162	0.3391	0.4153	695	0.0138	0.0054	0.0000
495	0.0051	0.3954	0.3024	700	0.0096	0.0037	0.0000
500	0.0038	0.4608	0.2185	705	0.0066	0.0026	0.0000
505	0.0154	0.5314	0.1592	710	0.0046	0.0018	0.0000
510	0.0375	0.6067	0.1120	715	0.0031	0.0012	0.0000
515	0.0714	0.6857	0.0822	720	0.0022	0.0008	0.0000
520	0.1177	0.7618	0.0607	725	0.0015	0.0006	0.0000
525	0.1730	0.8233	0.0431	730	0.0010	0.0004	0.0000
530	0.2365	0.8752	0.0305	735	0.0007	0.0003	0.0000
535	0.3042	0.9238	0.0206	740	0.0005	0.0002	0.0000
540	0.3768	0.9620	0.0137	745	0.0004	0.0001	0.0000
545	0.4516	0.9822	0.0079	750	0.0003	0.0001	0.0000
550	0.5298	0.9918	0.0040	755	0.0002	0.0001	0.0000
555	0.6161	0.9991	0.0011	760	0.0001	0.0000	0.0000
560	0.7052	0.9973	0.0000	765	0.0001	0.0000	0.0000
565	0.7938	0.9824	0.0000	770	0.0001	0.0000	0.0000
570	0.8787	0.9556	0.0000	775	0.0000	0.0000	0.0000
575	0.9512	0.9152	0.0000	780	0.0000	0.0000	0.0000
580	1.0142	0.8689	0.0000				

表 11 – 5　CIE 1964 补充标准色度系统色度图光谱轨迹的色度坐标

波长 λ /nm	$x_{10}(\lambda)$	$y_{10}(\lambda)$	$z_{10}(\lambda)$	波长 λ /nm	$x_{10}(\lambda)$	$y_{10}(\lambda)$	$z_{10}(\lambda)$
380	0.1813	0.0197	0.7990	585	0.5654	0.4346	0.0000
385	0.1809	0.0195	0.7996	590	0.5900	0.4100	0.0000
390	0.1803	0.0194	0.8003	595	0.6116	0.3884	0.0000
395	0.1795	0.0190	0.8015	600	0.6306	0.3694	0.0000
400	0.1784	0.0187	0.8029	605	0.6471	0.3529	0.0000
405	0.1771	0.0184	0.8045	610	0.6612	0.3388	0.0000
410	0.1755	0.0181	0.8064	615	0.6731	0.3269	0.0000
415	0.1732	0.0178	0.8090	620	0.6827	0.3173	0.0000
420	0.1706	0.0179	0.8115	625	0.6898	0.3102	0.0000
425	0.1679	0.0187	0.8134	630	0.6955	0.3045	0.0000
430	0.1650	0.0203	0.8147	635	0.7010	0.2990	0.0000
435	0.1622	0.0225	0.8153	640	0.7059	0.2941	0.0000
440	0.1590	0.0257	0.8153	645	0.7103	0.2898	0.0000
445	0.1554	0.0300	0.8146	650	0.7137	0.2863	0.0000
450	0.1510	0.0364	0.8126	655	0.7156	0.2844	0.0000
455	0.1459	0.0452	0.8088	660	0.7168	0.2832	0.0000
460	0.1389	0.0589	0.8022	665	0.7179	0.2821	0.0000
465	0.1295	0.0779	0.7926	670	0.7187	0.2813	0.0000
470	0.1152	0.1090	0.7758	675	0.7193	0.2807	0.0000
475	0.0957	0.1591	0.7452	680	0.7198	0.2800	0.0000
480	0.0728	0.2292	0.6980	685	0.7200	0.2800	0.0000
485	0.0452	0.3275	0.6273	690	0.7202	0.2798	0.0000
490	0.0210	0.4401	0.5389	695	0.7203	0.2797	0.0000
495	0.0073	0.5625	0.4302	700	0.7204	0.2796	0.0000
500	0.0056	0.6745	0.3199	705	0.7203	0.2797	0.0000
505	0.0219	0.7526	0.2256	710	0.7202	0.2798	0.0000
510	0.0495	0.8023	0.1482	715	0.7201	0.2799	0.0000
515	0.0850	0.8170	0.0980	720	0.7199	0.2801	0.0000
520	0.1252	0.8102	0.0646	725	0.7197	0.2803	0.0000
525	0.1664	0.7922	0.0414	730	0.7195	0.2806	0.0000
530	0.2071	0.7663	0.0267	735	0.7192	0.2808	0.0000
535	0.2436	0.7399	0.0165	740	0.7189	0.2811	0.0000
540	0.2786	0.7113	0.0101	745	0.7186	0.2814	0.0000
545	0.3132	0.6813	0.0055	750	0.7185	0.2817	0.0000
550	0.3473	0.6501	0.0026	755	0.7180	0.2820	0.0000
555	0.3812	0.6182	0.0007	760	0.7176	0.2824	0.0000
560	0.4142	0.5858	0.0000	765	0.7172	0.2828	0.0000
565	0.4469	0.5531	0.0000	770	0.7169	0.2831	0.0000
570	0.4790	0.5210	0.0000	775	0.7165	0.2835	0.0000
575	0.5096	0.4904	0.0000	780	0.7161	0.2839	0.0000
580	0.5386	0.4614	0.0000				

  将 CIE 1964 补充标准色度观察者(10°视场)与 CIE 1931 标准色度观察者(2°视场)进行比较,发现二者的光谱三刺激值曲线略有不同(如图 11-16 所示),$\bar{y}_{10}(\lambda)$ 曲线在 400~500 nm 区域高于 2°视场的 $\bar{y}(\lambda)$ 曲线,表明中央凹外部对短波光谱有更高的感受性。然后比较 CIE 1931 标准色度系统色度图与 CIE 1964 补充标准色度系统色度图(如图 11-17 所示),发现二者的光谱轨迹在形状上很相似,但不能因此错误地认为二者具有相同的意义。仔细比较就会发现,相同波长的光谱色在各自光谱轨迹上的位置有相当大的差异。例如,在 490~500 nm 一带,两张图上的近似坐标值在波长上相差达 5 nm 以上。其他相同波长的坐标值也都有差异,仅在 600 nm 处的光谱色有大致相近的坐标值。CIE 1931 色度图(2°视场)和 CIE 1964 补充标准色度系统色度图(10°视场)上唯一重合的色度点就是等能白点。

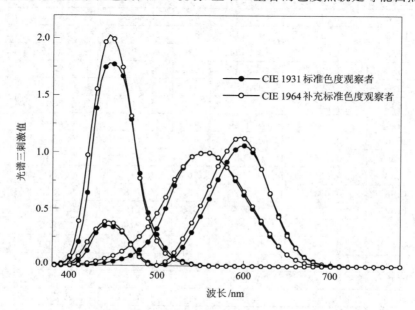

图 11-16 CIE 1931 标准色度观察者(2°视场)与 CIE 1964 补充标准色度
观察者(10°视场)光谱三刺激值曲线的比较

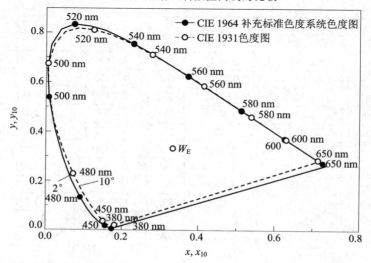

图 11-17 CIE 1931 色度图与 CIE 1964 补充标准色度系统色度图的比较

研究还表明，人眼用小视场观察颜色时，辨别颜色差异的能力较低。当观察视场从 2° 增大至 10°时，颜色匹配的精度也随之提高。但视场再进一步增大，颜色匹配精度就难以再提高。

11.5　CIE 色度的计算方法

11.5.1　物体色度坐标的计算

要计算颜色的色度坐标，必须先求得颜色的三刺激值。CIE 色度系统三刺激值的计算公式为

$$
\begin{cases}
X = k \int_{\lambda} \varphi(\lambda)\bar{x}(\lambda)\mathrm{d}\lambda \\
Y = k \int_{\lambda} \varphi(\lambda)\bar{y}(\lambda)\mathrm{d}\lambda \\
Z = k \int_{\lambda} \varphi(\lambda)\bar{z}(\lambda)\mathrm{d}\lambda
\end{cases}
\qquad
\begin{cases}
X_{10} = k_{10} \int_{\lambda} \varphi(\lambda)\bar{x}_{10}(\lambda)\mathrm{d}\lambda \\
Y_{10} = k_{10} \int_{\lambda} \varphi(\lambda)\bar{y}_{10}(\lambda)\mathrm{d}\lambda \\
Z_{10} = k_{10} \int_{\lambda} \varphi(\lambda)\bar{z}_{10}(\lambda)\mathrm{d}\lambda
\end{cases}
\tag{11-43}
$$

式中，$\varphi(\lambda)$ 称为颜色刺激函数，即进入人眼产生颜色感觉的光能量；常数 k 和 k_{10} 叫作调整系数，它是将照明体(或光源)的 Y 值调整为 100 时得出的，即

$$
k = \frac{100}{\sum\limits_{\lambda} S(\lambda)\bar{y}(\lambda)\Delta\lambda}, \quad k_{10} = \frac{100}{\sum\limits_{\lambda} S(\lambda)\bar{y}_{10}(\lambda)\Delta\lambda}
\tag{11-44}
$$

其中，$S(\lambda)$ 为照明光源的相对光谱功率分布。当被测物体是自发光体时，$\varphi(\lambda)$ 为发光物体的相对光谱功率分布。

式(11-43)的积分范围在可见光波段内。在实际计算中，用求和来近似积分，求和的表达式为

$$
\begin{cases}
X = k \sum\limits_{\lambda} \varphi(\lambda)\bar{x}(\lambda)\Delta\lambda \\
Y = k \sum\limits_{\lambda} \varphi(\lambda)\bar{y}(\lambda)\Delta\lambda \\
Z = k \sum\limits_{\lambda} \varphi(\lambda)\bar{z}(\lambda)\Delta\lambda
\end{cases}
\qquad
\begin{cases}
X_{10} = k_{10} \sum\limits_{\lambda} \varphi(\lambda)\bar{x}_{10}(\lambda)\Delta\lambda \\
Y_{10} = k_{10} \sum\limits_{\lambda} \varphi(\lambda)\bar{y}_{10}(\lambda)\Delta\lambda \\
Z_{10} = k_{10} \sum\limits_{\lambda} \varphi(\lambda)\bar{z}_{10}(\lambda)\Delta\lambda
\end{cases}
\tag{11-45}
$$

式中，$\Delta\lambda$ 为波长间隔。

当被测物体是非自发光物体时，透明或不透明物体的颜色刺激函数 $\varphi(\lambda)$ 分别为

$$
\begin{cases}
\varphi(\lambda) = \tau(\lambda)S(\lambda) \\
\varphi(\lambda) = \beta(\lambda)S(\lambda) \\
\varphi(\lambda) = \rho(\lambda)S(\lambda)
\end{cases}
\tag{11-46}
$$

式中，$\tau(\lambda)$ 为物体的光谱透射率，$\beta(\lambda)$ 为物体的光谱反射率因数，$\rho(\lambda)$ 为物体的光谱反射率。

当 $\varphi(\lambda) = \tau(\lambda)S(\lambda)$ 时，Y 为物体的光透射率；当 $\varphi(\lambda) = \beta(\lambda)S(\lambda)$ 时，Y 为物体的亮度因数；当 $\varphi(\lambda) = \rho(\lambda)S(\lambda)$ 时，Y 为物体的光反射率。

对于式(11-44)中波长间隔 $\Delta\lambda$ 的选取，视被测物体的光谱特性和计算精度要求的不同而不同。一般选取 $\Delta\lambda = 5$ nm 或 10 nm。计算出物体颜色的三刺激值后，可由下式计算出物体的色度坐标：

$$\begin{cases} x = \dfrac{X}{X+Y+Z} \\[2mm] y = \dfrac{Y}{X+Y+Z} \\[2mm] z = \dfrac{Z}{X+Y+Z} \end{cases} \qquad \begin{cases} x_{10} = \dfrac{X_{10}}{X_{10}+Y_{10}+Z_{10}} \\[2mm] y_{10} = \dfrac{Y_{10}}{X_{10}+Y_{10}+Z_{10}} \\[2mm] z_{10} = \dfrac{Z_{10}}{X_{10}+Y_{10}+Z_{10}} \end{cases} \qquad (11-47)$$

在计算颜色的三刺激值时，应尽量用 CIE 标准照明体。由于 CIE 标准照明体 A、B、C、D_{55}、D_{65}、D_{75} 的相对光谱功率分布和 CIE 标准色度观察者光谱三刺激值的加权值以表格的形式给出，从而简化了计算步骤，这一计算方法称为加权坐标法。

例 11-1 已知某一深色布样的光谱反射率及光源 D_{65} 的相对光谱功率分布($\Delta\lambda = 10$ nm)，求该布样在 10°视场观察时的色度值。

解 第一步，按照 $\Delta\lambda = 10$ nm 的波长间隔查出 λ 在 380~780 nm 范围内 CIE 1964 补充标准色度观察者光谱三刺激值、光源 D_{65} 的相对光谱功率分布及深色布样的光谱反射率，列于表 11-6 中，根据表中数据可分别求和得

$$\sum S(\lambda)\rho(\lambda)\bar{x}_{10}(\lambda) = 768.97$$

$$\sum S(\lambda)\rho(\lambda)\bar{y}_{10}(\lambda) = 762.37$$

$$\sum S(\lambda)\rho(\lambda)\bar{z}_{10}(\lambda) = 582.68$$

$$\sum S(\lambda)\bar{y}_{10}(\lambda) = 1161.91$$

第二步，求调整系数 k_{10}，令光源的 Y_{10} 刺激值等于 100，即

$$Y_{10} = k_{10}\sum S(\lambda)\bar{y}_{10}(\lambda)\Delta\lambda = 100$$

则

$$k_{10} = \frac{100}{\sum S(\lambda)\bar{y}_{10}(\lambda)\Delta\lambda} = \frac{100}{11\ 619.1} = 0.0086$$

第三步，求三刺激值：

$$X_{10} = k_{10}\sum S(\lambda)\rho(\lambda)\bar{x}_{10}(\lambda)\Delta\lambda = 0.0086 \times 768.97 \times 10 = 66.1314$$

$$Y_{10} = k_{10}\sum S(\lambda)\rho(\lambda)\bar{y}_{10}(\lambda)\Delta\lambda = 0.0086 \times 762.37 \times 10 = 65.5638$$

$$Z_{10} = k_{10}\sum S(\lambda)\rho(\lambda)\bar{z}_{10}(\lambda)\Delta\lambda = 0.0086 \times 582.68 \times 10 = 50.1105$$

第四步，计算色度坐标：

$$x_{10} = \frac{X_{10}}{X_{10}+Y_{10}+Z_{10}} = 0.3637$$

$$y_{10} = \frac{Y_{10}}{X_{10}+Y_{10}+Z_{10}} = 0.3606$$

$$z_{10} = \frac{Z_{10}}{X_{10}+Y_{10}+Z_{10}} = 0.2756$$

表 11-6 计算某深色布样色度值数据列表

波长 λ/nm	深色布样的光谱反射率 $\rho(\lambda)$	光源 D_{65} 的相对光谱功率分布 $S(\lambda)$	CIE 1964 补充标准色度观察者光谱三刺激值		
			$\bar{x}_{10}(\lambda)$	$\bar{y}_{10}(\lambda)$	$\bar{z}_{10}(\lambda)$
380	0.102	50.0	0.0002	0.0000	0.0007
390	0.245	54.6	0.0024	0.0003	0.0105
400	0.348	82.8	0.0191	0.0020	0.0860
410	0.419	91.5	0.0847	0.0088	0.3894
420	0.460	93.4	0.2045	0.0214	0.9725
430	0.477	86.7	0.3147	0.0387	1.5535
440	0.475	104.9	0.3837	0.0621	1.9673
450	0.470	117.0	0.3707	0.0895	1.9948
460	0.462	117.8	0.3023	0.1282	1.7454
470	0.455	114.9	0.1956	0.1852	1.3176
480	0.454	115.9	0.0805	0.2536	0.7721
490	0.495	108.8	0.0162	0.3391	0.4153
500	0.478	109.4	0.0038	0.4608	0.2185
510	0.517	107.8	0.0375	0.6067	0.1120
520	0.564	104.8	0.1177	0.7618	0.0607
530	0.616	107.7	0.2365	0.8752	0.0305
540	0.663	104.4	0.3768	0.9620	0.0137
550	0.692	104.0	0.5298	0.9918	0.0040
560	0.691	100.0	0.7052	0.9973	0.0000
570	0.680	96.3	0.8787	0.9556	0.0000
580	0.693	95.8	1.0142	0.8689	0.0000
590	0.741	88.7	1.1185	0.7774	0.0000
600	0.790	90.0	1.1240	0.6583	0.0000
610	0.825	89.6	1.0305	0.5280	0.0000
620	0.845	87.7	0.8563	0.3981	0.0000
630	0.852	83.3	0.6475	0.2835	0.0000
640	0.853	83.7	0.4316	0.1798	0.0000
650	0.853	80.0	0.2683	0.1076	0.0000
660	0.853	80.2	0.1526	0.0603	0.0000
670	0.853	82.3	0.0813	0.0318	0.0000
680	0.853	78.3	0.0409	0.0159	0.0000
690	0.853	69.7	0.0199	0.0077	0.0000
700	0.852	71.6	0.0096	0.0037	0.0000
710	0.851	74.3	0.0046	0.0018	0.0000
720	0.849	61.6	0.0022	0.0008	0.0000
730	0.828	69.9	0.0010	0.0004	0.0000
740	0.790	75.1	0.0005	0.0002	0.0000
750	0.750	63.6	0.0003	0.0001	0.0000
760	0.712	46.4	0.0001	0.0000	0.0000
770	0.680	66.8	0.0001	0.0000	0.0000
780	0.625	63.4	0.0000	0.0000	0.0000

例 11 - 2 已知某一标准高压钠灯的相对光谱功率分布,求该光源在 2°视场观察时的色度值。

解 第一步,按照 $\Delta\lambda = 5$ nm 的波长间隔查出 λ 在 $380\sim780$ nm 范围内 CIE 1931 标准色度观察者光谱三刺激值,同时将 CIE 1931 标准色度观察者光谱三刺激值和标准高压钠灯的相对光谱功率分布列于表 11 - 7 中,根据表中数据可分别求和得

例 11 - 2

$$\sum S(\lambda)\bar{x}(\lambda) = 1880.7060$$

$$\sum S(\lambda)\bar{y}(\lambda) = 1464.1970$$

$$\sum S(\lambda)\bar{z}(\lambda) = 183.6373$$

第二步,求调整系数 k,令光源的 Y 刺激值等于 100,即

$$Y = k\sum S(\lambda)\bar{y}(\lambda)\Delta\lambda = 100$$

则

$$k = \frac{100}{\sum S(\lambda)\bar{y}(\lambda)\Delta\lambda} = \frac{100}{7320.985} = 0.0137$$

第三步,求三刺激值:

$$X = k\sum S(\lambda)\bar{x}(\lambda)\Delta\lambda = 0.0137 \times 1880.706 \times 5 = 128.8284$$

$$Y = k\sum S(\lambda)\bar{y}(\lambda)\Delta\lambda = 0.0137 \times 1464.197 \times 5 = 100$$

$$Z = k\sum S(\lambda)\bar{z}(\lambda)\Delta\lambda = 0.0137 \times 183.6373 \times 5 = 12.5792$$

第四步,计算色度坐标:

$$x = \frac{X}{X+Y+Z} = 0.5337$$

$$y = \frac{Y}{X+Y+Z} = 0.4142$$

$$z = \frac{Z}{X+Y+Z} = 0.0521$$

表 11 - 7 计算标准高压钠灯色度值数据列表

波长 λ/nm	标准高压钠灯的相对光谱功率分布 $S(\lambda)$	CIE 1931 标准色度观察者光谱三刺激值		
		$\bar{x}(\lambda)$	$\bar{y}(\lambda)$	$\bar{z}(\lambda)$
380	1.90	0.0014	0.0000	0.0065
385	2.20	0.0022	0.0001	0.0105
390	2.50	0.0042	0.0001	0.0201
395	2.70	0.0076	0.0002	0.0362
400	3.10	0.0143	0.0004	0.0679
405	4.30	0.0232	0.0006	0.1102
410	3.80	0.0435	0.0012	0.2074
415	4.20	0.0776	0.0022	0.3713
420	4.80	0.1344	0.0040	0.6456

续表一

波长 λ/nm	标准高压钠灯的相对光谱功率分布 $S(\lambda)$	CIE 1931 标准色度观察者光谱三刺激值		
		$\bar{x}(\lambda)$	$\bar{y}(\lambda)$	$\bar{z}(\lambda)$
425	5.19	0.2148	0.0073	1.0391
430	5.89	0.2839	0.0116	1.3856
435	7.39	0.3285	0.0168	1.6230
440	7.89	0.3483	0.0230	1.7471
445	5.69	0.3481	0.0298	1.7826
450	12.89	0.3362	0.0380	1.7721
455	6.69	0.3187	0.0480	1.7441
460	4.30	0.2908	0.0600	1.6692
465	20.78	0.2511	0.0739	1.5281
470	12.99	0.1954	0.0910	1.2876
475	6.69	0.1421	0.1126	1.0419
480	1.40	0.0956	0.1390	0.8130
485	1.50	0.0580	0.1693	0.6162
490	3.20	0.0320	0.2080	0.4652
495	18.18	0.0147	0.2586	0.3533
500	56.24	0.0049	0.3230	0.2720
505	2.90	0.0024	0.4073	0.2123
510	2.10	0.0093	0.5030	0.1582
515	13.39	0.0291	0.6082	0.1117
520	2.10	0.0633	0.7100	0.0782
525	2.00	0.1096	0.7932	0.0573
530	2.20	0.1655	0.8620	0.0422
535	2.30	0.2257	0.9149	0.0298
540	2.60	0.2904	0.9640	0.0203
545	5.10	0.3597	0.9803	0.0134
550	11.39	0.4334	0.9950	0.0087
555	15.48	0.5121	1.0000	0.0057
560	20.78	0.5945	0.9950	0.0039
565	55.64	0.6784	0.9786	0.0027
570	254.03	0.7621	0.9520	0.0021
575	56.14	0.8425	0.9154	0.0018
580	111.78	0.9163	0.8700	0.0017
585	297.98	0.9786	0.8163	0.0014
590	142.55	1.0263	0.7570	0.0011
595	334.84	1.0567	0.6949	0.0010
600	189.4	1.0622	0.6310	0.0008

波长 λ/nm	标准高压钠灯的相对光谱功率分布 $S(\lambda)$	CIE 1931 标准色度观察者光谱三刺激值		
		$\bar{x}(\lambda)$	$\bar{y}(\lambda)$	$\bar{z}(\lambda)$
605	117.78	1.0456	0.5668	0.0006
610	79.92	1.0026	0.5030	0.0003
615	108.09	0.9384	0.4412	0.0002
620	46.85	0.8544	0.3810	0.0002
625	38.16	0.7514	0.3210	0.0001
630	32.47	0.6424	0.2650	0.0000
635	28.37	0.5419	0.2170	0.0000
640	25.37	0.4479	0.1750	0.0000
645	22.98	0.3608	0.1382	0.0000
650	20.38	0.2835	0.1070	0.0000
655	19.78	0.2187	0.0816	0.0000
660	17.78	0.1649	0.0610	0.0000
665	16.78	0.1212	0.0446	0.0000
670	19.18	0.0874	0.0320	0.0000
675	17.98	0.0636	0.0232	0.0000
680	13.69	0.0468	0.0170	0.0000
685	9.99	0.0329	0.0119	0.0000
690	8.19	0.0227	0.0082	0.0000
695	7.59	0.0158	0.0057	0.0000
700	6.99	0.0114	0.0041	0.0000
705	6.79	0.0081	0.0029	0.0000
710	6.49	0.0058	0.0021	0.0000
715	6.39	0.0041	0.0015	0.0000
720	6.09	0.0029	0.0010	0.0000
725	5.99	0.0020	0.0007	0.0000
730	5.79	0.0014	0.0005	0.0000
735	5.79	0.0010	0.0004	0.0000
740	5.79	0.0007	0.0002	0.0000
745	5.79	0.0005	0.0002	0.0000
750	6.39	0.0003	0.0001	0.0000
755	5.99	0.0002	0.0001	0.0000
760	5.59	0.0002	0.0001	0.0000
765	31.97	0.0001	0.0000	0.0000
770	27.87	0.0001	0.0000	0.0000
775	5.89	0.0001	0.0000	0.0000
780	6.69	0.0000	0.0000	0.0000

例 11 - 3 已知某一金属铜样片的光谱反射率及光源 D₆₅ 的相对光谱功率分布（$\Delta\lambda = 5$ nm），求该金属铜样片在 10°视场观察时的色度值。

例 11 - 3

解 第一步，按照 $\Delta\lambda = 5$ nm 的波长间隔查出 $\lambda = 380 \sim 780$ nm 范围内 CIE 1964 补充标准色度观察者光谱三刺激值，同时将 CIE 1964 补充标准色度观察者光谱三刺激值和光源 D₆₅ 的相对光谱功率分布、金属铜样片的光谱反射率列于表 11 - 8 中，根据表中数据可分别求和得

$$\sum S(\lambda)\rho(\lambda)\bar{x}_{10}(\lambda) = 1631.437$$

$$\sum S(\lambda)\rho(\lambda)\bar{y}_{10}(\lambda) = 1594.248$$

$$\sum S(\lambda)\rho(\lambda)\bar{z}_{10}(\lambda) = 1373.324$$

$$\sum S(\lambda)\bar{y}_{10}(\lambda) = 2323.984$$

第二步，求调整系数 k_{10}，令光源的 Y_{10} 刺激值等于 100，即

$$Y_{10} = k_{10}\sum S(\lambda)\bar{y}_{10}(\lambda)\Delta\lambda = 100$$

则

$$k_{10} = \frac{100}{\sum S(\lambda)\bar{y}_{10}(\lambda)\Delta\lambda} = \frac{100}{116\ 19.920} = 0.0086$$

第三步，求三刺激值：

$$X_{10} = k_{10}\sum S(\lambda)\rho(\lambda)\bar{x}_{10}(\lambda)\Delta\lambda = 0.0086 \times 1631.437 \times 5 = 70.1518$$

$$Y_{10} = k_{10}\sum S(\lambda)\rho(\lambda)\bar{y}_{10}(\lambda)\Delta\lambda = 0.0086 \times 1594.248 \times 5 = 68.5527$$

$$Z_{10} = k_{10}\sum S(\lambda)\rho(\lambda)\bar{z}_{10}(\lambda)\Delta\lambda = 0.0086 \times 1373.324 \times 5 = 59.0529$$

第四步，计算色度坐标：

$$x_{10} = \frac{X_{10}}{X_{10} + Y_{10} + Z_{10}} = 0.3547$$

$$y_{10} = \frac{Y_{10}}{X_{10} + Y_{10} + Z_{10}} = 0.3467$$

$$z_{10} = \frac{Z_{10}}{X_{10} + Y_{10} + Z_{10}} = 0.2986$$

表 11 - 8 计算某一金属铜样片色度值数据列表

波长 λ/nm	金属铜样片的光谱反射率 $\rho(\lambda)$	光源 D₆₅ 的相对光谱功率分布 $S(\lambda)$	CIE 1964 补充标准色度观察者光谱三刺激值		
			$\bar{x}_{10}(\lambda)$	$\bar{y}_{10}(\lambda)$	$\bar{z}_{10}(\lambda)$
380	0.480 08	50.0	0.0002	0.0000	0.0007
385	0.492 53	52.3	0.0007	0.0001	0.0029
390	0.508 68	54.6	0.0024	0.0003	0.0105
395	0.509 04	68.7	0.0072	0.0008	0.0323
400	0.506 32	82.8	0.0191	0.0020	0.0860
405	0.507 24	87.1	0.0434	0.0045	0.1971
410	0.509 75	91.5	0.0847	0.0088	0.3894

续表一

波长 λ/nm	金属铜样片的光谱反射率 ρ(λ)	光源 D₆₅ 的相对光谱功率分布 S(λ)	CIE 1964 补充标准色度观察者光谱三刺激值		
			$\bar{x}_{10}(\lambda)$	$\bar{y}_{10}(\lambda)$	$\bar{z}_{10}(\lambda)$
415	0.510 85	92.5	0.1406	0.0145	0.6568
420	0.518 28	93.4	0.2045	0.0214	0.9725
425	0.523 16	90.1	0.2647	0.0295	1.2825
430	0.526 51	86.7	0.3147	0.0387	1.5535
435	0.535 70	95.8	0.3577	0.0496	1.7985
440	0.536 13	104.9	0.3837	0.0621	1.9673
445	0.543 89	110.9	0.3867	0.0747	2.0273
450	0.547 48	117.0	0.3707	0.0895	1.9948
455	0.557 79	117.4	0.3430	0.1063	1.9007
460	0.560 08	117.8	0.3023	0.1282	1.7454
465	0.563 93	116.3	0.2541	0.1528	1.5549
470	0.570 42	114.9	0.1956	0.1852	1.3176
475	0.570 46	115.4	0.1323	0.2199	1.0302
480	0.574 44	115.9	0.0805	0.2536	0.7721
485	0.581 86	112.4	0.0411	0.2977	0.5701
490	0.584 37	108.8	0.0162	0.3391	0.4153
495	0.587 16	109.1	0.0051	0.3954	0.3024
500	0.589 79	109.4	0.0038	0.4608	0.2185
505	0.593 83	108.6	0.0154	0.5314	0.1592
510	0.598 59	107.8	0.0375	0.6067	0.1120
515	0.602 76	106.3	0.0714	0.6857	0.0822
520	0.606 93	104.8	0.1177	0.7618	0.0607
525	0.609 63	106.2	0.1730	0.8233	0.0431
530	0.613 64	107.7	0.2365	0.8752	0.0305
535	0.615 75	106.0	0.3042	0.9238	0.0206
540	0.621 95	104.4	0.3768	0.9620	0.0137
545	0.627 62	104.2	0.4516	0.9822	0.0079
550	0.636 55	104.0	0.5298	0.9918	0.0040
555	0.648 77	102.0	0.6161	0.9991	0.0011
560	0.658 43	100.0	0.7052	0.9973	0.0000
565	0.680 50	98.2	0.7938	0.9824	0.0000
570	0.700 76	96.3	0.8787	0.9556	0.0000
575	0.715 83	96.1	0.9512	0.9152	0.0000
580	0.742 43	95.8	1.0142	0.8689	0.0000
585	0.774 88	92.2	1.0743	0.8256	0.0000
590	0.794 51	88.7	1.1185	0.7774	0.0000
595	0.823 46	89.3	1.1343	0.7204	0.0000

续表二

波长 λ/nm	金属铜样片的光谱反射率 $\rho(\lambda)$	光源 D_{65} 的相对光谱功率分布 $S(\lambda)$	CIE 1964 补充标准色度观察者光谱三刺激值		
			$\bar{x}_{10}(\lambda)$	$\bar{y}_{10}(\lambda)$	$\bar{z}_{10}(\lambda)$
600	0.836 94	90.0	1.1240	0.6583	0.0000
605	0.856 42	89.8	1.0891	0.5939	0.0000
610	0.871 38	89.6	1.0305	0.5280	0.0000
615	0.886 76	88.6	0.9507	0.4618	0.0000
620	0.900 05	87.7	0.8563	0.3981	0.0000
625	0.908 71	85.5	0.7549	0.3396	0.0000
630	0.914 54	83.3	0.6475	0.2835	0.0000
635	0.921 34	83.5	0.5351	0.2283	0.0000
640	0.928 28	83.7	0.4316	0.1798	0.0000
645	0.931 35	81.9	0.3437	0.1402	0.0000
650	0.935 22	80.0	0.2683	0.1076	0.0000
655	0.938 83	80.1	0.2043	0.0812	0.0000
660	0.942 67	80.2	0.1526	0.0603	0.0000
665	0.943 38	81.2	0.1122	0.0441	0.0000
670	0.943 33	82.3	0.0813	0.0318	0.0000
675	0.943 29	80.3	0.0579	0.0226	0.0000
680	0.946 69	78.3	0.0409	0.0159	0.0000
685	0.946 70	74.0	0.0286	0.0111	0.0000
690	0.947 77	69.7	0.0199	0.0077	0.0000
695	0.949 81	70.7	0.0138	0.0054	0.0000
700	0.952 49	71.6	0.0096	0.0037	0.0000
705	0.955 29	73.0	0.0066	0.0026	0.0000
710	0.955 25	74.3	0.0046	0.0018	0.0000
715	0.955 21	68.0	0.0031	0.0012	0.0000
720	0.955 17	61.6	0.0022	0.0008	0.0000
725	0.955 12	65.7	0.0015	0.0006	0.0000
730	0.955 57	69.9	0.0010	0.0004	0.0000
735	0.958 55	72.5	0.0007	0.0003	0.0000
740	0.958 50	75.1	0.0005	0.0002	0.0000
745	0.958 53	69.3	0.0004	0.0001	0.0000
750	0.960 14	63.6	0.0003	0.0001	0.0000
755	0.960 13	55.0	0.0002	0.0001	0.0000
760	0.960 08	46.4	0.0001	0.0000	0.0000
765	0.960 98	56.6	0.0001	0.0000	0.0000
770	0.961 76	66.8	0.0001	0.0000	0.0000
775	0.961 71	65.1	0.0000	0.0000	0.0000
780	0.961 66	63.4	0.0000	0.0000	0.0000

11.5.2 CIE 测色的参照标准和观测条件

从前面讨论我们已经知道，一个物体的颜色可由它的三刺激值来表示。在三刺激值公式中，$\bar{x}(\lambda)$、$\bar{y}(\lambda)$、$\bar{z}(\lambda)$ 为 CIE 所规定的光谱三刺激值。余下待测量的未知数是颜色刺激函数 $\varphi(\lambda)$。自发光体、透射物体和反射物体的 $\varphi(\lambda)$ 值分别为 $S(\lambda)$、$\tau(\lambda)S(\lambda)$、$\beta(\lambda)S(\lambda)$。光源的 $S(\lambda)$ 就是它的相对光谱功率分布，可通过光谱辐射测量得到。对于透射物体和反射物体，CIE 已规定几种标准照明体的相对光谱功率分布 $S(\lambda)$，所以只需测量颜色刺激函数中物体的光谱透射率 $\tau(\lambda)$ 或光谱反射率因数 $\beta(\lambda)$。光谱透射率定义为物体透射的辐通量与入射的辐通量之比。物体的光谱透射率的参照标准是空气，因为空气是理想透射物体，在整个可见光谱波段内的透射率均为 1。通过将透射物体与同样厚度的空气层相比较可测得光谱透射率。因而只需测出物体透射的辐通量和入射的辐通量，就可得出物体的光谱透射率。

物体的光谱反射率因数 $\beta(\lambda)$ 的测量比较复杂，1971 年，CIE 公布用完全反射漫射体作为测量不透明物体的光谱反射率因数 $\beta(\lambda)$ 的参照标准。完全反射漫射体定义为反射率等于 1 的理想均匀漫射体，它无损地全部反射入射的辐射量，且在各个方向具有相同的亮度。一个不透明物体的光谱反射率因数是通过在相同的标准照明和观测条件下与完全反射漫射体相比较来确定的。物体的光谱反射率因数定义为在给定的立体角、限定的方向上，待测物体反射的辐通量 $\phi_\lambda d\lambda$ 与在相同照明、相同方向上完全反射漫射体反射的辐通量 $\phi_{D\lambda} d\lambda$ 之比，即

$$\beta(\lambda) = \frac{\phi_\lambda\, d\lambda}{\phi_{D\lambda}\, d\lambda} \tag{11-48}$$

CIE 推荐用完全反射漫射体作为测量光谱反射率因数的标准。实际中不存在理想的完全反射漫射体的材料，但能找到近似的材料，如烟熏氧化镁、硫酸钡喷涂或压粉。它们具有高的光谱反射率，其特性接近完全漫射反射体的特性，故常用来作为工作标准。图 11-18 为测量不透明物体光谱反射率因数 $\beta(\lambda)$ 的示意图。

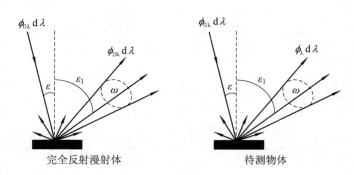

图 11-18　测量不透明物体光谱反射率因数 $\beta(\lambda)$ 的示意图

观测条件对于光谱反射率测量的精确度和实测结果有一定影响。例如，当改变视角观察有些光泽的色纸时，会发现其颜色有相当的变化。这说明物体的反射率和入射光的入射

角及观察角度有很大的关系。为了提高测量精度和统一测试方法，CIE 规定了标准的照明和观测条件，如图 11-19 所示。

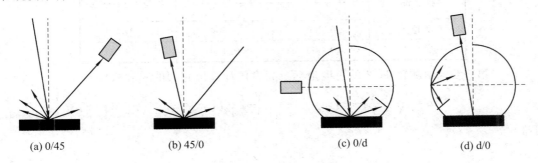

(a) 0/45　　　　　(b) 45/0　　　　　(c) 0/d　　　　　(d) d/0

图 11-19　测量光谱反射率的 4 种照明和观测几何条件

(1) 垂直/45°(缩写：0/45)。照明光束的光轴和样品表面的法线间的夹角不应超过 10°，在与样品表面的法线成 45±5°的方向观测；照明光束的任一光线和照明光束的光轴之间的夹角不超过 5°。观测光束也应遵守同样的限制。

(2) 45°/垂直(缩写：45/0)。样品可以被一束或多束光照明，照明光束的光轴与样品表面的法线成 45°±5°，观测方向和样品表面法线之间的夹角不应超过 10°；照明光束的任一光线和照明光束的光轴之间的夹角不应超过 5°。观测光束也应遵守同样的限制。

在反射测量中，45/0 条件更符合目视观察样品的条件，它有效地将镜面反射部分排除在外，所以它最常用于彩色图案的测量和彩色复制品的评价。

(3) 垂直/漫射(缩写：0/d)。0/d 条件是指光线基本垂直地照明样品，用积分球接收样品的漫反射光，在包含规则反射的情况下，样品的反射能被全部接收。在这种观测条件下得到的反射率是真正物理意义上的光谱反射率，只有在此条件下测得的光谱反射率因数可以叫作光谱反射率，也称为半球反射率。

(4) 漫射/垂直(缩写：d/0)。d/0 条件是指光经过积分球漫射后照明样品，基本垂直于样品表面接收反射光。这种条件更接近于通常情况下人眼对物体的观察情况，即样品被来自各方的白光照明，人眼基本垂直于样品进行观察。

根据 CIE 规定，在 0/45、45/0 以及 d/0 三种照明和观测条件下测得的光谱反射率因数也可叫作光谱辐射亮度因数，只有在 0/d 条件下测得的光谱反射率因数可以叫作光谱反射率。光谱反射率因数是四种照明和观测条件下测量结果的总称。

11.5.3　混合色色度值的计算

已知两种或两种以上颜色各自的色度坐标及亮度，可以通过计算求出它们的混合色(这里指加法混合，即色光的混合)的色度值及亮度。下面通过一个例子来说明计算的步骤。

例 11-4　已知两种颜色的色度坐标和亮度值如表 11-9 所示，试计算这两种颜色的混合色的色度坐标及亮度。

例 11-4

表 11 − 9　两种颜色的色度坐标和亮度值

样　品	色度坐标		亮度/(cd/m²)
	x	y	
颜色 1	0.200	0.600	18
颜色 2	0.300	0.100	8

解　第一步，由颜色 1、2 的色度坐标及亮度值计算出它们的三刺激值。由

$$x = \frac{X}{X+Y+Z}, \quad y = \frac{Y}{X+Y+Z}, \quad z = \frac{Z}{X+Y+Z}$$

可推出

$$X = \frac{x}{y}Y, \quad Z = \frac{z}{y}Y$$

因为刺激值 Y 既代表色度，也代表亮度，于是由色度坐标计算三刺激值的公式可整理成

$$\begin{cases} X = \dfrac{x}{y}Y \\ Y = L \\ Z = \dfrac{z}{y}Y \end{cases} \qquad (11-49)$$

式中，L 为颜色的亮度，单位为 cd·m⁻²。

由式(11−49)可计算出颜色 1、2 的三刺激值分别为

$$\begin{cases} X_1 = \dfrac{0.200}{0.600} \times 18 = 6 \\ Y_1 = 18 \\ Z_1 = \dfrac{1-0.200-0.600}{0.600} \times 18 = 6 \end{cases}$$

$$\begin{cases} X_2 = \dfrac{0.300}{0.100} \times 8 = 24 \\ Y_2 = 8 \\ Z_2 = \dfrac{1-0.300-0.100}{0.100} \times 8 = 48 \end{cases}$$

第二步，计算混合色的三刺激值：

$$\begin{cases} X_{(1+2)} = X_1 + X_2 = 6 + 24 = 30 \\ Y_{(1+2)} = Y_1 + Y_2 = 18 + 8 = 26 \\ Z_{(1+2)} = Z_1 + Z_2 = 6 + 48 = 54 \end{cases}$$

第三步，计算混合色的色度坐标：

$$X_{(1+2)} + Y_{(1+2)} + Z_{(1+2)} = 30 + 26 + 54 = 110$$

$$\begin{cases} x_{(1+2)} = \dfrac{30}{110} = 0.273 \\ y_{(1+2)} = \dfrac{26}{110} = 0.236 \\ z_{(1+2)} = \dfrac{54}{110} = 0.491 \end{cases}$$

11.5.4　主波长和色纯度

为了表示一种颜色的色度特性，可以采用三刺激值 X、Y、Z 或者色度坐标 x、y。但是，由于颜色是三维量，所以在用色度坐标表述时需要增加一个光度量信息，通常采用亮度 Y，即可以用 $(x$、y、$Y)$ 表示一个颜色。除此之外，CIE 还推荐采用主波长和色纯度来表示颜色的色度参数，即采用对特定的非彩色刺激（指在通常的观察条件下感觉为无色的颜色刺激）的色度点（称为参照白点）的距离和方向来表示颜色。

1. 主波长

一种颜色的主波长是某一种光谱色的波长，用符号 λ_d 表示。如果将这种光谱色按一定比例与选定的参照白相加混合，便能匹配出该颜色。但是，并不是所有的颜色都有主波长，色度图中连接参照白点和光谱轨迹两端点所形成的三角形区域内（图 11-20 中虚线所围部分，称为紫色区域）的各色度点都没有主波长，而只有补色波长。一种颜色的补色波长也是某一种光谱色的波长，如果将这种光谱色按一定比例与该颜色相加混合，便能匹配出所选定的参照白。补色波长用符号 λ_c 或 $-\lambda_d$ 表示。

如果已知被测颜色样品的色度坐标 (x, y) 和选定参照白的色度坐标 (x_W, y_W)，那么可以用两种方法确定样品的主波长和补色波长。

(1) 作图法。如图 11-20 所示，在 CIE 1931 色度图上标出颜色样品点 F_1（颜色样品 1）和参照白点 W，由参照白点 W 向颜色样品点 F_1 引一直线，延长直线与光谱轨迹相交于点 L（称为主波长点），则交点 L 的光谱色波长就是颜色样品 1 的主波长 λ_d。按照图中的实际数据，可得颜色样品 1 的主波长为 $\lambda_d = 583$ nm。对于颜色样品点 F_2（颜色样品 2），由于颜色样品 2 处于参照白点和光谱轨迹两端点所形成的三角形区域内，故应该求其补色波长。同样在色度图上标出颜色样品点 F_2 的位置，由颜色样品点 F_2 向参照白点 W 引一直线，并延长至与光谱轨迹相交，该交点 P' 处的光谱色波长就是颜色样品 2 的补色波长。如图 11-20 中所示，颜色样品 2 的补色波长为 $\lambda_c = 530$ nm，也可写成 $\lambda_d = -530$ nm。

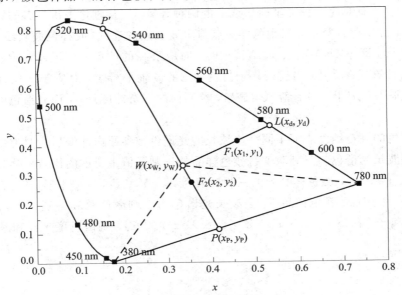

图 11-20　主波长和色纯度

（2）计算法。连接参照白点(x_w,y_w)与颜色样品点(x,y)的直线（称为主波长线）的斜率K可按下式计算：

$$K=\frac{x-x_w}{y-y_w} \quad \text{或} \quad K=\frac{y-y_w}{x-x_w} \tag{11-50}$$

由此可以预先将有关 CIE 标准照明体在 CIE 1931 色度图中所对应的各光谱色恒定主波长线的斜率计算好，并形成表格。实际计算时，从式(11-50)所表示的两个斜率中选择绝对值较小的一个斜率，通过查表和线性内插法便能准确地给出所求颜色样品的主波长或补色波长。

颜色的主波长大致相当于颜色知觉中的颜色色调，但又不能完全等同起来。

2. 色纯度

色纯度是指样品的颜色与所对应主波长光谱色的接近程度，通常有兴奋纯度和色度纯度两种表示方法。

（1）兴奋纯度。兴奋纯度可以用 CIE 1931 色度图上两个线段的长度比来表示，第一线段是由参照白点$W(x_w,y_w)$到颜色样品点$F_1(x_1,y_1)$的距离$\overline{WF_1}$（见图 11-20），第二线段是由参照白点$W(x_w,y_w)$到主波长点$L(x_d,y_d)$的距离$\overline{WL}$。通常用符号P_e表示兴奋纯度，则

$$P_e=\frac{\overline{WF_1}}{\overline{WL}}=\frac{x_1-x_w}{x_d-x_w}=\frac{y_1-y_w}{y_d-y_w} \tag{11-51}$$

对于在紫色区域为的颜色样品点$F_2(x_2,y_2)$，设由参照白点W向颜色样品点F_2引直线并与紫线交于点$P(x_P,y_P)$，则其兴奋纯度应为

$$P_e=\frac{\overline{WF_1}}{\overline{WP}}=\frac{x_2-x_w}{x_P-x_w}=\frac{y_2-y_w}{y_P-y_w} \tag{11-52}$$

由此可以计算出图中颜色样品 1 的兴奋纯度P_e约为 60%，颜色样品 2 的P_e约为 35%。另外P_e均有对应于色度坐标x或y的两种计算式，从理论上讲二者的计算结果应该相同。但是，在实际计算中，当颜色样品点与主波长点的连线（或补色波长线）趋于与色度图的x轴平行，即$y_1(y_2)$、y_d、y_w值接近时，对应于y的计算式的误差较大，所以应采用对应于x的计算式；反之，当连线趋于与色度图的y轴平行时，对应于x的计算式的误差较大，故应采用对应于y的计算式。显然，参照白的兴奋纯度是 0，而光谱色的兴奋纯度是 100%。

一种颜色的兴奋纯度表征了同一主波长的光谱色被参照白冲淡后所具有的饱和度，实质上就是主波长光谱色的三刺激值在颜色样品的三刺激值中所占的比重。设参照白的三刺激值为X_w、Y_w、Z_w，颜色样品 1 的三刺激值为X_1、Y_1、Z_1，主波长光谱色的三刺激值为X_d、Y_d、Z_d。参照白、颜色样品 1、主波长光谱色的三刺激值总和分别为S_w、S_1、S_d，即$S_w=X_w+Y_w+Z_w$，$S_1=X_1+Y_1+Z_1$，$S_d=X_d+Y_d+Z_d$，则由色度坐标和颜色相加混合的定义可知

$$
\begin{cases}
x_{\mathrm{w}} = \dfrac{X_{\mathrm{w}}}{S_{\mathrm{w}}} \\[2mm]
x_1 = \dfrac{X_1}{S_1} \\[2mm]
x_{\mathrm{d}} = \dfrac{X_{\mathrm{d}}}{S_{\mathrm{d}}} \\[2mm]
X_1 = X_{\mathrm{w}} + X_{\mathrm{d}} \\[1mm]
S_1 = S_{\mathrm{w}} + S_{\mathrm{d}}
\end{cases}
\tag{11-53}
$$

将式(11-53)代入式(11-51),可得

$$
P_{\mathrm{e}} = \frac{x_1 - x_{\mathrm{w}}}{x_{\mathrm{d}} - x_{\mathrm{w}}} = \frac{\dfrac{X_1}{S_1} - \dfrac{X_{\mathrm{w}}}{S_{\mathrm{w}}}}{\dfrac{X_{\mathrm{d}}}{S_{\mathrm{d}}} - \dfrac{X_{\mathrm{w}}}{S_{\mathrm{w}}}} = \frac{\dfrac{X_{\mathrm{w}} + X_{\mathrm{d}}}{S_{\mathrm{w}} + S_{\mathrm{d}}} - \dfrac{X_{\mathrm{w}}}{S_{\mathrm{w}}}}{\dfrac{X_{\mathrm{d}}}{S_{\mathrm{d}}} - \dfrac{X_{\mathrm{w}}}{S_{\mathrm{w}}}} = \frac{S_{\mathrm{d}}}{S_{\mathrm{w}} + S_{\mathrm{d}}} = \frac{S_{\mathrm{d}}}{S_1}
\tag{11-54}
$$

可见,兴奋纯度 P_{e} 就是主波长光谱色的三刺激值总和与颜色样品的三刺激值总和之比。

计算自发光体(光源)的主波长和兴奋纯度时,通常选用等能白作为参照白;对于非自发光体(物体色),则可以采用 CIE 标准照明体(如 A、B、C、D_{65} 等)作为参照白。颜色样品的主波长和兴奋纯度依所选用的参照白的不同而会出现不同的结果。

(2) 色度纯度。当颜色样品的纯度用亮度的比例表示时,称为色度纯度,通常用 P_{c} 表示。色度纯度不能在色度图上表示出来。设图 11-20 中的颜色样品 1 及主波长光谱色的刺激值 Y 分别为 Y_1 和 Y_{d},则颜色样品 1 的色度纯度为

$$
P_{\mathrm{c}} = \frac{Y_{\mathrm{d}}}{Y_1}
\tag{11-55}
$$

可见,色度纯度表示了主波长光谱色的刺激值在颜色样品 1 的刺激值中所占的比重。

由于

$$
\begin{cases}
y_1 = \dfrac{Y_1}{S_1} \\[2mm]
y_{\mathrm{d}} = \dfrac{Y_{\mathrm{d}}}{S_{\mathrm{d}}}
\end{cases}
\tag{11-56}
$$

将式(11-56)代入式(11-55)并结合式(11-54),可得

$$
P_{\mathrm{c}} = \frac{Y_{\mathrm{d}}}{Y_1} = \frac{y_{\mathrm{d}} S_{\mathrm{d}}}{y_1 S_1} = \frac{y_{\mathrm{d}}}{y_1} P_{\mathrm{e}}
\tag{11-57}
$$

若用色度坐标表示 P_{c},则

$$
P_{\mathrm{c}} = \frac{y_{\mathrm{d}}}{y_1} P_{\mathrm{e}} = \frac{y_{\mathrm{d}}}{y_1} \frac{(x_1 - x_{\mathrm{w}})}{(x_{\mathrm{d}} - x_{\mathrm{w}})} = \frac{y_{\mathrm{d}}}{y_1} \frac{(y_1 - y_{\mathrm{w}})}{(y_{\mathrm{d}} - y_{\mathrm{w}})}
\tag{11-58}
$$

用主波长和色纯度表示颜色比只用色度坐标表示颜色的优点在于,这种表示颜色的方法能给人以具体的印象,且能表明一个颜色的色调和饱和度的大致情况。

颜色的主波长大致相当于日常生活中所观察到的颜色的色调,但是,恒定主波长线上的颜色并不对应于恒定的色调知觉。同样,颜色的色纯度,不论是兴奋纯度还是色度纯度,大致与日常生活中所知觉的颜色饱和度相当,但并不完全相同,因为色度图上不同部位的等纯度并不对应于等饱和度。

11.6 CIE 1960 均匀色度标尺图

人们通常所看到的地图是人们用一定的几何方法，把地面——严格地说是球面或球面的一部分投影到平面上绘制成的。地图上两点之间的距离与地面上两点之间的距离基本上成正比关系。地图的比例尺越大，这个关系越准确。如果地图上两点之间的距离越大，那么这两点所代表的地面上两地之间沿地面的距离也越大，反之亦然。而 CIE 1931 色度图上两点之间的距离与这两点所代表的颜色在视觉上的差距却并不存在类似的关系。这是因为 CIE 1931 色度图是不均匀的。

1. CIE 1931 色度图的不均匀性

每一个颜色在色度图上占据一个点的位置，但对视觉来说，当这个颜色的色度坐标变化很小时，人眼仍认为它是原来的颜色。也就是说，一个颜色在色度图上实际对应一个范围，这个范围内不同色度坐标对应的颜色在视觉上是等效的。我们把这个人眼感觉不出的颜色变化范围叫作颜色的宽容量，也称为恰可察觉差。

莱特和彼特(F. H. G. Pitt)选取光谱上不同波长的颜色，研究人眼对光谱不同部位的辨别能力。在视场的两半呈现相同波长(λ)的光谱色，一半视场的波长(λ)固定，改变另一半视场的波长($\lambda \pm \Delta\lambda$)，直到观察者观察出颜色的不同。实验时，两半视场的亮度保持相等。图 11-21 的曲线表明人眼对光谱颜色的差别感受性。在 490 nm 和 600 nm 一带，人眼的辨别能力很强，只要有 1 nm 的改变便被察觉出来；而在 430 nm 和 650 nm 一带，人眼的辨色能力很弱，$\Delta\lambda$ 须达到 5~6 nm 时人眼才能感觉出颜色的差别。

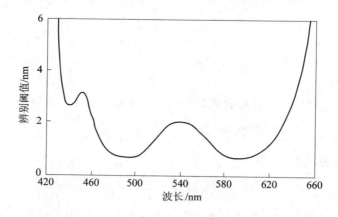

图 11-21 人眼对光谱颜色的差别感受性

图 11-22 更直观地表示出人眼对不同颜色的差别感受性。我们先来看图上表示光谱轨迹的部分，这是在 CIE 1931 色度图光谱轨迹上用不同长度的线段表示的人眼对光谱颜色的差别感受性，线段的不同长度就是人眼对光谱不同部位的颜色辨别的宽容量。在每一线段的波长变化范围内，人眼不能感觉出颜色的差异，只有当波长的变化超出每一线段的范围时才能感觉出颜色的变化。可见，光谱红端和蓝端的线段都很短，而绿色部分却很长。

应该注意，由于 CIE 1931 色度图光谱轨迹上的波长不是等距的，所以各线段的相对长度并不代表波长范围（±$\Delta\lambda$）绝对值的大小。莱特又用 CIE 1931 色度图上的混合色做实验。从光谱轨迹对侧取两个单色光，或从光谱轨迹上取一单色光，从连接光谱轨迹两端的直线上另取色度点 P_1、P_2、P_3，用上述同样的实验方法，通过改变两个单色光在混合光中的比例，测出人眼对两个单色光之间的各种非饱和色的颜色差别阈值，从而找到分布在 CIE 1931 色度图不同位置上的各个颜色的宽容量。图中的线段代表 2° 视场条件下的恰可察觉差的 3 倍。

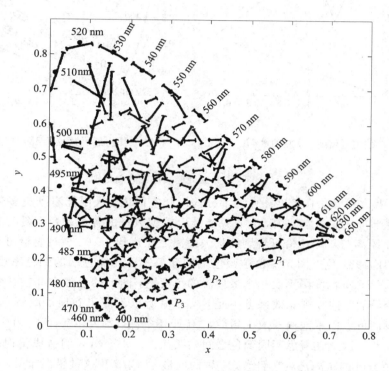

图 11-22　人眼对颜色辨别的宽容量

　　麦克亚当（D. L. MacAdam）在 CIE 1931 色度图上选取了 25 种常见色，做了人眼宽容量实验，其方法和结果如图 11-23 所示。在图 11-23(a) 中，当颜色点 P 朝颜色点 Q 的方向稍微有变化时，人眼并不能立即察觉，直到其变化到点 Q 处时，人眼才能察觉出颜色变化，把 $\overline{PQ}$ 称为一个刚辨差。如果颜色点 P 向点 M 的方向移动，直到其移动到颜色点 M 处时，人眼才能看出变化，同样 $\overline{PM}$ 也是一个刚辨差，但 $\overline{PQ}$ 并不等于 $\overline{PM}$。把不同方向、相同宽容量的门限点连接起来，就可以得到麦克亚当椭圆，如图 11-23(b)，它说明人眼对不同颜色以及颜色不同变化方向的宽容量不同，并呈椭圆形。从图 11-23(b) 中还可看出，在 CIE 1931 色度图不同位置上的 25 个颜色点的麦克亚当椭圆的大小不一样，其长轴也位于不同方向。图 11-23(b) 中各个椭圆形宽容量是按照实验结果的标准差的 10 倍绘制的，主要目的是为了便于观察。在麦克亚当椭圆内的颜色变化人眼无法分辨。

　　莱特和麦克亚当的实验得到的结果基本相似。从图 11-22 和图 11-23 可以看到，在 CIE 1931 色度图的不同位置上，颜色的宽容量不一样。例如，蓝色的宽容量最小，绿色的

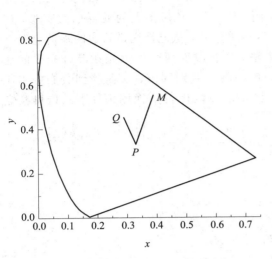

(a) 颜色点 P 处的颜色沿两个方向的宽容度

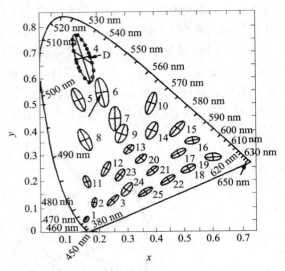

(b) 25个颜色点处的颜色沿不同方向的宽容度

图 11-23　麦克亚当椭圆的宽容量范围

宽容量最大。换句话说，在色度图蓝色部分的同样空间内，人眼能看到更多数量的各种蓝色；而在绿色部分的同样空间内，人眼只能看出较少数量的各种绿色。图上人眼对蓝色恰可辨别的最小距离与对绿色恰可辨别的最大距离之比达到 1/20。就视觉恰可辨别的颜色数量来计算，CIE 1931 色度图光谱轨迹蓝色端的颜色密度比绿色端的颜色密度大 300～400倍。可见，CIE 1931 色度图不是一个最理想的色度图，图上的色度空间在视觉上是不均匀的，即图上相等的空间在视觉效果上不是等差的，所以不能正确地反映颜色的视觉效果。这种情况，我们可以简单地概括成一句话，"等距不等差，等差不等距"。由于 CIE 1931 色度图的不均匀性，因此在考虑不同颜色之间的关系时，常会给人们造成错误的印象，似乎图上两个颜色分开的距离是对它们感觉差别的度量。如果产生这种错误印象，那么会影响颜色匹配和颜色复现的准确性，也可能给颜色复现的技术增加不必要的工作量。在色度图上，在人眼辨别颜色不敏感的区域，原颜色坐标点与复现的颜色坐标点的距离虽较大，复现的效果仍可能是较优的；而在颜色视觉敏感的区域，虽两颜色坐标点距离较近，复现质量也可能是低劣的。因此，如果对色度图的不同区域都规定同样较高的色度复现标准，那么必将提高对颜色复现的要求。

2. CIE 1960 均匀色度标尺图

为了克服 CIE 1931 色度图的上述缺点，必须创立一种新的色度图，在这个图上，每一种颜色的宽容量最好都近似圆形，而且大小一致。为此目的，1960 年，CIE 根据麦克亚当的工作制定了 CIE 1960 均匀色度标尺图(CIE 1960 Uniform Chromaticity Scale Diagram)，简称 CIE 1960 UCS 图。这个图更适合工程上的色度计算和检验。

CIE 1960 UCS 图的横坐标为 u，纵坐标为 v，它们与 1931 CIE-XYZ 系统的三刺激值之间的关系为

$$\begin{cases} u = \dfrac{4X}{X + 15Y + 3Z} \\[3mm] v = \dfrac{6Y}{X + 15Y + 3Z} \end{cases} \tag{11-59}$$

将式(11-59)的分子、分母同除以 $X+Y+Z$，可得

$$\begin{cases} u = \dfrac{4x}{x + 15y + 3z} \\[3mm] v = \dfrac{6y}{x + 15y + 3z} \end{cases} \tag{11-60}$$

在小视场($1°\sim4°$)观察条件下，需用 CIE 1931 标准色度观察者所求的三刺激值 X、Y、Z（或色度坐标 x、y）计算 u 和 v。如果观察视场大于 $4°$，那么用 CIE 1964 补充标准色度观察者求得的三刺激值 X_{10}、Y_{10}、Z_{10}（或色度坐标 x_{10}、y_{10}）计算 u_{10} 和 v_{10}。在这种转换中，x、y 图或 x_{10}、y_{10} 图中的直线转到 u、v 或 u_{10}、v_{10} 图中仍为直线。

CIE 1960 UCS 图标准色度观察者光谱三刺激值与 CIE 1931 标准色度观察者光谱三刺激值之间的关系式为

$$\begin{cases} \bar{u}(\lambda) = \dfrac{2}{3}\bar{x}(\lambda) \\[2mm] \bar{v}(\lambda) = \bar{y}(\lambda) \\[2mm] \bar{w}(\lambda) = \dfrac{1}{2}\big[-\bar{x}(\lambda) + 3\bar{y}(\lambda) + \bar{z}(\lambda)\big] \end{cases} \tag{11-61}$$

式(11-61)说明，由 CIE 1931 标准色度观察者光谱三刺激值可导出 CIE 1960 UCS 图标准色度观察者光谱三刺激值 $\bar{u}(\lambda)$、$\bar{v}(\lambda)$、$\bar{w}(\lambda)$。CIE 1960 UCS 图标准色度观察者光谱三刺激值曲线如图 11-24 所示。

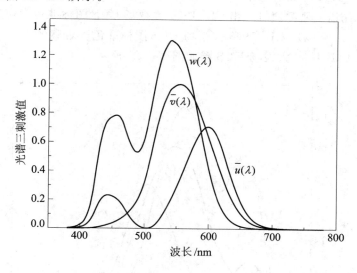

图 11-24　CIE 1960 UCS 图标准色度观察者光谱三刺激值曲线

CIE 1960 UCS 图的光谱轨迹色度坐标 $u(\lambda)$、$v(\lambda)$、$w(\lambda)$ 与 $\bar{u}(\lambda)$、$\bar{v}(\lambda)$、$\bar{w}(\lambda)$ 之间的关系式为

$$\begin{cases} u(\lambda) = \dfrac{\bar{u}(\lambda)}{\bar{u}(\lambda) + \bar{v}(\lambda) + \bar{w}(\lambda)} \\[2ex] v(\lambda) = \dfrac{\bar{v}(\lambda)}{\bar{u}(\lambda) + \bar{v}(\lambda) + \bar{w}(\lambda)} \\[2ex] w(\lambda) = \dfrac{\bar{w}(\lambda)}{\bar{u}(\lambda) + \bar{v}(\lambda) + \bar{w}(\lambda)} \end{cases} \tag{11-62}$$

小视场(1°～4°)观察条件下的 CIE 1960 UCS 图如图 11-25 所示。

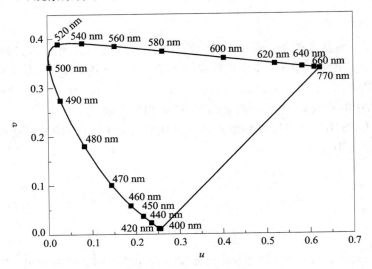

图 11-25　小视场(1°～4°)观察条件下的 CIE 1960 USC 图

式(11-59)、式(11-60)、式(11-61)对大、小视场观察者都适用。由 CIE 1964 补充标准色度观察者光谱三刺激值可导出 CIE 1960 大视场 UCS 图标准色度观察者光谱三刺激值 $\bar{u}_{10}(\lambda)$、$\bar{v}_{10}(\lambda)$、$\bar{w}_{10}(\lambda)$。CIE 1960 大视场 UCS 图标准色度观察者光谱三刺激值曲线如图 11-26 所示。CIE 1960 大视场 UCS 图如图 11-27 所示。

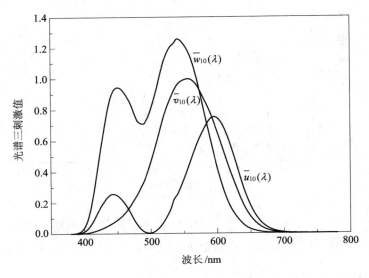

图 11-26　CIE 1960 大视场 UCS 图标准色度观察者光谱三刺激值曲线

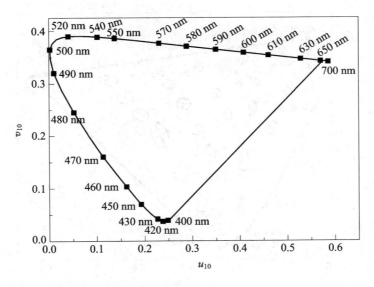

图 11 - 27　CIE 1960 大视场 UCS 图

　　经过由 CIE 1931 色度图向 CIE 1960 UCS 图的转换，将图 11 - 22 中莱特得到的一些颜色宽容量线段绘制在 CIE 1960 UCS 图上，得到图 11 - 28，可看出各线段的长度比较接近。将图 11 - 23 中的 25 个麦克亚当椭圆绘制在 CIE 1960 UCS 图上，得到图 11 - 29。从图上可以看出，这 25 个颜色范围虽不是等大的图形，但已是在一个平面上所能做到的最均匀的转换。人眼视觉差异相同的不同颜色，在 CIE 1960 UCS 图上大致是等距的，因而从图上两个颜色点的相对距离可以直观地看出两个颜色的差异情况。

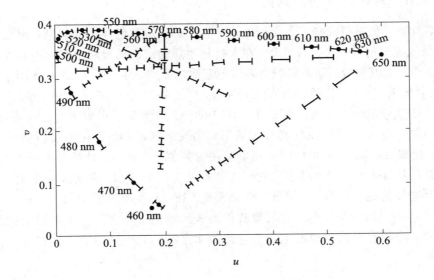

图 11 - 28　CIE 1960 UCS 图上的颜色线段

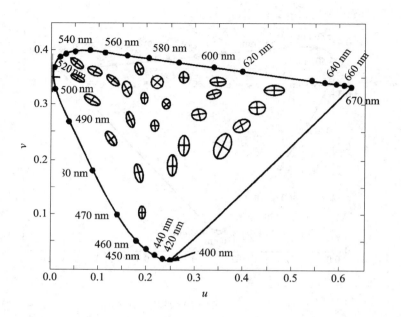

图 11 - 29　图 11 - 23 中的 25 个麦克亚当椭圆绘制在 CIE 1960 UCS 图上

11.7　CIE 均匀颜色空间

11.7.1　CIE 1960 UCS 图的缺陷

在日常生活、科学研究和工业生产中，经常需要鉴别颜色样品的差别，而且需要把这种差别定量地表现出来，这就是色差。在大批量生产的产品的检验中和对色差要求较高的场合，定量表示尤其重要，如何定量地表示色差呢？显然，用 CIE 1931 色度图中的色度坐标差(或三刺激值差)是不行的。因为前面说过，CIE 1931 色度图是不均匀的，存在着"等距不等差，等差不等距"的缺陷。那么用 CIE 1960 UCS 图是否可以呢？也还有不妥之处。因为它虽然初步解决了 CIE 1931 色度图的不均匀性问题，显示了一定的优越性，但它没有亮度坐标，所以在给出 u、v 坐标时必须单独注明 Y 值，这样不仅使用起来很不方便，而且当两个颜色的亮度不同时，怎样表示它们的色差也是一个问题。在实际应用中，许多颜色问题都涉及物体的亮度因数 Y。因此，有必要把 CIE 1960 UCS 图的两维空间扩充到包括亮度因数在内的三维均匀空间。这就像我们要表示地面上不在同一水平面上的两地之间的实际距离，除了在平面的地图上找出它们的水平距离，还要知道它们在竖直方向上的高度差一样。

11.7.2　CIE 1964 均匀颜色空间

CIE 1960 UCS 图虽然还不够完善，却已相当地改善了 CIE 1931 色度图的不均匀性。

但 CIE 1960 UCS 图并未涉及有关颜色的明度的均匀性问题。明度表明物体的明亮程度，大体上与三刺激值中的 Y 值相对应。可是，对于视觉相同的明度等级，其所对应的 Y 值却是非等间隔的，反之亦然。也就是说，若用 (u, v, Y) 代替 (x, y, Y)，则虽然色度坐标的均匀性增加了，但明度的均匀性却没有变化。因此应考虑含有明度的均匀颜色系统，并将它称为均匀颜色空间。把在均匀颜色空间中对应于明度的坐标称为明度指数。1964 年，CIE 规定了均匀颜色空间的标定颜色的方法，推荐了一组可用于亮度相同或不同的两种颜色差别的计算方程式，即 CIE 1964 均匀颜色空间。该空间采用三个参数即明度指数 W^*、色度指数 U^* 和 V^* 来表示颜色，并由此组成的三维坐标形成了颜色的立体空间，它们的计算公式是

$$\begin{cases} W^* = 25Y^{\frac{1}{3}} - 17 & (1 \leqslant Y \leqslant 100) \\ U^* = 13W^*(u - u_0) \\ V^* = 13W^*(v - v_0) \end{cases} \tag{11-63}$$

式中，u_0、v_0 是照明光源的色度坐标；u、v 是颜色样品的色度坐标，且

$$\begin{cases} u = \dfrac{4X}{X + 15Y + 3Z} \\ v = \dfrac{6Y}{X + 15Y + 3Z} \end{cases} \tag{11-64}$$

可见，明度指数 W^* 与刺激值 Y 有关，并且明度指数标尺在知觉上是均匀的，即每一个单位量的差别代表相等的知觉差异，因而它更准确地表达了颜色明度的变化。色度指数 U^* 和 V^* 的计算式是基于 CIE 1960 UCS 图的色度坐标 u、v 的，同时又考虑了明度指数 W^* 对色度坐标的影响，故当明度指数 W^* 增大或减小时，色度指数也随之增大或减小。

在 CIE 1964 均匀颜色空间中，两个颜色 $(U_1^*、V_1^*、W_1^*)$ 和 $(U_2^*、V_2^*、W_2^*)$ 之间的色差计算公式为

$$\Delta E = \left[(\Delta U^*)^2 + (\Delta V^*)^2 + (\Delta W^*)^2 \right]^{\frac{1}{2}} \tag{11-65}$$

式中，ΔE 表示位于 CIE 1964 均匀颜色空间中的两颜色点之间的距离，且

$$\begin{cases} \Delta U^* = U_1^* - U_2^* \\ \Delta V^* = V_1^* - V_2^* \\ \Delta W^* = W_1^* - W_2^* \end{cases}$$

在理论上，当观察者适用于平均日光，在白色或中灰色背景上看同样尺寸和相同外形的一对颜色样品时，上述色差公式能够准确地表达两颜色样品的视觉差异。另外，在应用上述公式计算色差时应注意所采用的观察视场。如果视场范围为 $1° \sim 4°$，则应根据 CIE 1931 标准色度观察者光谱三刺激值来计算 U^*、V^*、W^*；如果视场大于 $4°$，则采用 CIE 1964 补充标准色度观察者光谱三刺激值来计算。

式 $(11-65)$ 中的色差 $\Delta E = 1$ 时称为 1 个美国国家标准局（National Bureau of Standard，NBS）色差单位。不同的色差公式推导出的色差单位不同，故在计算色差时必须注明是按何种色差公式计算的。1 个 NBS 色差单位大约相当于在最佳实验条件下人眼能感知的恰可察觉差的 5 倍，在 CIE 1931 色度图的中心区域相当于色度坐标 x 或 y 变化 $0.0015 \sim 0.0025$。色差的目视感觉如表 $11-10$ 所示。

表 11 - 10 色差的目视感觉

色差/NBS 单位	目视感觉
0~0.5	痕迹
0.5~1.5	轻微
1.5~3.0	可察觉
3.0~6.0	可识别
6.0~12.0	大
12.0 以上	非常大

对于有色产品的色差允许范围，应根据具体情况分别设定。例如，涂料的颜色稍有差别就比较明显，故色差可以定为小于 1 个 NBS 单位，纺织品的色差通常定为小于 2 个 NBS 单位，而彩色电视的色差可以取 4~5 个 NBS 色差单位。

例 11-5

例 11-5 已知颜色样品的信息如表 11-11 所示，计算这两种颜色样品的色差。

表 11 - 11　两种颜色样品的信息

样　品	色度坐标		亮度/(cd/m²)
	x	y	
颜色 1	0.4330	0.4092	30.7
颜色 2	0.4238	0.4134	30.2

解　(1) 用式(11-64)计算两个颜色样品的色度坐标 u、v，其结果如表 11-12 所示。

表 11 - 12　两种颜色样品的色度坐标

样　品	色度坐标	
	u	v
颜色 1	0.4330	0.4092
颜色 2	0.4238	0.4134

(2) 选取一中性色，如 CIE 的光源 D_{65}($x_0 = 0.3127$，$y_0 = 0.3291$)，用式(11-60)计算相应的坐标 u_0、v_0，得 $u_0 = 0.1978$，$v_0 = 0.3122$。

(3) 用式(11-63)计算 U^*、V^*、W^*，并取其差：

$$\Delta U^* = U_1^* - U_2^* = 6.2809$$
$$\Delta V^* = V_1^* - V_2^* = 0.0447$$
$$\Delta W^* = W_1^* - W_2^* = 0.4273$$

其结果如表 11-13 所示。

表 11-13 两种颜色样品的 U^*、V^*、W^* 及其差值

样　品	U^*	V^*	W^*
颜色 1	38.3184	28.9180	61.2804
颜色 2	32.0375	28.8733	60.8531
差值	6.2809	0.0447	0.4273

（4）计算色差 ΔE：

$$\Delta E = \left[(\Delta U^*)^2 + (\Delta V^*)^2 + (\Delta W^*)^2\right]^{\frac{1}{2}} = 6.2956$$

11.7.3　CIE 1976 均匀颜色空间

为了更客观地测量和评价颜色的差别，CIE 推荐了两个改进的均匀颜色空间，即 CIE 1976 $L^* u^* v^*$ 颜色空间（简称 CIELUV 颜色空间）和 CIE 1976 $L^* a^* b^*$ 颜色空间（简称 CIELAB 颜色空间），这两个颜色空间称为 CIE 1976 均匀颜色空间。

1. CIE 1976 $L^* u^* v^*$ 颜色空间

CIE 改进了原有的 CIE 1964 均匀颜色空间，提出采用如下的 $L^* u^* v^*$ 作为三维直角坐标的颜色空间，称为 CIELUV 颜色空间，它主要用于电视工业等加混色的表示和评价。在该空间中，L^* 为明度，u^*、v^* 表示颜色的色度坐标，其计算公式为

$$\begin{cases} L^* = 116\left(\dfrac{Y}{Y_n}\right)^{1/3} - 16 & \left(\dfrac{Y}{Y_n} > 0.008\,856\right) \\ L^* = 903.3\left(\dfrac{Y}{Y_n}\right) & \left(\dfrac{Y}{Y_n} \leqslant 0.008\,856\right) \\ u^* = 13L^*(u' - u'_n) \\ v^* = 13L^*(v' - v'_n) \end{cases} \quad (11-66)$$

式中，u'、v' 为颜色样品的色度坐标，u'_n、v'_n 为照明光源的色度坐标，且

$$\begin{cases} u' = \dfrac{4X}{X + 15Y + 3Z} \\ v' = \dfrac{9Y}{X + 15Y + 3Z} \end{cases} \quad \begin{cases} u'_n = \dfrac{4X_n}{X_n + 15Y_n + 3Z_n} \\ v'_n = \dfrac{9Y_n}{X_n + 15Y_n + 3Z_n} \end{cases} \quad (11-67)$$

其中，X、Y、Z 为颜色样品的三刺激值；X_n、Y_n、Z_n 为 CIE 标准照明体照射在完全反射漫反射体上，再经完全反射漫反射体反射到观察者眼中的三刺激值，且 $Y_n = 100$。

CIE 1976 $L^* u^* v^*$ 颜色空间中两个颜色之间的色差计算公式为

$$\Delta E^*_{uv} = \left[(\Delta L^*)^2 + (\Delta u^*)^2 + (\Delta v^*)^2\right]^{1/2} \quad (11-68)$$

比较 CIE 1976 $L^* u^* v^*$ 颜色空间和 CIE 1964 均匀颜色空间中两颜色之间的色差计算公式可以看出，CIE 1976 $L^* u^* v^*$ 颜色空间对 CIE 1964 均匀颜色空间的修正主要有以下三个方面：

（1）CIE 1964 均匀颜色空间中的明度指数 W^* 的计算式中没有包含完全反射漫反射体的亮度因数 Y_n，而由于 $Y_n = 100$，故这种修正不影响色差的计算；

（2）CIE 1976 $L^*u^*v^*$ 颜色空间中的明度 L^* 计算式中将常数 17 改为 16，从而使 $Y_n=100$ 时对应于 $L^*=100$，而在 CIE 1964 均匀颜色空间中的明度指数 W^* 计算式中 $Y=102$ 时才对应于 $W^*=100$；

（3）对 CIE 1964 均匀颜色空间的主要修正在于改变了色度图中的色度坐标 v。将 CIE 1976 $L^*u^*v^*$ 颜色空间的式（11-67）中的 $v'\left[v'=\dfrac{9Y}{X+15Y+3Z}\right]$ 与 CIE 1964 均匀颜色空间的式（11-64）中的 $v\left[v=\dfrac{6Y}{X+15Y+3Z}\right]$ 进行比较，得 $v'=1.5v$，而这两种颜色空间的色度坐标 u 保持不变，即 $u'=u$。修改色度坐标 v 的目的是进一步改善颜色空间的视觉均匀性。CIE 1976 $L^*u^*v^*$ 颜色空间的 u'、v' 坐标平面图如图 11-30 所示。

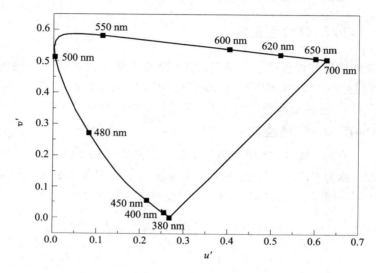

图 11-30　CIE 1976 L^*、u^*、v^* 颜色空间的 u'、v' 坐标平面图

2. CIE 1976 $L^*a^*b^*$ 颜色空间

CIE 在 1976 年推荐用于加混色的表示和评价的 CIE 1976 $L^*u^*v^*$ 颜色空间的同时，还推荐了主要用于如表面色料工业等减混色的表示和评价的 CIE 1976 $L^*a^*b^*$ 颜色空间。作为该空间三维直角坐标的明度 L^* 和色度坐标 a^*、b^* 的计算公式为

$$\begin{cases} L^* = 116(Y/Y_n)^{1/3} - 16 & (Y/Y_n > 0.008\,856) \\ a^* = 500[(X/X_n)^{1/3} - (Y/Y_n)^{1/3}] & (X/X_n > 0.008\,856) \\ b^* = 200[(Y/Y_n)^{1/3} - (Z/Z_n)^{1/3}] & (Z/Z_n > 0.008\,856) \end{cases} \quad (11-69)$$

从式（11-69）可见，CIE 1976 $L^*a^*b^*$ 颜色空间中的 L^*、a^*、b^* 所适用的三刺激值是有条件限制的。但是，现实中存在着在此限制以外的极深颜色，所以 L^*、a^*、b^* 的计算公式应该修正为包含上述限制范围之外的暗（深）色的通用公式，即

$$\begin{cases} L^* = 116f(Y/Y_n)^{1/3} - 16 \\ a^* = 500[f(X/X_n) - f(Y/Y_n)] \\ b^* = 200[f(Y/Y_n) - f(Z/Z_n)] \end{cases} \quad (11-70)$$

式中

$$f(X/X_n) = \begin{cases} (X/X_n)^{1/3} & X/X_n > 0.008\ 856 \\ 7.787(X/X_n) + 16/116 & X/X_n \leqslant 0.008\ 856 \end{cases}$$

$$f(Y/Y_n) = \begin{cases} (Y/Y_n)^{1/3} & Y/Y_n > 0.008\ 856 \\ 7.787(Y/Y_n) + 16/116 & Y/Y_n \leqslant 0.008\ 856 \end{cases} \quad (11-71)$$

$$f(Z/Z_n) = \begin{cases} (Z/Z_n)^{1/3} & Z/Z_n > 0.008\ 856 \\ 7.787(Z/Z_n) + 16/116 & Z/Z_n \leqslant 0.008\ 856 \end{cases}$$

容易得到，当 X、Y、Z 和 X_n、Y_n、Z_n 满足条件 $X/X_n \leqslant 0.008\ 856$、$Y/Y_n \leqslant 0.008\ 856$ 和 $Z/Z_n \leqslant 0.008\ 856$ 时，CIE 1976 $L^* a^* b^*$ 颜色空间中明度 L^* 和色度坐标 a^*、b^* 的计算公式为

$$\begin{cases} L^* = 903.3(Y/Y_n) & (Y/Y_n \leqslant 0.008\ 856) \\ a^* = 3893.5(X/X_n - Y/Y_n) & (X/X_n \leqslant 0.008\ 856) \\ b^* = 1557.4(Y/Y_n - Z/Z_n) & (Z/Z_n \leqslant 0.008\ 856) \end{cases} \quad (11-72)$$

CIE 1976 $L^* a^* b^*$ 颜色空间如图 11-31 所示。在图中所示的坐标系统中，$+a^*$ 表示红色方向，$-a^*$ 表示绿色方向，$+b^*$ 表示黄色方向，$-b^*$ 表示蓝色方向，颜色的明度由 L^* 表示。在 CIE 1976 $L^* a^* b^*$ 颜色空间中，两个颜色 (L_1^*, a_1^*, b_1^*) 和 (L_2^*, a_2^*, b_2^*) 之间的色差 ΔE_{ab}^* 为

$$\Delta E_{ab}^* = [(\Delta L^*)^2 + (\Delta a^*)^2 + (\Delta b^*)^2]^{1/2} \quad (11-73)$$

式中，ΔL^* 称为明度差，Δa^* 称为红绿色度差（a^* 称为红绿轴），Δb^* 称为黄蓝色度差（b^* 轴为黄蓝轴），且

$$\begin{cases} \Delta L^* = L_1^* - L_2^* \\ \Delta a^* = a_1^* - a_2^* \\ \Delta b^* = b_1^* - b_2^* \end{cases}$$

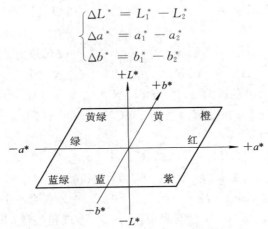

图 11-31　CIE 1976 $L^* a^* b^*$ 颜色空间

3. CIE 1976 $L^* u^* v^*$ 和 CIE 1976 $L^* a^* b^*$ 颜色空间中其他量

在 CIE 1976 $L^* u^* v^*$ 和 CIE 1976 $L^* a^* b^*$ 颜色空间中，以两个被比较颜色点的欧式距离表示色差，同时有一组与心理量近似对应的感知属性，即明度、彩度、色调角及色调差。下面具体介绍这些颜色评价参数，并以下标"uv"和"ab"来区分 CIE 1976 $L^* u^* v^*$ 和 CIE 1976 $L^* a^* b^*$ 颜色空间。

（1）明度。从式(11-66)、式(11-69)和式(11-72)可以看出，CIE 1976 $L^* u^* v^*$ 颜色空间中的明度 L^* 和 CIE 1976 $L^* a^* b^*$ 颜色空间中的明度 L^* 完全相同，称为 CIE 1976 明

度指数,即

$$L^* = \begin{cases} 116(Y/Y_n)^{1/3} - 16 & (Y/Y_n > 0.008\ 856) \\ 903.3(Y/Y_n) & (Y/Y_n \leqslant 0.008\ 856) \end{cases} \tag{11-74}$$

(2) 彩度。在颜色空间中的等明度平面上,由坐标原点到色度坐标(u^*, v^*)或(a^*, b^*)的距离为彩度C_{uv}^*或C_{ab}^*,即

$$\begin{cases} C_{uv}^* = [(u^*)^2 + (v^*)^2]^{1/2} \\ C_{ab}^* = [(a^*)^2 + (b^*)^2]^{1/2} \end{cases} \tag{11-75}$$

(3) 色调角。在 CIE 1976 $L^* u^* v^*$ 和 CIE 1976 $L^* a^* b^*$ 颜色空间中的色调角 h_{uv} 和 h_{ab} 为

$$\begin{cases} h_{uv} = \arctan(v^*/u^*) \\ h_{ab} = \arctan(b^*/a^*) \end{cases} \tag{11-76}$$

并规定(以 CIE 1976 $L^* a^* b^*$ 颜色空间为例,对于 CIE 1976 $L^* u^* v^*$ 颜色空间可类推):当 $a^* > 0$ 且 $b^* > 0$ 时,$0 < h_{ab} < 90°$;当 $a^* < 0$ 且 $b^* > 0$ 时,$90° < h_{ab} < 180°$;当 $a^* < 0$ 且 $b^* < 0$ 时,$180° < h_{ab} < 270°$;当 $a^* > 0$ 且 $b^* < 0$ 时,$270° < h_{ab} < 360°$。在等明度平面上,$+a^*$ 为红色方向(值愈大表示对应的颜色愈红),$-a^*$ 为绿色方向(值愈小表示对应的颜色愈绿),$+b^*$ 为黄色方向(值愈大表示对应的颜色愈黄),$-b^*$ 为蓝色方向(值愈小表示对应的颜色愈蓝)。

(4) 色调差。色差也可以用明度差(ΔL^*)、彩度差(ΔC^*)和色调差(ΔH^*)来定义,即

$$\begin{cases} \Delta E_{uv}^* = [(\Delta L^*)^2 + (\Delta C_{uv}^*)^2 + (\Delta H_{uv}^*)^2]^{1/2} \\ \Delta E_{ab}^* = [(\Delta L^*)^2 + (\Delta C_{ab}^*)^2 + (\Delta H_{ab}^*)^2]^{1/2} \end{cases} \tag{11-77}$$

所以色调差 ΔH^* 为

$$\begin{cases} \Delta H_{uv}^* = [(\Delta E_{uv}^*)^2 - (\Delta L^*)^2 - (\Delta C_{uv}^*)^2]^{1/2} \\ \Delta H_{ab}^* = [(\Delta E_{ab}^*)^2 - (\Delta L^*)^2 - (\Delta C_{ab}^*)^2]^{1/2} \end{cases} \tag{11-78}$$

并规定,当色调角 h 增大时色调差 ΔH^* 为正,当 h 减少时 ΔH^* 为负。可以看出,色调差 ΔH^* 的引入使色差 ΔE^* 可以被分解为 ΔL^*、ΔC^*、ΔH^* 三部分。色调差也可不由总色差求出而用下面公式直接计算:

$$\begin{cases} \Delta H_{uv}^* = 2(C_{uv,1}^* C_{uv,0}^*)^{1/2} \sin(\Delta h_{uv}/2) \\ \Delta H_{ab}^* = 2(C_{ab,1}^* C_{ab,0}^*)^{1/2} \sin(\Delta h_{ab}/2) \end{cases} \tag{11-79}$$

式中,$\Delta h_{uv} = h_{uv,1} - h_{uv,0}$,$\Delta h_{ab} = h_{ab,1} - h_{ab,0}$,下标 1、0 分别为两个颜色样品的代号。

另外,在 CIE 1976 $L^* u^* v^*$ 颜色空间中还有一个心理相关量,即饱和度 S_{uv},其计算公式为

$$S_{uv} = 13[(u' - u_n')^2 + (v' - v_n')^2]^{1/2} = C_{uv}^*/L^* \tag{11-80}$$

11.8　CIE 标准照明体和标准光源

物体的颜色与照明光源有密切关系,同一物体在不同光源照明下会得到不同的结果。为了统一颜色的评价标准和进行色度计算,CIE 规定了色度学的标准照明体和标准光源。

为了描述光源本身的颜色特性还引入了色温的概念。

1. 色温和相关色温

黑体发光的颜色与它的温度有密切的关系。利用普朗克定律可以计算出对应于某一温度的黑体的光谱功率分布，然后利用 CIE 标准色度系统三刺激值的计算公式可得到该温度下黑体发光的三刺激值和色度坐标，从而在色度图上得到一个对应的色度点，具体计算公式如下：

$$\begin{cases} X = k \displaystyle\int_{380}^{780} M_{B\lambda}(T)\, \bar{x}(\lambda)\mathrm{d}\lambda \\[2mm] Y = k \displaystyle\int_{380}^{780} M_{B\lambda}(T)\, \bar{y}(\lambda)\mathrm{d}\lambda \\[2mm] Z = k \displaystyle\int_{380}^{780} M_{B\lambda}(T)\bar{z}(\lambda)\mathrm{d}\lambda \end{cases} \tag{11-81}$$

$$\begin{cases} x = X/(X+Y+Z) \\ y = Y/(X+Y+Z) \\ z = Z/(X+Y+Z) \end{cases} \tag{11-82}$$

因此，对于不同温度的黑体，可以计算出一系列色度坐标点，将这些点在色度图上连接起来，便形成一条弧形轨迹，称为黑体轨迹或普朗克轨迹，如图 11-32 所示。黑体轨迹上的各点代表不同温度的黑体光色，当温度由 1000 K 左右开始升高时，黑体的颜色按红-黄-白-蓝顺序变化，所以人们就用黑体的温度来表示其对应的颜色。当某种光源在温度 T 时所呈现的颜色与黑体在某一温度 T_c 时的颜色相同时，将黑体的温度 T_c 称为此光源的颜色温度，简称色温。例如，某光源的颜色与黑体加热到绝对温度 2500 K 时所呈现的颜色相同，则此光源的色温便为 2500 K，其在 CIE 1931 色度图上的坐标是 $x = 0.4770$，$y = 0.4137$。

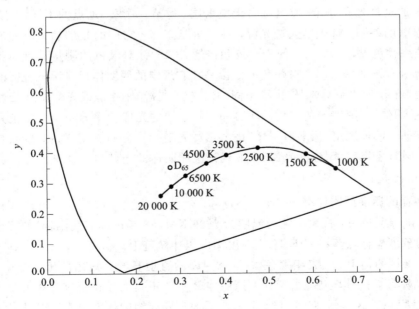

图 11-32 黑体轨迹

对于白炽灯等热辐射源而言，由于其光谱分布与黑体的比较接近，因此它们的色度坐标点基本处于黑体轨迹上，所以色温能够恰当地描述白炽灯的光色。一般来说，色温高表示蓝、绿光的成分多些，色温低表示橙、红光的成分多些。对这类光源还常引入"分布温度"这个概念。在可见光谱范围内，当某种光源在温度 T 时的相对光谱功率分布与黑体在某一温度 T_d 时的相对光谱功率分布相同时，称该黑体的温度 T_d 为该光源的分布温度。由于光谱功率分布相同的光的颜色必定相同，因此分布温度一定是色温。故分布温度可以用来表示光源的相对光谱功率分布，同时也可以表示光源的颜色。

对于除白炽灯以外的某些常用辐射源，其光谱分布与黑体的相差较远，它们在温度 T 时的相对光谱功率分布所决定的色度坐标不一定准确地落在色度图的黑体轨迹上，而在该轨迹的附近。这时就不能用一般的色温概念来描述它的颜色，但为了比较还是用了相关色温的概念。当某种光源的颜色与黑体在某一温度下的颜色最接近时，或者说二者在均匀色度图上的坐标点相距最小时，就用该黑体的温度来表示此光源的色温，并称之为此光源的相关色温，通常用符号 T_c 表示。例如，图 11-32 中光源 D_{65} 的色度最接近于黑体加热到 6504 K 时的色度，故光源 D_{65} 的相关色温为 6504 K。

色温和相关色温的概念能够简便地描述光源的光色，至今仍为人们采用。色温或相关色温相同的光源只说明它们的光色相同，它们的光谱功率分布可能是不相似的，甚至可以有较大的差异。

2. CIE 标准照明体和标准光源

物体的颜色除了与该物体本身的光谱反射(或透射)特性以及观察条件有关，还和照明体或光源的光谱功率分布密切相关。同一物体在不同的照明体或光源的照明下呈现不同的颜色，这一因素给颜色测量与国际交流带来极大的困难。而且，实际的照明光源种类繁多，其中最重要的是日光和灯光。日光随着天空云层、季节、时相、地点的不同，它的光谱功率分布会有显著的差别。灯光是人造光源，种类更是繁多，它们的光谱功率分布有很大的差别。为了统一颜色评价的标准，便于比较和传递，CIE 针对颜色的测量和计算推荐了几种标准照明体和标准光源。CIE 对颜色的评价是在它规定的照明体或光源下进行的。

CIE 对"光源"和"照明体"作出了不同的定义。"光源"是指能发光的物理辐射体，如灯、太阳等；"照明体"具有特定的光谱功率分布，而这样的光谱功率分布不一定能用一个具体的光源来实现。CIE 规定"标准照明体"是由相对光谱功率分布来定义的，以表格函数形式给出。CIE 同时还规定了"标准光源"来实现标准照明体的光谱功率分布。

1) 标准照明体

CIE 推荐的标准照明体有 A、B、C、D 和 D_{65}。

(1) 标准照明体 A：代表了绝对温度为 2856 K(1968 年国际实用温标)的完全辐射体的辐射，它的色度坐标点落在 CIE 1931 色度图的黑体轨迹上。

(2) 标准照明体 B：代表相关色温为 4874K 的直射日光，其光色相当于中午的日光，它的色度坐标紧靠黑体轨迹。由于标准照明体 B 不能正确地代表相应时相的日光，所以目前 CIE 已经废除了这一标准照明体，而采用后面将要介绍的标准照明体 D 来代表日光。

(3) 标准照明体 C：代表相关色温大约为 6774 K 的平均昼光，它的光色近似于阴天的天空光，其色度坐标位于黑体轨迹的下方。

（4）标准照明体 D_{65}：代表相关色温近似 6504 K 的日光时相，它的色度点在黑体轨迹的上方。

（5）标准照明体 D：代表除标准照明体 D_{65} 以外的其他日光时相。

表 11-14 给出了 CIE 标准照明体 A、B、C、D_{65} 的相对光谱功率分布（$\Delta\lambda=5$ nm）。表 11-15 给出了 CIE 标准照明体 A、B、C、D_{65} 的色度坐标，CIE 标准照明体 A、B、C、D_{65} 的相对光谱功率分布曲线如图 11-33 所示。

表 11-14　CIE 标准照明体 A、B、C、D_{65} 的相对光谱功率分布 $S(\lambda)$

波长 λ/nm	A	B	C	D_{65}	波长 λ/nm	A	B	C	D_{65}
300	0.93	—	—	0.03	425	22.79	68.37	112.40	90.1
305	1.13			1.7	430	24.67	73.10	117.75	86.7
310	1.36	—	—	3.3	435	26.64	77.31	121.50	95.8
315	1.62	—		11.8	440	28.70	80.80	123.45	104.9
320	1.93	0.02	0.01	20.2	445	30.85	83.44	124.00	110.9
325	2.27	0.26	0.20	28.6	450	33.09	85.40	123.60	117.0
330	2.26	0.50	0.40	37.1	455	35.41	86.88	123.30	117.4
335	3.10	1.45	1.55	38.5	460	37.81	88.30	123.30	117.8
340	3.59	2.40	2.70	39.9	465	40.30	90.08	123.80	116.3
345	4.14	4.00	4.85	42.4	470	42.87	92.00	124.09	114.9
350	4.74	5.60	7.00	44.9	475	45.25	93.75	123.90	115.4
355	5.41	7.60	9.95	45.8	480	48.24	95.20	122.92	115.9
360	6.14	9.60	12.90	46.6	485	51.04	86.23	120.10	112.4
365	6.95	12.40	17.20	49.4	490	53.91	96.50	116.90	108.8
370	7.82	15.20	21.40	52.1	495	56.85	95.71	112.10	109.1
375	8.77	18.80	27.50	51.0	500	59.86	94.20	106.98	109.4
380	9.80	22.40	39.92	50.0	505	62.93	93.37	102.30	108.6
385	10.9	26.85	47.40	52.3	510	66.06	90.70	98.81	107.8
390	12.09	31.30	55.17	54.6	515	69.25	89.65	96.90	106.3
395	13.35	36.18	63.30	68.7	520	72.50	89.50	96.78	104.8
400	14.71	41.30	71.81	82.8	525	75.79	90.43	98.00	106.2
405	16.15	46.62	80.60	87.1	530	79.13	92.20	99.94	107.7
410	17.68	52.10	89.53	91.5	535	82.52	94.46	102.10	106.0
415	19.29	57.70	98.10	92.5	540	85.95	96.90	103.95	104.4
420	20.99	63.20	105.80	93.4	545	89.41	99.16	105.20	104.2

续表

波长 λ /nm	A	B	C	D₆₅	波长 λ /nm	A	B	C	D₆₅
550	92.91	101.00	105.67	104.0	695	195.12	100.38	76.30	70.7
555	96.44	102.20	105.30	102.0	700	198.26	99.10	74.36	71.6
560	100.00	102.80	104.11	100.0	705	201.36	97.70	72.40	73.0
565	103.58	102.92	102.30	98.2	710	204.41	96.20	70.40	74.3
570	107.18	102.60	100.15	96.3	715	207.41	94.60	68.30	68.0
575	110.80	101.90	97.80	96.1	720	210.36	92.90	66.30	61.6
580	114.44	101.00	95.43	95.8	725	213.27	91.10	64.40	65.7
585	118.08	100.07	93.20	92.2	730	216.12	89.40	62.80	69.9
590	121.73	99.20	91.22	88.7	735	218.92	88.00	61.50	72.5
595	125.39	98.44	89.70	89.3	740	221.67	86.90	60.20	75.1
600	129.04	98.00	88.83	90.0	745	224.36	85.90	59.20	69.3
605	132.70	98.08	88.40	89.8	750	227.00	85.20	58.50	63.6
610	136.35	98.50	88.19	89.6	755	229.59	84.80	58.10	55.0
615	139.99	99.06	88.10	88.6	760	232.12	84.70	58.00	46.4
620	143.62	99.70	88.06	87.7	765	234.59	84.90	58.20	56.6
625	147.24	100.36	88.00	85.5	770	237.01	85.40	—	66.8
630	150.84	101.00	87.86	83.3	775	239.37	—	—	65.1
635	154.42	101.56	87.80	83.5	780	241.68	—	—	63.4
640	157.98	102.20	87.99	83.7	785	243.92	—	—	63.8
645	161.52	103.05	88.20	81.9	790	246.12	—	—	64.3
650	165.03	103.90	88.20	80.0	795	248.25	—	—	61.9
655	168.51	104.59	87.90	80.1	800	250.33	—	—	59.5
660	171.96	105.00	87.22	80.2	805	252.35	—	—	55.7
665	175.38	105.08	86.30	81.2	810	254.31	—	—	52.0
670	178.77	104.90	85.30	82.3	815	256.22	—	—	54.7
675	182.12	104.55	84.00	80.3	820	258.07	—	—	57.4
680	185.43	103.90	82.21	78.3	825	259.86	—	—	58.9
685	188.70	102.84	80.20	74.0	830	261.60	—	—	60.3
690	191.93	101.60	78.24	69.7					

表 11 - 15　标准照明体 A、B、C、D₆₅ 的色度坐标

色度坐标	A	B	C	D₆₅
x	0.4476	0.3484	0.3101	0.3127
y	0.4074	0.3516	0.3162	0.3290
u	0.2560	0.2137	0.2009	0.1978
v	0.3495	0.3234	0.3073	0.3122
x_{10}	0.4512	0.3498	0.3104	0.3138
y_{10}	0.4059	0.3527	0.3191	0.3310
u_{10}	0.2590	0.2142	0.2000	0.1979
v_{10}	0.3495	0.3239	0.3084	0.3130

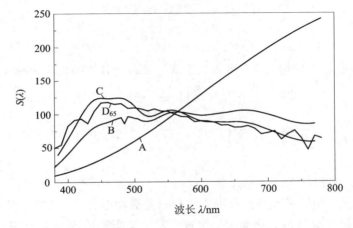

图 11 - 33　CIE 标准照明体 A、B、C、D₆₅ 的相对光谱功率分布曲线

2）标准照明体 D 的确定

（1）典型日光的色度特性。

CIE 规定的标准照明体 D 代表了除标准照明体 D₆₅ 以外的各时相日光，其也叫作典型日光或重组日光。

典型日光色度轨迹是根据两类实验材料定出的。一类实验材料是根据许多研究者于 1963 年对不同地区、不同时相的太阳光和天空光的 622 例日光光谱分布测定得到的，其中包括康狄特（H. R. Condit）和格鲁姆（F. Grum）在美国罗彻斯特（Rochester）测出的 249 例日光光谱分布，汉德逊（S. T. Henderson）和霍奇克斯（D. Hodgkiss）在英国恩菲尔德（Enfield）测出的 274 例日光光谱分布，巴德（W. Budde）在加拿大渥太华（Ottawa）测出的 99 例日光光谱分布。另一类实验材料来自许多研究者于 1963 年完成的两组视觉色度测量结果，包括纳屋谷和威泽斯基对加拿大渥太华的北方天空日光的视觉观察，以及张伯伦、劳伦斯和贝尔本三人对英国南部的北方天空日光的视觉观察。

综合以上两类实验材料所确定的典型日光色度轨迹如图 11 - 34 所示，它位于 CIE 1931 色度图中普朗克（黑体）轨迹曲线的上方。

CIE 规定，在 CIE 1931 色度图上，典型日光（D）的色度坐标 x_D、y_D 必须满足以下

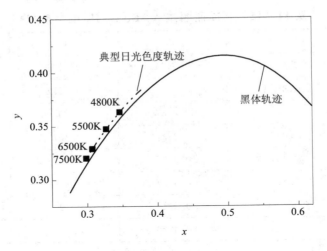

图 11 - 34　典型日光色度轨迹

关系：

$$y_D = -3.000 x_D^2 + 2.870 x_D - 0.275 \qquad (0.250 \leqslant x_D \leqslant 0.380) \qquad (11-83)$$

在相关色温 T_c 已知的情况下，可通过下式计算典型日光的色度坐标 x_D：

$$\begin{cases} x_D = -4.7670\dfrac{10^9}{T_c^3} + 2.9678\dfrac{10^6}{T_c^2} + 0.099\,11\dfrac{10^3}{T_c} + 0.244\,063 & (4000K \leqslant T_c \leqslant 7000K) \\ x_D = -2.0064\dfrac{10^9}{T_c^3} + 1.9018\dfrac{10^6}{T_c^2} + 0.247\,48\dfrac{10^3}{T_c} + 0.237\,040 & (7000K < T_c \leqslant 250\,00K) \end{cases}$$

$$(11-84)$$

(2) 典型日光的相对光谱功率分布。

由于典型日光与实测日光具有很近似的相对光谱功率分布，因此，对典型日光的相对光谱功率分布的研究就显得尤为重要。贾德、麦克亚当和威泽斯基对康狄特等人测量的 622 例日光光谱分布进行了统计学的特征矢量分析。通过这种统计学的处理方法，他们得出一组公式，用于计算相关色温一定的典型日光的相对光谱功率分布，也就是说，用数理统计手段重新组合出该相关色温的典型日光的相对光谱功率分布，这就是"重组日光"的含意。简单说来，特征矢量分析就是根据实测的相关色温不同的 622 例日光光谱分布曲线算出一个平均曲线 S_0，然后对这些曲线偏离平均曲线的变化进行分析，找出各条曲线偏离平均曲线的第 1 个最突出的特征，将它作为第 1 特征矢量 S_1，并将偏离平均曲线的第 2 个最突出特征作为第 2 特征矢量 S_2。同理，还可得到第 3、第 4 特征矢量。

日光光谱分布的平均曲线 S_0 与实测的日光光谱分布曲线有一定程度的符合，但是仍有较大的偏离。当把第 1 特征矢量 S_1 和选定的适当乘数 M_1 的乘积加到平均曲线上时，得到的曲线与实测的日光光谱分布曲线的符合程度比单独的平均曲线与实测的日光光谱分布曲线的符合程度要好。若再将第 2、第 3 特征矢量 S_2、S_3 与选定的适当乘数 M_2、M_3 的乘积加到平均曲线上，则可得到与实测的日光光谱分布曲线更好的符合。经证明，对于相关色温不同的日光光谱分布，仅用 S_1、S_2 和相应的 M_1、M_2 就能得到很好的符合。典型日光的组成如图 11 - 35 所示，该图中给出了日光光谱分布的平均曲线 S_0 及第 1、第 2 特征矢量曲线。特征矢量 S_1 是 622 例实测日光光谱分布彼此相区别的第 1 个最突出特征，它在光谱的紫外、紫和蓝的部分有较高的值，而在红的部分有规律地下降到较低的值。特征矢量 S_2 是 622 例实测日光光谱分布彼此相区别的第 2 个最突出的特征，它在 400～580 nm 波长范围内有比较低的值，而在紫外和红的区域都有较高的值。特征矢量 S_2 主要是与大气中水分的多少相联系的。

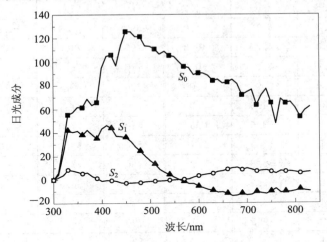

图 11-35 典型日光的成分组成

在特征矢量分析的基础上，将日光光谱分布的第 1 特征矢量的不同乘数的线性结合与第 2 特征矢量的不同乘数的线性结合相加，可得到 4000～400 00 K 范围内典型日光轨迹上任何色度点的特有相对光谱功率分布。求典型日光的相对光谱功率分布的公式为

$$S(\lambda) = S_0(\lambda) + M_1 S_1(\lambda) + M_2 S_2(\lambda) \tag{11-85}$$

式中，$S(\lambda)$ 为相关色温一定的波长为 λ 的典型日光的相对光谱功率分布，$S_0(\lambda)$ 为波长为 λ 的典型日光的平均相对光谱功率分布，$S_1(\lambda)$、$S_2(\lambda)$ 为波长为 λ 的典型日光的第 1 特征矢量、第 2 特征矢量，M_1、M_2 分别为第 1 特征矢量和第 2 特征矢量的乘数。在表 11-16 中给出了 $S_0(\lambda)$、$S_1(\lambda)$、$S_2(\lambda)$ 的值。

表 11-16 $S_0(\lambda)$、$S_1(\lambda)$、$S_2(\lambda)$ 的值

波长 λ /nm	$S_0(\lambda)$	$S_1(\lambda)$	$S_2(\lambda)$	波长 λ /nm	$S_0(\lambda)$	$S_1(\lambda)$	$S_2(\lambda)$
300	0.04	0.02	0.0	410	104.8	46.3	−0.5
310	6.0	4.5	2.0	420	105.9	43.9	−0.7
320	29.6	22.4	4.0	430	96.8	37.1	−1.2
330	55.3	42.0	8.5	440	113.9	36.7	−2.6
340	57.3	40.6	7.8	450	125.6	35.9	−2.9
350	61.8	41.6	6.7	460	125.5	32.6	−2.8
360	61.5	38.0	5.3	470	121.3	27.9	−2.6
370	68.8	42.4	6.1	480	121.3	24.3	−2.6
380	63.4	38.5	3.0	490	113.5	20.1	−1.8
390	65.8	35.0	1.2	500	113.1	16.2	−1.5
400	94.8	43.4	−1.1	510	110.8	13.2	−1.3

波长 λ /nm	$S_0(\lambda)$	$S_1(\lambda)$	$S_2(\lambda)$	波长 λ /nm	$S_0(\lambda)$	$S_1(\lambda)$	$S_2(\lambda)$
520	106.5	8.6	−1.2	680	81.3	−13.6	10.2
530	108.8	6.1	−1.0	690	71.9	−12.0	8.3
540	105.3	4.2	−0.5	700	74.3	−13.3	9.6
550	104.4	1.9	−0.3	710	76.4	−12.9	8.5
560	100.0	0.0	0.0	720	63.3	−10.6	7.0
570	96.0	−1.6	0.2	730	71.7	−11.6	7.6
580	95.1	−3.5	0.5	740	77.0	−12.2	8.0
590	89.1	−3.5	2.1	750	65.2	−10.2	6.7
600	90.5	−5.8	3.2	760	47.7	−7.8	5.2
610	90.3	−7.2	4.1	770	68.6	−11.2	7.4
620	88.4	−8.6	4.7	780	65.0	−10.4	6.8
630	84.0	−9.5	5.1	790	66.0	−10.6	7.0
640	85.1	−10.9	6.7	800	61.0	−9.7	6.4
650	81.9	−10.7	7.3	810	53.3	−8.3	5.5
660	82.6	−12.0	8.6	820	58.9	−9.3	6.1
670	84.9	−14.0	9.8	830	61.9	−9.8	6.5

在已知典型日光的色度坐标情况下，M_1、M_2可用下式求得：

$$\begin{cases} M_1 = \dfrac{-1.3515 - 1.7703x_D + 5.9114y_D}{0.0241 + 0.2562x_D - 0.7341y_D} \\ M_2 = \dfrac{0.0300 - 31.4424x_D + 30.0717y_D}{0.0241 + 0.2562x_D - 0.7341y_D} \end{cases}$$ (11−86)

图 11−36 是相关色温不同(4800 K、5500 K、6500 K、7500 K)时典型日光的相对光谱功率分布曲线。

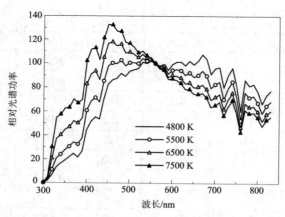

图 11−36　相关色温不同时典型日光的相对光谱功率分布曲线

3. 标准光源

标准光源是指用来实现标准照明体相对光谱功率分布的光源。CIE 规定用下列人工光源来实现标准照明体：

（1）标准光源 A。由于钨丝白炽灯的发射率与同一色温的完全辐射体的发射率差别较小，其在可见光范围内的差别小于 1%，在红外部分的差别约为 2%。因此，CIE 规定以色温为 2856 K 的钨丝白炽灯作为标准光源 A。如果要求更准确地实现标准照明体 A 的紫外辐射相对光谱功率分布，则推荐使用熔融石英壳或玻璃壳带石英窗口的灯。

通常，白炽灯的钨丝不能工作于较高的温度。近年来研制的新型白炽灯（即卤钨灯）的外壳由石英材料制成，灯内充入一定量的卤化物，通过卤化物与蒸发的钨产生化学反应可使钨重新回到钨丝上去，从而使灯可以工作在较高的温度，而且寿命较长，发光效率高。卤钨灯的相对光谱功率分布与完全辐射体的更加接近，且在紫外部分的辐射也比常用的钨丝灯的强，所以色温为 2856 K 的卤钨灯可作为实用的标准光源 A 使用。

（2）标准光源 B。在标准光源 A 的前面加上一组特定的戴维斯-吉伯逊（Davis-Gibson）液体滤光器（又称 DG 滤光器），可以产生相关色温为 4874 K 的辐射，相应的光源称为标准光源 B。

（3）标准光源 C。类似于标准光源 B，在标准光源 A 的前面加上另一组特定的戴维斯-吉伯逊液体滤光器，可以产生相关色温为 6774 K 的辐射，相应的光源称为标准光源 C。

（4）日光模拟器。对于标准照明体 D，CIE 目前还没有正式推荐相应的人工光源，这主要是因为日光具有独特的锯齿形光谱功率分布，而人工光源不具有这种光谱功率分布。但是 CIE 的相关技术委员会正在积极进行日光模拟器的研究，并已经取得一定的进展。目前，正在研制的日光模拟器主要有三种类型，即氙灯日光模拟器、白炽灯日光模拟器和荧光灯日光模拟器，其中氙灯日光模拟器具有最好的模拟效果。

由于工业生产中的精细辨色工作要求照明光源具有近似真实的日光光谱功率分布，而荧光材料的颜色测量又需要日光光谱中的紫外辐射成分，可是标准光源 B 和 C 中都缺少这部分光谱，因此日光模拟器已成为当前光源研究中的重要课题之一。

用人工光源加滤光器目前只能在一定程度上模拟日光的光谱功率分布，要研制出精确的日光模拟器是很困难的。然而，在色度学的实际应用中，不一定要求对日光光谱功率分布作出完善的模拟。人工光源与标准照明体的光谱功率分布具有一定程度的偏离应该是允许的。现在要进一步解决的问题是，在颜色测量中，人工光源与标准照明体的光谱功率分布究竟允许有多大的偏离，这个问题将要靠视觉实验来解决。

例 11-6　已知被测颜色样品 M 的色度坐标为 $x = 0.2231$，$y = 0.5032$），照射光源为标准光源 C，其色度坐标为 $x_0 = 0.3101$，$y_0 = 0.3162$，求在标准光源 C 照射下，颜色样品 M 的主波长。

例 11-6

解　采用计算法得颜色样品 M 的主波长，先计算 $\dfrac{x-x_0}{y-y_0}$ 和 $\dfrac{y-y_0}{x-x_0}$，

$$\frac{x-x_0}{y-y_0} = \frac{0.2231-0.3101}{0.5032-0.3162} = -0.4652 \tag{11-87a}$$

$$\frac{y-y_0}{x-x_0} = \frac{0.5032-0.3162}{0.2231-0.3101} = -2.1494 \tag{11-87b}$$

在式（11-87a）和式（11-87b）中，取绝对值较小的 $\dfrac{x-x_0}{y-y_0} = -0.4652$，查表 11-17 可知，$-0.4652$ 处于 -0.4557 和 -0.4718 之间，而 -0.4557 和 -0.4718 对应的波长为 520 nm

和 519 nm，再由线性内插法计算得：

$$520 - (520 - 519) \times \frac{0.4652 - 0.4557}{0.4718 - 0.4557} = 519.4 \text{ nm}$$

因此颜色样品 M 的主波长为 519.4 nm。

在 CIE 1931 色度图中被测颜色样品的主波长线如图 11-37 所示。

表 11-17   标准光源 C 在 CIE 1931 色度图中的部分恒定主波长线的斜率

波长/nm	$\frac{x-x_0}{y-y_0}$	$\frac{y-y_0}{x-x_0}$	波长/nm	$\frac{x-x_0}{y-y_0}$	$\frac{y-y_0}{x-x_0}$
480	—	0.8391	506	−0.8490	—
481	—	0.7705	507	−0.8002	—
482	—	0.7002	508	−0.7567	—
483	—	0.6277	509	−0.7178	—
484	—	0.5543	510	−0.6826	—
485	—	0.4789	511	−0.6507	—
486	—	0.4015	512	−0.6216	—
487	—	0.3227	513	−0.5947	—
488	—	0.2428	514	−0.5699	—
489	—	0.1619	515	−0.5471	—
490	—	0.0805	516	−0.5263	—
491	—	−0.0026	517	−0.5072	—
492	—	−0.0869	518	−0.4890	—
493	—	−0.1706	519	−0.4718	—
494	—	−0.2537	520	−0.4557	—
495	—	−0.3364	521	−0.4403	—
496	—	−0.4185	522	−0.4258	—
497	—	−0.4993	523	−0.4117	—
498	—	−0.5793	524	−0.3979	—
499	—	−0.6579	525	−0.3842	—
500	—	−0.7357	526	−0.3708	—
501	—	−0.8114	527	−0.3572	—
502	—	−0.8863	528	−0.3439	—
503	—	−0.9601	529	−0.3306	—
504	−0.9681	−1.0336	530	−0.3174	—
505	−0.9046	—			

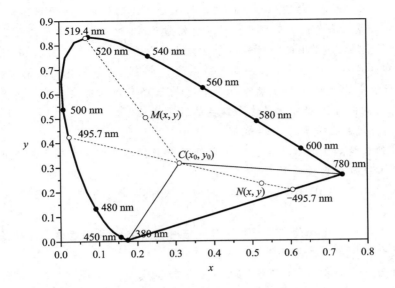

图 11-37　CIE 1931 色度图中被测颜色样品的主波长线

例 11-7　已知被测颜色样品 N 的色度坐标（$x = 0.5241$，$y = 0.2312$），照射光源为标准光源 C，其色度坐标为 $x_0 = 0.3101$，$y_0 = 0.3162$，求在标准光源 C 照射下，颜色样品 N 的主波长。

例 11-7

解　先计算 $\dfrac{x - x_0}{y - y_0}$ 和 $\dfrac{y - y_0}{x - x_0}$，

$$\frac{x - x_0}{y - y_0} = \frac{0.5241 - 0.3101}{0.2312 - 0.3162} = -2.5183 \tag{11-88a}$$

$$\frac{y - y_0}{x - x_0} = \frac{0.2312 - 0.3162}{0.5241 - 0.3101} = -0.3972 \tag{11-88b}$$

在式（11-88a）和式（11-88b）中，取绝对值较小的 $\dfrac{y - y_0}{x - x_0} = -0.3972$，查表 11-17 可知，$-0.3972$ 处于 -0.3364 和 -0.4185 之间，而 -0.3364 和 -0.4185 相应的波长为 495 nm 和 496 nm，再由线性内插法计算得：

$$496 - (496 - 495) \times \frac{0.4185 - 0.3972}{0.4185 - 0.3364} = 495.7 \text{ nm}$$

由图 11-37 可知，该颜色样品处于标准光源 C 色度点和光谱轨迹两端点所形成的三角形区域内，故被测颜色样品只有补色波长，且其补色波长为 -495.7 nm。

思考题与习题十一

11-1　颜色分哪两大类？明度和亮度的联系和区别是什么？彩色有哪三种特征？

11-2　为什么不能用可见光的波长来定义光的颜色？

11-3　试述格拉斯曼颜色混合定律的内容和适用条件。

11-4 什么是"颜色匹配"？两个在人眼看来是相同的颜色，其光谱组成一定相同吗？

11-5 什么是三原色？一般用哪三种颜色作为三原色？确定三原色的必要条件是什么？

11-6 颜色匹配方程中的"≡"表示什么意思？"≡"两端的颜色的光谱组成是否相同？

11-7 在颜色匹配方程中，某一原色的数量为负值，这与怎样的匹配过程相对应？

11-8 什么是颜色的三刺激值？一个颜色的三刺激值只能是三个确定的数，还是凡与这组数比例相同的数组都可看成这个颜色的三刺激值？

11-9 麦克斯韦三角形是怎样规定的？

11-10 什么是颜色相加原理？混合色的三刺激值与各组成色的三刺激值之间有什么关系？混合色的亮度如何确定？

11-11 1931年，CIE是怎样把莱特和吉尔德的实验结果转换成1931 CIE-RGB系统的？

11-12 莱特和吉尔德的实验选用不同的三原色和不同的观察者，但两项研究的结果经过转换之后却很一致，这说明什么问题？

11-13 为什么要把1931 CIE-RGB系统转换成1931 CIE-XYZ系统？建立1931 CIE-XYZ系统时主要考虑了哪三个方面的问题？

11-14 什么是"光谱轨迹"？1931 CIE-RGB系统色度图上的光谱轨迹都落在颜色三角形之外，而1931 CIE-XYZ系统色度图上的光谱轨迹却落在颜色三角形之内，试从三原色的选择和颜色匹配的实验过程予以解释。

11-15 1931 CIE-XYZ系统选用的三原色并不真实存在，是假想的三原色。对于这一点，你是如何理解的？

11-16 色度图上哪个区域内的颜色是可以真实实现的？

11-17 在色度图上，怎样判断一个颜色的饱和度？

11-18 什么是颜色的主波长？在色度图上怎样确定一个颜色的主波长？

11-19 什么是互补色？在色度图上怎样找到一个光谱色的补色波长？

11-20 光谱轨迹上的点和可见光的波长是不是一一对应的？光谱轨迹上两点之间的距离同这两点代表的波长之间的间隔大小是否成正比关系？

11-21 两个颜色在色度图上用同一个点表示，则下列说法（   ）是正确的。

A. 光谱组成相同   B. 色度坐标相同

C. 三刺激值相同   D. 在视觉上是同一个颜色

11-22 CIE 1931标准色度系统同CIE 1964补充标准色度系统有哪些不同？

11-23 什么是光源的光谱功率分布和相对光谱功率分布？怎样由前者计算后者？

11-24 设三个特定波长为$\lambda_1 = 450$ nm(蓝)，$\lambda_2 = 540$ nm(绿)，$\lambda_3 = 610$ nm(橘红)，当由它们构成的光源光谱功率分布为$S(\lambda_1) = 55.58$，$S(\lambda_2) = 70.85$，$S(\lambda_3) = 60.57$时，该光源的颜色为白色。试计算出该光源的色度值，并证明这一点。

11-25 计算物体表面颜色的色度值与计算光源的色度值有什么不同？在这两种情况下，调整系数K的计算是否相同？

11-26 计算混合色的色度值时，是把各组成色的三刺激值分别相加，还是把它们的色度坐标分别相加？

11-27 怎样由一个颜色的色度坐标计算出它的三刺激值？设某一光谱色的色度坐标

为 $x(\lambda)=0.3373$，$y(\lambda)=0.6589$，$z(\lambda)=0.0038$，计算它的三刺激值 $X(\lambda)$、$Y(\lambda)$、$Z(\lambda)$（设 $Y(\lambda)=1.0$）。

11-28 已知两种颜色的色度坐标 x、y 和亮度 L 如表 11-17 所示，试计算由这两种颜色相加所得的混合色的色度坐标。

11-29 两个颜色在视觉上的差别是否与它们在 CIE 1931 色度图上的位置之间的距离成正比？

表 11-17 习题 11-28 用表

样品颜色	色 度 坐 标		亮度/(cd/m²)
	x	y	
1	0.15	0.44	12
2	0.23	0.14	6

11-30 CIE 1931 色度图的不均匀性体现在什么地方？试说明产生这种不均匀性的根源。

11-31 与 CIE 1931 色度图相比，CIE 1960 UCS 图有什么显著改进？CIE 1960 UCS 图是否真正做到了"均匀"？

11-32 既然有了 CIE 1960 UCS 图，为什么还要规定"CIE 1964 均匀颜色空间"？试说明在色度指数的计算中引入明度指数的意义。

11-33 "色差"的确切意义是什么？色差如何计算？其单位是什么？

11-34 CIE 在 1976 年推荐两个颜色空间及其有关的色差公式的目的是什么？使用时应注意什么？

阅读材料

参 考 文 献

[1]　王泽良. 欣赏物理学[M]. 上海：同济大学出版社，2006.

[2]　施大宁. 物理与艺术[M]. 2版. 北京：科学出版社，2010.

[3]　倪光炯，王炎森. 文科物理：物理思想与人文精神的融合[M]. 北京：高等教育出版社，2005.

[4]　张英堂，朱长军. 大学物理学：上册[M]. 西安：陕西科学技术出版社，2010.

[5]　程守洙，江之永. 普通物理学：上册[M]. 7版. 北京：高等教育出版社，2016.

[6]　张兰知. 热学[M]. 哈尔滨：哈尔滨工业大学出版社，2000.

[7]　陈家森，杨伟民. 热学[M]. 上海：科学技术文献出版社，1986.

[8]　戴乐山，凌善康. 温度计量[M]. 北京：中国标准出版社，1984.

[9]　巴赫基 L. 房间的热微气候[M]. 傅忠诚，译. 北京：中国建筑工业出版社，1987.

[10]　钟锡华，陈熙谋，刘玉鑫. 大学物理通用教程：热学[M]. 北京：北京大学出版社，2002.

[11]　张玉民. 热学[M]. 2版. 北京：科学出版社，2007.

[12]　陶文铨. 传热学[M]. 西安：西北工业大学出版社，2006.

[13]　杨世铭. 传热学[M]. 北京：人民教育出版社，1980.

[14]　戴自祝，刘震涛，韩礼钟. 热流测量与热流计[M]. 北京：中国计量出版社，1986.

[15]　马峰，杨定君. 纺织静电[M]. 西安：陕西科学技术出版社，1991.

[16]　上海市化学化工学会，上海涂料公司. 静电喷涂[M]. 北京：机械工业出版社，1991.

[17]　梁永新. 静电复印机原理与维修[M]. 沈阳：东北工学院出版社，1986.

[18]　解广润，陈慈萱. 高压静电除尘[M]. 北京：水利电力出版社，1993.

[19]　张建奇. 红外物理[M]. 2版. 西安：西安电子科技大学出版社，2013.

[20]　刘景生. 红外物理[M]. 北京：兵器工业出版社，1992.

[21]　白长城，张海兴，方湖宝. 红外物理[M]. 北京：电子工业出版社，1989.

[22]　金伟其，王霞，廖宁放，等. 辐射度 光度与色度及其测量[M]. 2版. 北京：北京理工大学出版社，2016.

[23]　汤顺青. 色度学[M]. 北京：北京理工大学出版社，1990.

[24]　荆其诚，焦书兰，喻柏林，等. 色度学[M]. 北京：科学出版社，1979.

[25]　胡威捷，汤顺青，朱正芳. 现代颜色技术原理及应用[M]. 北京：北京理工大学出版社，2007.

[26]　徐海松. 颜色信息工程[M]. 2版. 杭州：浙江大学出版社，2015.

[27]　米格达尔. 科学家成功之路[M]. 北京：电子工业出版社，1986.